聪明的孩子动起来

让孩子着迷的100个神奇实验

刘建红 编

群言出版社

QUNYAN PRESS

·北京·

图书在版编目（CIP）数据

让孩子着迷的 100 个神奇实验 / 刘建红编 . -- 北京 ：
群言出版社 ，2016.4
　　（聪明的孩子动起来）
　　ISBN 978-7-5193-0069-2

　　Ⅰ . ①让… Ⅱ . ①刘… Ⅲ . ①科学实验－小学－教学
参考资料 Ⅳ . ① G624.63

中国版本图书馆 CIP 数据核字（2016）第 055270 号

责任编辑：王　聪
封面设计：Amber Design 琥珀视觉

出版发行：群言出版社
社　　址：北京市东城区东厂胡同北巷1号（100006）
网　　址：www.qypublish.com
自营网店：https://qycbs.tmall.com（天猫旗舰店）
　　　　　　http://qycbs.shop.kongfz.com（孔夫子旧书网）
　　　　　　http://www.qypublish.com（群言出版社官网）
电子信箱：qunyancbs@126.com
联系电话：010-65267783　65263836
经　　销：全国新华书店
法律顾问：北京天驰君泰律师事务所

印　　刷：大厂书文印刷有限公司
版　　次：2016年5月第1版　2016年5月第1次印刷
开　　本：787mm × 1092mm　　1/32
印　　张：14
字　　数：150千字
书　　号：ISBN 978-7-5193-0069-2
定　　价：22.80 元

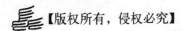

前言

很多人说生活是多姿多彩的，为什么我没有感受到？有人能够做出很多让我想象不到的事，这是为什么？我为什么没有那么多奇妙的发现？哦，是的，太对了，是因为我没有行动起来呀！

看到阳光，我应该发现它是有七种颜色的；看到水，就会发现它是可以千变万化的；嗅到空气，会发现它居然有巨大的力量。总之，有许许多多的不可思议需要我动手来揭秘。

快来吧，和我一起看看这里的世界，充满着丰富、神奇而新鲜的生活。用心体会就会获得快乐，用心来做就会得到知识。我们在奇乐谷里等着你，快来！

本书汇集了100个能让孩子着迷的实验，循序渐进，以图文并茂的方式营造出快乐的学习环境。

孩子可以亲自动手，在实验中培养丰富的想象力；老师可以通过操作示范，帮助孩子理解和运用各种知识，提升学习力；父母也可以与孩子互动起来，教会孩子独立思考，发掘出他们潜藏的创造力！

看，嘟嘟、聪聪和小精灵打开了奇乐谷的大门，他们生活的世界里多彩而惬意！

目 录 CONTENTS

第1章 魔幻的水——和水一起做个游戏

 第2章 奇特的空气——看不见的亲密伙伴

第3章 力的魔法——一起感受神奇的力量

第4章 光电的奇妙——分享光明的世界

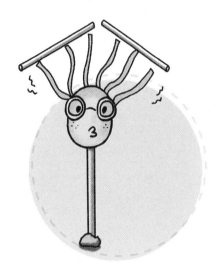

第5章 未知的身体——了解我们的身体世界

第6章 生活乐趣多——在生活中快乐地学习

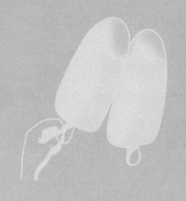

第 1 章 **魔幻的水**

——和水一起做个游戏

黏黏的水

奇乐谷里阳光普照，伴随着鸟语花香，新的一天又开始了。

在嘟嘟家的小院里。聪聪对准镖靶，"嗖"的一下，扔出了手中的飞镖。谁知飞镖一飞到靶上，就立即掉了下来。嘟嘟走到靶前，拾起飞镖一看，咦？飞镖吸盘上面沾了很多的沙子，难怪吸不到镖靶上了。

"我们拿去洗一洗吧，不然都不能玩儿了。"聪聪说道 。于是两人一起把所有的飞镖拿到水管前冲洗。

可还没等晒干，聪聪就忍不住又想玩了。"啪……"飞镖一下就被镖靶吸住了。

手和脑快开动：

材料：两块玻璃片、滴管

 用滴管在一块玻璃片上滴一些水。

 把另一块玻璃片盖在上面，会发现两块玻璃片牢牢地粘在一起了。

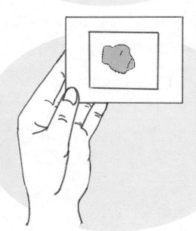

"讨厌的聪聪，我说晒干再玩，你偏不听。你看，飞镖都被镖靶吸住摘不下来了。"嘟嘟一边用力地拔飞镖，一边向聪聪抱怨着。

这时小精灵飞了过来，看到嘟嘟和聪聪在跟镖靶较劲，偷偷笑了笑。

"嘟嘟、聪聪，你们把飞镖的吸盘掀起来，飞镖就会自己掉下来了。"小精灵指挥道。

嘟嘟立即照小精灵的话去做。果然，飞镖很快就掉了下来。

小精灵飞落在嘟嘟和聪聪的面前，说道："我来教你们做一个小实验，了解一下飞镖为什么会在镖靶上吸得这么牢固吧。"

嘟嘟提醒：

小朋友在拿玻璃片时一定要小心，千万不要让玻璃片划伤自己哦。

哦，原来是这样！

这个小实验的原理很简单。

当你把两块干燥的玻璃片合在一起时，在显微镜下你会看到两块玻璃片之间有很多空隙。如果在玻璃片上滴一些水，水分子填补了两块玻璃片间的空隙。此时水分子和玻璃物质分子间的距离很小。玻璃片之间水分子的引力就比较大，这样就相当于水分子拉住了两块玻璃片，所以就比较难分开，把两块玻璃片紧紧连在一起，直到水蒸发消失，两块玻璃片才会自然分开。我们平时玩儿的有吸盘的飞镖也是一样，当吸盘上面有水的时候，会发现吸盘吸附在镖靶或玻璃上面特别牢固，不能够轻易地取下来。

小水珠的秘密

奇乐谷里传出欢快的笑声。小河边，轻风拂过花丛，草叶微微颤动着。嘟嘟和聪聪在扬着水花嬉戏打闹。水花飞溅，落在草丛中。小精灵看到后，飞了过来。咦？草叶上的水珠真清澈啊，叶子上的脉络看得清清楚楚。小精灵仔细地端详着，不知不觉看得入迷了，连嘟嘟和聪聪来到身边都没有察觉。嘟嘟问道："小精灵，为什么不来跟我们一起玩，你在看什么？"

手和脑快开动：

材料：一个小塑料瓶、一些碎小的石子

 把水倒进小塑料瓶中，瓶口处余留一点空间。

 将小石子一枚一枚地慢慢投进瓶里，直到瓶口处水平面凸出，会发现瓶口凸起的小水包没有溢出来。小水包圆圆凸起，还微微颤抖。⋯

小精灵吓了一跳，眯眯眼，笑着说："嘟嘟、聪聪，你们快来看，叶子上的水珠。"

嘟嘟和聪聪对视一眼，低头审视着叶子上的水珠。没什么奇怪啊？只是叶子上的水为什么像小珍珠一样？而且轻轻一碰，小水珠就破开了！太奇妙了！嘟嘟和聪聪不禁好奇地注视着小精灵，寻求答案。小精灵问："你们了解小水珠是怎么形成的吗？"嘟嘟和聪聪摇头，不解地看着小精灵。

小精灵眨眨眼睛，说道："好吧，我们一起去做个小实验，来了解一下小水珠是怎样形成的。"

嘟嘟提醒：
小朋友在做水的实验的时候，一定要注意节约哦！尽量避免浪费水资源。

嗯，原来是这样！

小水包是怎么形成的？它和叶子上的小水珠是同样的道理吗？

这种现象被我们称为水的"表面张力"。水表面的分子会形成薄薄的膜，罩住下面的水分子。有了这层"膜"的包裹，水就不会轻易地从瓶子里流出。但如果瓶中的水继续增加，就会破坏水的这层"薄膜"，水就从瓶子里溢出来了。叶子上的小水珠也是一样，水分子被包裹在里面，但只要受到轻微的触碰就会导致"薄膜"的破裂。所以，小朋友用心观察一下，看看你还能发现什么有趣的现象？

水的凹凸透镜

一场大雨过后，奇乐谷里湿漉漉的，四处还滴着雨滴。一只小鸟飞到了树枝上，唧唧喳喳地叫了几声后又飞向了高空。聪聪悠闲地散着步。他看到了叶子上的小水珠觉得很奇怪，挠头思考起来。

嘟嘟走来，发现聪聪在发呆，围着他左看看，右瞧瞧，最后百思不解地盯着他，纳闷儿地问道：

手和脑快开动：

材料：吸水器、一个小塑料瓶、一些小石子、一块玻璃板、报纸、水

 用吸水器吸一些水，轻轻地往玻璃板上滴一滴水。

 将玻璃板放到报纸上对照，观察。会发现，水滴中的字比水滴外的字大。

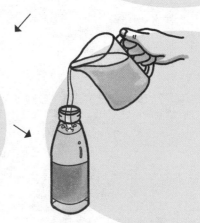

"聪聪，你在发呆似的看什么呢？这里有什么好看的？"

聪聪突然发现嘟嘟站在自己的身边，先是被吓了一跳，忙抚抚胸口，从容地说："我在观察叶子上的水珠呢，你看看，好奇怪，透过水珠看到的叶脉好像比实际的粗很多。"嘟嘟低头看去，"是呀，是呀，我看到了，是比原本的要粗，可这是为什么？"她含着手指，好奇地问道。

这时，小精灵飞舞过来，听到嘟嘟和聪聪的疑问后说道："我知道这是为什么，走，我们去做个小实验，你们自然就会明白这其中的道理了。"

再将小塑料瓶倒满水，将小石子放进瓶里，直到水涨到瓶口处，形成凹面，从瓶口观察瓶里的小石子，会发现小石子变小了。

唔，原来是这样！

通过上一个实验我们知道，水的表面张力作用，在水的表面结成一层"薄膜"，致使水分子在玻璃板上面不会立即流散开，因而形成凸透镜。那么当水只涨至瓶口处时，产生的则是浸润现象，进而形成了一个凹透镜。在水和空气折射率不同的情况下，水具有放大和缩小的视觉特性，因此报纸上的字和小石子被折射出截然相反的效果。

冻结，融化

夏天，奇乐谷里的阳光炽烈，刺眼的光线直射入森林中。聪聪热得大汗淋漓，噘着嘴，一脸不高兴地从屋里走出来，坐在树荫下乘凉。只见远处嘟嘟两手紧紧地捂着什么东西，正向他奔跑过来。聪聪疑惑地看着嘟嘟，指着她的手，问道："嘟嘟，嘟嘟，你手里拿的是什么？为什么要捂得这么严实？"

嘟嘟笑嘻嘻地说："是两块冰，聪聪，你热得很难受吧，我送给你一块好了。"

手和脑快开动：

材料：两根冰棒

 双手使劲让两根冰棒合在一起，片刻后，会发现两根冰棒之间有少量冰开始融化。

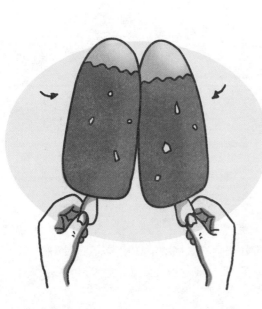

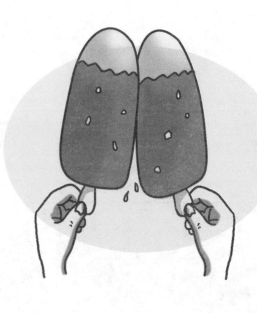

聪聪立即馋得张大了嘴巴，盯着嘟嘟的双手。可是，嘟嘟的双手一松开，两人都惊呆了，"为什么会这样？"嘟嘟松开手后，惊讶地发现两块冰竟然变成了一块。

聪聪的笑脸立即消失了。小精灵突然飞下来，坐到地上咯咯地笑着。嘟嘟撇嘴，说道："小精灵，你就笑吧！但你要告诉我们为什么？"

小精灵收起笑意，从容地说道："嘟嘟、聪聪，你们想要知道为什么两块冰会变成一块是吗？来吧！我们一起做个小实验来寻找答案吧。"

当松开手撤去压力后，融化的冰重新冻结，两根冰棒粘在了一起。

唔，原来是这样！

这是为什么呢？水的结冰点是零度左右，而我们通常看到的冰比这个温度要低，也就是说当你拿出来时冰的内部温度通常是零下几度。而当我们把冰拿出来，外界的温度足以使冰的表面开始融化，或者是它的冷使得空气中的水分在它的表面上凝成水珠，当两块冰合在一起时就把这些细小的水珠同外界的高温隔开，接着又吸收两块冰的冷马上就结了冰，而这些冰碴儿刚好成了这两块冰的黏合剂！

水为什么是硬的？

嘟嘟在小院子里卖力地搓洗着衣服。不知不觉，院子里飘出许许多多的泡泡。太阳光下，泡泡呈现出五颜六色的缤纷色彩，啊，太美丽了。嘟嘟兴奋极了！聪聪走进小院，看到泡泡在空中飘来飘去，愣住了。一个淘气的泡泡落在了他的鼻子上，"砰"的一声破掉，聪聪被吓了一跳。

"嘟嘟，你怎么弄出了这么多泡泡。"聪聪走近，问道。

手和脑快开动：

材料：三个玻璃杯、汤匙、少许盐、粉笔末和洗洁精

 粉笔末

 清水

 盐

 在三个玻璃杯里分别倒入比杯底高出几厘米的水。

 在其中的一个玻璃杯里加入五汤匙的精盐，另一个玻璃杯里加入少许的粉笔末。

嘟嘟转过身，朝聪聪笑笑，说："呵呵，我也不知道为什么会有这么多的泡泡，但是它们很漂亮不是吗？我真喜欢。"聪聪点点头，但还是疑惑："泡泡究竟是怎么出现的？"

小精灵飞舞着，抚破了很多的小泡泡，玩得开心极了。小精灵飞到嘟嘟和聪聪的面前，说道："怎么样？疑惑了吧？让我来给你们讲讲泡泡的故事吧。走，准备好我们的实验工具，一起去寻找答案吧。"

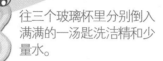

往三个玻璃杯里分别倒入满满的一汤匙洗洁精和少量水。

用汤匙分别搅拌三个玻璃杯里的溶液，会发现装粉笔末的杯里出现少许泡沫，清水的那个杯里出现大量泡沫，而装盐水的杯里几乎没有泡沫。

嘟嘟提醒：

小朋友，玩吹泡泡的时候，千万不要让破掉的泡泡眯到眼睛哦！

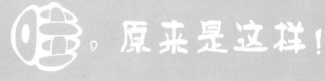

噢，原来是这样！

这个实验告诉我们——水是有硬度的。水的"硬度"取决于钙元素或镁元素在其中的含量多少。含钙量越高，水越硬。若是水比较软时，泡沫就比较容易产生。粉笔末的主要成分是硫酸钙的一种白色沉淀物，不易被分解。所以加入粉笔末的水属于硬水，它很难让洗洁精、肥皂或香波等化学物质起泡沫。相比之下清水则水质较软，泡沫则容易产生。但在盐水中添加了洗洁精，几乎是不会有泡沫产生的。

水底喷发

聪聪高举着两瓶水，反复地观察着。嘟嘟看到后，好奇地走过来，看着聚精会神地观察着的聪聪。聪聪不时地用两瓶水相互碰撞。过了许久，嘟嘟忍不住好奇地开口问道："聪聪，你能告诉我，你在做什么实验吗？这么久也不见那两瓶水有什么反应。"

聪聪放下高举的水瓶，眼眉一敛，噘着嘴说道："我想看看冷水和热水混合到一起有什么反应，可是怎么也想不到如何去做这个实验。"

手和脑快开动：

材料：食用色素、有盖的小瓶子、一根线绳、一个盛有冷水的玻璃缸

 在空的小瓶子盖子上钻一个小孔，不要太大。

 在小瓶子中放入一点儿食用色素，然后加满热水，拧紧盖子。

 把线绳系在小瓶子上，拉紧。

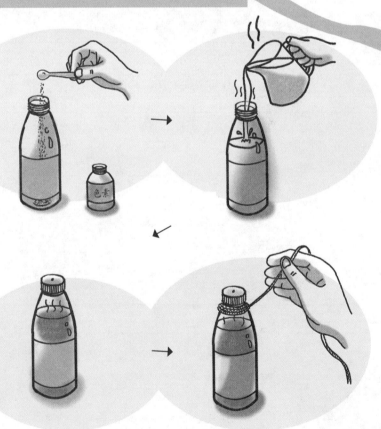

"冷水和热水混合到一起，不就成了温水了吗？"嘟嘟不解地说。

小精灵神奇地闪现在天空中，翩翩起舞。"嘟嘟，聪聪，你们又遇到难题了吧？"小精灵欢快地飞到嘟嘟和聪聪的面前。"嗯，是聪聪想把热水和冷水混到一起，看有什么反应。"嘟嘟说出了聪聪的困惑。"哦，是这样啊，如果用普通的水，我们怎么能观察得到呢？放心吧，我能够帮你完成这个实验。"小精灵高兴地对聪聪说。

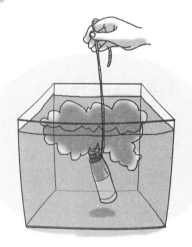

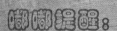 **嘟嘟提醒：**
小朋友倒热水的时候，一定要让爸爸妈妈陪在身边哦！

 将小瓶子放入盛冷水的玻璃缸中，会发现小瓶子里添加了食用色素的热水从瓶盖上的小孔中涌出。我们从玻璃缸的侧面观察，就像是从水底喷出一样。

唔，原来是这样！

当冷水通过瓶盖的小孔钻进了小瓶子中，便立即和瓶中的热水混合，形成了旋涡，当旋涡的对流产生压力后，与食用色素混合的热水就从小瓶子中喷了出来。因为小瓶子以外的水要有一定的水压，所以除了玻璃缸，我们在家里的浴池里也可以做这个实验。

水的蒸发

"知了，知了，知了……"知了的叫声听起来真不舒服，奇乐谷里炽热难当。聪聪在阳光下晒得热汗直冒，把背心脱下来，依然难耐暑热。嘟嘟哼着小曲，优哉游哉地走了过来。"咦？奇怪了，嘟嘟你还穿着背心，为什么汗流得那么少？"聪聪不禁发问。

"哦，聪聪，我不觉得太热啊？为什么你流的汗比我多？"嘟嘟反问道。聪聪眼睑一收，说："是啊，我也想知道为什么我流的汗竟然这么多。"

手和脑快开动：

材料：两个相同的瓶子、温水、一块湿布

 在两个瓶子里都装入30~40℃的温水。

 用一块湿布包裹住其中一个瓶子。

50° **30°**

小精灵正在空中，听到了聪聪和嘟嘟的对话，急忙飞向他们。"嘟嘟，聪聪，你们是不是又有新的问题出现了？"小精灵降落下来，问他俩。

"我想知道，为什么我不穿衣服还流这么多汗，而嘟嘟还穿着背心，居然没有流很多汗。"聪聪郁闷地问道。

"哦，这个嘛，很简单。我们一起来做个小实验，很快你们就清楚了。"小精灵非常得意地说道。

 将两个瓶子拿到太阳底下晒。

 几分钟后，会发现包着湿布的瓶子里的水凉得快。

嘟嘟提醒：

所以小朋友在夏季里赤上身纳凉可是不对的哦！这样做不利于自身汗液的蒸发，不小心还会生病。

 **哈，原来是这样！**

这个实验说明了，水的蒸发是会吸取一定热量的。在阳光的直射下，与我们身体排汗的道理是一样的，水蒸发吸热，温度随之下降。瓶子变凉后，正如它把体表的温度降低几度，让我们感觉到凉爽。

浮起的鸡蛋

嘟嘟噘着嘴，一副不肯服输的表情，瞪着聪聪。聪聪高扬着头，得意地说："石头不可能会浮在水上的，你输定了，哈哈哈……""哼，我一定会找到办法让石头浮起来的，不信走着瞧。"嘟嘟一边走，一边向聪聪说着置气的话。

嘟嘟来到了丛林中，仰望着参天大树，感到迷茫。到底怎样才能让石头在水中浮起来呢？

手和脑快开动：

材料：玻璃杯、新鲜鸡蛋、精盐、水、汤匙

 把三汤匙的精盐放进玻璃杯里，倒上水，慢慢搅拌均匀。

 把新鲜的鸡蛋放进玻璃杯里，观察，会发现鸡蛋并没有沉到杯底，而是稳稳地浮在水面上。

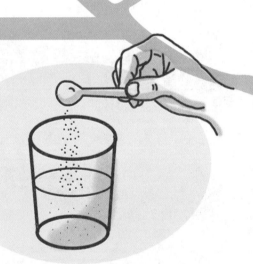

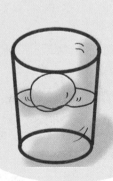

小精灵从树上采到果子，飞下来。看着困惑不已的嘟嘟，忙问道："嘟嘟，你来这里找什么？是遇到什么困难了吗？""我，我，我来找石头在水里漂浮的方法，但还不知道有没有方法可以办到，聪聪跟我打了赌，说那是不可能的事。""让石头在水中浮起来？"

小精灵双臂环胸，想了想，突然说："行，我想到办法了。一定会让石头在水中浮起来。""啊，真的，太棒了，小精灵。"嘟嘟高兴地转起了圈。

小精灵看着她可爱的样子，咯咯笑个不停。

嘟嘟提醒：

小朋友，做这个实验我们要用到相当量的盐，要注意节约，不要过度地使用，以免浪费哦。

唔，原来是这样！

这个小实验我们要讲的是阿基米德定律，液体密度增加，浮力就会增加，公式为 $F_{浮} = \rho_{液} g V_{排}$。在盐水中鸡蛋受到的浮力刚好等于重力。

盐水的浮力很大，所以在海里游泳比在湖里游泳更轻松。死海的浮力很大，就是因为盐分很大，人可以浮在水面看报纸。依照此例，只要液体的密度与石头成等比，石头也是有可能在水中浮起来的。

碎纸片都躲开

天气真好，在嘟嘟家的小院子里，嘟嘟从河边打来了一大盆清清的水，把肥皂放在旁边。准备开始洗澡喽，嘟嘟的心情特别舒畅。一阵轻风吹过，许多花瓣落到了水盆里。嘟嘟看到后，笑了笑说："太好了，好漂亮的花瓣。"她用鼻子凑上去闻了闻，说："真香啊！"

嘟嘟洗完了澡，感到非常舒服。走到水盆边，一看，自言自语地说："咦，奇怪，为什么盆里的花瓣都躲到了水盆的边沿处了呢？怎么会这样？"

手和脑快开动：

材料：一个盆、水、纸片、一小块肥皂

 弄一些碎的纸屑，越小越碎越好。

 水盆中装满水，将碎纸片撒在水面上。

聪聪来找嘟嘟玩，看到嘟嘟两眼盯着水盆看，便悄悄地走了过去。

水盆的水面上，映出了嘟嘟和聪聪疑惑的脸庞。"为什么花瓣全都在盆边儿上漂着，而不是在水中心？"嘟嘟嘟囔着，"哦，对呀。是不是有水怪在里面？"聪聪自语道："不可能，我刚刚还在水里洗澡，里面什么都没有。"突然一个温柔的声音说道："你们不要乱猜了，我来告诉你们答案。""小精灵！"嘟嘟和聪聪异口同声。

小精灵飞落下来，站在嘟嘟和聪聪的面前，说道："我们去做个小实验，其中的道理你们自然会明白的。"

取一小块肥皂，放入水中，观察，会发现碎纸片漂到了水盆边沿。

噢，原来是这样！

我们通过之前做过的实验，了解到水有表面张力。碎纸片漂浮在水面上，而水表面有张力作用，就像是一层"薄膜"，纸片很轻，可以浮在水"薄膜"上面。可当把肥皂放到水面上时，肥皂破坏了水的表面张力，水表面断裂开，于是上面漂浮的碎纸片就漂向一边。

肥皂和糖谁厉害

聪聪故作神秘地凑到嘟嘟身边，伸出握拳的手，递向嘟嘟，说道："嘟嘟，我有一块很好吃的糖要送给你，听说吃了它就可以变得很聪明，什么道理都能懂得。""真的吗？"嘟嘟很期待地接过了糖，剥开糖纸，把糖块放进了嘴里。"哇"的一声立即吐了出来，并说："这是什么东西这么难吃？"

此时，只见聪聪捂着肚子趴在地上哈哈大笑。嘟嘟被愚弄了，非常生气。

手和脑快开动：

材料：一盆水、两根火柴、一块方糖、一块肥皂

将两根火柴平行放在水盆中。

再将一块方糖放在两根火柴中间，发现火柴立即被吸引过来了。

糖

小精灵看到了，觉得聪聪有点儿过分，批评道："聪聪，你又在搞恶作剧了，这么做太不像话了。"聪聪也意识到了自己犯了错误，忙拉着嘟嘟的手赔礼道歉："嘟嘟，对不起！我本来是要把这块真糖送给你的。"说着，又从兜里掏出一块糖来，递向嘟嘟。

嘟嘟看着聪聪很诚恳的样子，接过了糖。转而向小精灵问道："小精灵，糖和肥皂，我该怎么区别呢？"小精灵笑着说："这样吧，我们用糖和肥皂先来做个小实验，你们就能清楚地看到糖和肥皂有明显的区别了。"

"嗯！太好了。"嘟嘟将糖交给了小精灵。

肥皂

将火柴重新摆放好后，再将一块肥皂放入火柴中间，发现火柴迅速逃离。

 ，原来是这样！

这个小实验的原理很简单，与我们前边做过的实验很相似，原理不尽相同。是因为方糖会吸水，连带把水面上的火柴拉向了中心，因此火柴紧贴方糖。而肥皂会破坏水的表面张力，水表面断裂的薄膜把火柴往外推开。小朋友可以多试一试其他的物体，看看是否有更好玩儿的东西。

吸管比重计

"为什么它会沉下去，为什么它又浮上来了？到底是怎么回事？"聪聪趴在大树底下，翻阅着一本厚厚的工具书。"聪聪，聪聪……"嘟嘟叫了聪聪两声，依然没有答应。嘟嘟不禁好奇聪聪在嘀咕什么，便凑上前去倾听。聪聪用手托着脸，继续认真地思索。突然听到嘟嘟大声地怪叫道："聪聪，聪聪，你在干什么？"聪聪被吓了一大跳，直起身，不耐烦地说道："你在鬼叫什么？人家在很认真地思考问题，思路一下全被你吓跑了。"

手和脑快开动：

材料：三个杯子、一根吸管、清水、盐、酒精、胶泥

1 将一根吸管裁成长短相同的三段。

2 三只杯子分别倒入水、盐水、酒精。

3 三段吸管都在一端封上胶泥。

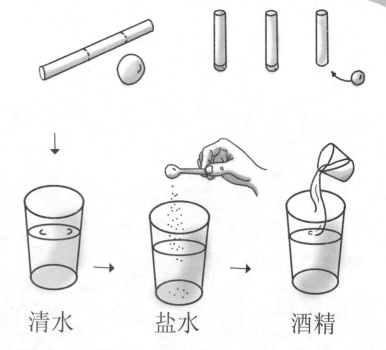

清水　　　盐水　　　酒精

"哦？你在思考什么？看看我能不能帮你想想。"嘟嘟笑着说。

聪聪想了想，继而说道："一根羽毛，它在水里是漂浮着的，而在酒精里却沉到了底下，这是为什么呢？"

嘟嘟把一根手指含在嘴里，眼珠转了转，自语道："应该是那根羽毛被施了魔法吧。""不对，不是这样的。"小精灵忽然出现在了聪聪和嘟嘟面前。"你们不要瞎猜了，我有好的方法告诉你们答案，快点儿，跟我来。"说完，小精灵便向自己的实验室飞去。

嘟嘟提醒：

　　小朋友，使用酒精的时候要注意安全哦，要避免在与火有直接接触的地方做实验。

   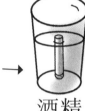

清水　　盐水　　酒精

将三段吸管封上胶泥的一端分别放入盛有清水、盐水、酒精的杯子里。会发现在装清水的杯中吸管没入一半；在装盐水的杯中吸管封胶泥的一端浮在上面；而酒精杯中的吸管大部分下沉。

 ，原来是这样！

　　这个小实验如"浮起的鸡蛋"一节里所说，各种各样的液体都有自身的密度，我们可以继续套用浮力公式$F_浮=\rho_液 gV_排$。物体密度小于液体密度时就会漂浮，酒精密度比水的密度小，浮力较小，吸管沉得深。盐水的密度比水的密度大，浮力较大，吸管就没有在水中的吸管沉得深。

看不见的水蒸气

嘟嘟高兴地打开新水壶的包装盒，装满水后放到了火上烧水。不一会儿，"咕嘟咕嘟"的水声响起，水烧开了。嘟嘟听到水开声后，连忙跑过来提水。"哎呀！好疼啊！"嘟嘟大声地哭了起来。聪聪闻声赶来，看见嘟嘟举着烫红的手指，忙问道："嘟嘟，你怎么了，手怎么变成了这样？""呜呜呜，我被烫到了，被开水的水蒸气烫到了。"嘟嘟哭诉着。

"水蒸气？"聪聪挠挠头，"水蒸气不就是白色的雾气吗？一点儿也不烫。"

手和脑快开动：

材料：热水、一个塑料水杯

 把热水倒进塑料水杯里。

 观察水杯上方，会发现由热水滴形成的白雾。

嘟嘟突然更大声地哭起来，蛮不讲理地说："就是水蒸气，就是水蒸气。"

聪聪感到困惑。这时，小精灵忽然站在了聪聪的身后，拍拍他的肩膀，调皮地挤了一下眼睛，小声说道："聪聪，我们先不要管嘟嘟，我带你去做一个关于水蒸气的实验好吗？"聪聪一听，高兴地点了一下头。刚刚还在大哭的嘟嘟，听到后，停止了哭泣，忙说："我也要去，我也要去。"

聪聪和小精灵相视一笑！

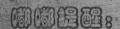

嘟嘟提醒：

小朋友，往杯子里面倒热水的时候一定要作好防护，千万不要被烫伤哦！

3 把手放在水杯上方的白雾里，会发现手湿了。

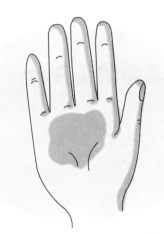

唔，原来是这样！

这个小实验的原理非常简单，刚刚从塑料水杯里跑出来的水蒸气是看不见的，但是再往上走，随着温度降低，就形成了水滴状，就是我们平时能看到的白雾。我们通常会错误地把这白雾叫成水蒸气。实际上，我们看见的白雾是遇冷凝结的水蒸气，就是水，液态的水（白雾）把手弄湿了。看看，这个你平时有没有注意到，自己做做看吧。

大泡泡生小泡泡

嘟嘟和聪聪在院子里高兴地玩着欢乐泡泡。"呜"又吹起一个大的泡泡，泡泡飘飘摇摇地在空中飞舞。聪聪仰头看着远去的大泡泡，不禁遐想着：自己坐在大泡泡里，飞向了天空。在天空中，聪聪低下头，看见了地面上的嘟嘟露出惊讶的表情。自己美滋滋地笑着，然后继续随着泡泡飘啊，飘啊！

小精灵飞在空中，"砰"一下，不小心碰破了大泡泡，有细小的水珠滴落到了聪聪的脸上，同时也碰破了聪聪幻想的美梦。

手和脑快开动：

材料：肥皂泡液体、糖、一根吸管、塑料桌布

 在肥皂泡液体中放入少许的糖。

 取少量加糖的肥皂泡液，均匀地洒在塑料桌布上，使桌布保持湿润。

 用吸管蘸一些加糖的肥皂泡液。

 贴在塑料桌布上吹起一个大泡泡，能吹多大吹多大。

 吸管外面也抹上肥皂泡液，使吸管外部保持湿润。

小精灵飞落到地面上后，嘟嘟主动和她打招呼。可一旁的聪聪却一脸不高兴的样子。"聪聪，你怎么了？谁惹你生气了？"小精灵走近问。嘟嘟看到后，纳闷儿道："刚才他还好好的，谁也没有招惹他呀？""哇……"聪聪突然大哭起来，"小精灵为什么要碰破那个大泡泡，它能带着我去很远很远的地方。"

小精灵听后，两手一摊，无奈地摇摇头。"原来是这样啊！"忽然灵光一闪，"有了，我教你们更好玩的泡泡游戏吧，做游戏还可以学知识，你们要不要去？"嘟嘟听后连连点头。聪聪也立即收起了拉长的脸。

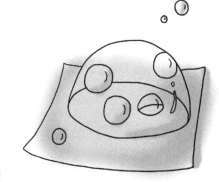

 将吸管伸进大泡泡里面，可再吹出小的泡泡。如法炮制，看大泡泡能生出多少小泡泡来。

 原来是这样！

原理跟前面我们所讲的水的表面张力有关。

因为肥皂泡液体软度比较好，所以我们能吹起泡泡。但要保持泡泡状态就需要有相应的环境，肥皂泡看起来很坚固。要保持吸管外部有肥皂泡液，保证其湿润度，就不会破坏泡泡的表面张力，进而可以做很多吹泡泡的游戏。

不会沉的曲别针

嘟嘟来到河边玩儿着自己动手折的小帆船。哇，小船漂得真远。可没过多久，突然"噗"的一下，小帆船被一块儿小石子砸中，沉到了河里。嘟嘟一转头，看见聪聪拍拍投完石子的手，正大摇大摆地走来。"聪聪，你毁了我的小帆船，你赔我。"嘟嘟非常生气地朝聪聪喊道。"哈哈哈，那只破船一点儿承受力都没有，连那么小的一块石头都经受不住。"聪聪傲慢地说。嘟嘟憋红了脸，心中很是不服。

聪聪看着嘟嘟生气的模样，不禁心虚地挠挠头说："好吧，我知道错了，嘟嘟，要不我再给你折

手和脑快开动：

> 一张纸巾、若干曲别针、一只碗、水

 将水倒入碗里。

 将一张纸巾轻轻放在碗里的水面上。

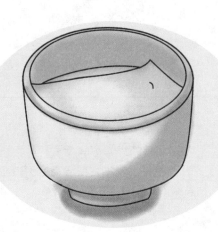

一只小帆船怎么样？""不要，我就要原来的那只船，哼！"嘟嘟大发脾气地喊着，随即转回身看向河里，看着小帆船已经随着小河的流向漂走，不禁露出难过的神情。

聪聪感到无助，抬起头正看到小精灵飞了过来。"刚才我都看到了，嘟嘟别难过了。"小精灵飞下来后，安慰她。"我已经向她道过歉了，可嘟嘟不肯原谅我。"聪聪嘟着小嘴说着。"嘟嘟，我们三个一起去做一个有关水面漂浮的小实验吧。很有意思的。"小精灵想到了这个办法来劝慰嘟嘟。果然，嘟嘟一听到要做小实验，立即高兴起来，向小精灵点了点头。

3 再将曲别针轻轻地一枚一枚地放在纸巾上面，会发现曲别针没有立即沉到碗底。

咦，原来是这样！

曲别针没有下沉到碗底，这也是因为水具有表面张力。水表面的分子在保护着水下面的水分子。纸巾轻而薄，所以没有彻底破坏掉水表面的张力。就像一张网一样覆盖在水面上。当有比较轻和小的物品慢慢地放到水面上时，只要不破坏水表面分子的"薄膜"，物品就会浮在上面。

水中的油球

嘟嘟将试管里放了水，然后滴一滴油进去，用手晃动着试管。"哇！"油滴变成了许许多多的小油珠。"哇，成功了！"聪聪冷眼看在一旁，叹气摇头，"这样就算成功了？你的研究也太没有创意了吧。"嘟嘟含指苦想，翘首思索着，说道："我觉得这个课题很有意思，油为什么在水中不能溶解呢？"聪聪却觉得很没有意思，把脸侧向了一边。"嘟嘟，你想的问题很不错哦！观察得很细致。"小精灵飞来，不禁夸赞着嘟嘟。

手和脑快开动：

材料：一个透明玻璃瓶、油、墨水、酒精、水、一个汤匙

 在透明玻璃瓶中倒进一定量的清水。

 将一些墨水滴到瓶中。再倒几汤匙油。

聪聪却唱反调，说："啊，就是油滴在水里是个小球，这就是很不错的问题吗？太小儿科了吧。""那你告诉我，为什么油在水里是个小球，而不是和水混在一起的呢？"嘟嘟说道。"嗯，这个……"聪聪一下子便被问住了，答不上来。"好了，好了，我教你们做一个小实验来说明油为什么不能溶解在水中吧。"小精灵说道。嘟嘟和聪聪听后，连连点头应声。

"小精灵，你快教教我，教教我。"嘟嘟迫不及待地说着。

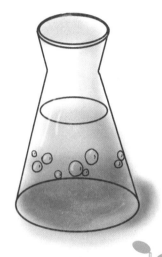

嘟嘟提醒：

小朋友，油滴沾到衣服上是很难洗干净的，滴的时候要小心，不要滴到身上哦。

看到油浮在水面上，倒一点酒精进去，会发现油沉到了第二层，再倒入酒精，当酒精的浓度达到一定量时，油变成了一个个小球状的小珠。

，原来是这样！

这个小实验的原理很简单，当酒精达到一定的浓度时，菜油的薄片会慢慢变小，最终形成球状。油的密度小于水的密度，所以油浮在水面上。酒精密度比水和油都小，当酒精不断倒入水中时，水和酒精混合液的密度逐渐变小。当这种混合液的密度等于油的密度时（混合液对油的浮力等于油的重力），油就处于"失重"的状态。表面张力会使它的表面积尽可能缩小到最小值，而体积在一定的条件下以球形的表面积为最小，所以油滴就变成球形。在我们现实生活中，生鸡蛋的蛋黄与蛋清的密度相等，蛋清对蛋黄的浮力等于蛋黄的重力，因此蛋黄也处于"失重"状态，蛋黄在蛋清里亦成球形。蛋煮熟以后也保持原来的球形。

小小虫在水上奔跑

嘟嘟和聪聪蹲在河边，注视着河里的水。小精灵飞到这里，看到他俩专心的样子，不禁感到好奇。"快游啊，快点儿，快点儿游！加油！"嘟嘟兴奋地说着。不时，还举起手欢呼着。"你的虫子一定游不过我的虫子，你的虫子那么小，很快就会没有力气了。"聪聪骄傲地说着。小精灵走近。哦，原来是这样，看到他们俩居然把捉到的小虫子放到河里比赛。小精灵无奈地摇摇头，便叫道："嘟嘟，聪聪，你们这样做很不好，知道吗？"

手和脑快开动：

材料：一个盛有水的盒子、洗洁精、曲别针、铝箔

 用铝箔包住一个曲别针，修饰成小虫子的形状。

 慢慢将包有曲别针的铝箔放入水中，让其漂浮。

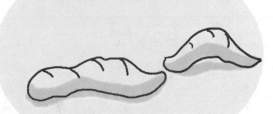

啊？嘟嘟和聪聪这才注意到小精灵就站在身边。忙站起身，低下了头，一副知错的样子。小精灵见他俩很有悔意，意识到了错误，便继续说道："这样吧，我这里有一个小实验，非常有意思，你们愿不愿意试一试？"

嘟嘟和聪聪听了，立即朝小精灵频频点头，脸上又扬起了可爱的笑容。

滴一滴洗洁精到铝箔旁边的水里，会发现铝箔跑了起来。

嘟嘟提醒：

小朋友，虽然这是个小实验，但要记住使用洗洁精就会对水造成污染，所以不要玩儿太多次哦。

，原来是这样！

我们通过这个小实验了解到滴入了洗洁精的地方，水表面张力形成的"薄膜"被洗洁精破坏（这同我们前边几节中讲的有关水表面张力被破坏的道理是不尽相同的），所以包有曲别针的铝箔动了起来。看，它像不像小虫子在水里奔跑着？小朋友们，你们也可以发挥自己的想象力，做出更好玩儿的东西来。

穿越冰块

冬天里，寒风呼啸而过。嘟嘟在屋外放了一碗水，准备冻冰块用。一片树叶刮落到水碗中，浮在水面上。嘟嘟发现后，并没有把树叶拿开。

第二天，嘟嘟将冻成冰块的水碗拿进屋里。用放大镜观察冰块。咦？树叶居然在冰块的里面。它是怎么钻进去的呢？嘟嘟正感到不解，忽然听到一阵敲门声。

聪聪来找嘟嘟玩儿，看到了冰块后，也觉得非常奇怪。

手和脑快开动：

材料：一个有木塞的酒瓶子、两把金属勺子、冰块、细铁丝

 在细铁丝的两端分别绑好两把金属勺子。

 把冰块放在瓶口的木塞上面，稳妥地放好。

 把绑有金属勺子的细铁丝架在冰块上面，调整两端的金属勺子，让它们在两端稳定住。

 维持原状，把瓶子放进冰箱冷冻室。

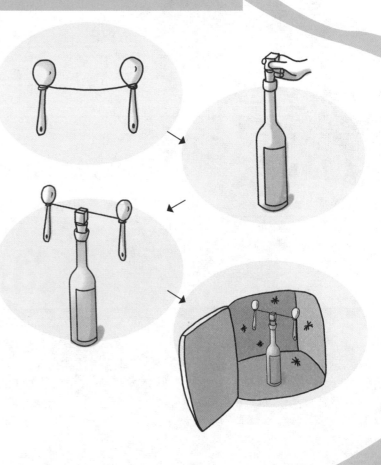

树叶原本是在冰面上的，怎么会钻到冰里去呢？面对着这样的不解，嘟嘟和聪聪都无法解答出来。于是他们想到了小精灵，便抱着冰块来到了小精灵的实验室。

"这是一种很自然的现象。"小精灵解答道。

"小精灵，能告诉我们这是什么原理吗？"嘟嘟追问道。

"当然可以，我们先来做这样一个小实验，很快你们就会明白这其中的奥秘了，跟我来！"说着，小精灵走向了器皿柜，拿出了做实验需要的工具。

5 第二天，会发现铁丝居然穿透冰块，进入到冰块里面，而冰块完好无损。

哈，原来是这样！

这个小实验是不是也很好理解呢？勺子附坠在细铁丝两端，使得细铁丝的压力加大。当冰块开始融化，细铁丝渐渐融入到冰块当中。在低温的情况下，冰块又很快地被冻上，所以细铁丝进入到了冰块里面。小朋友们，你们有没有想到？

哪个最远

嘟嘟和聪聪在小河边玩儿着喷水枪。你滋我一身，我喷你一脸，玩儿得非常高兴。

就在嘟嘟跑到河里去重新灌水枪的时候，聪聪却站在远远的地方偷袭了她。

嘟嘟很不甘心，忙站起身，从河里跑出来，说道："不公平，聪聪，你居然偷袭我，为什么你的水枪射得比我的水枪远？我要跟你换过来。"

"啊？我也不知道为什么水枪会有时喷得远，有时喷得近。"聪聪一脸无辜地解释道。

手和脑快开动：

材料：一个空牛奶盒、水、胶带

在牛奶盒上竖排钻三个小孔。

用胶带封住三个小孔。

牛奶盒里灌满水。

再将牛奶盒上的胶带快速去掉，会发现最下面的小孔喷出的水最远。

"不行，反正我要换过来用。"嘟嘟蛮横地说道。

"那样也很不公平，这样吧，我们去找小精灵评评理好不好。"聪聪提议道。

嘟嘟接受了聪聪的提议，两人一起走向了小精灵的实验室。

聪聪挠头，歪歪脑袋，向小精灵问道："小精灵，为什么水枪有的会喷得很远，有的却喷不远？"

"这与水枪中的水压力有关。"小精灵给嘟嘟和聪聪作着解释，说道："这样吧，我只要做一个小实验，你们就能够明白了，跟我来。"

还可以用手挤压牛奶盒，观察，会发现从三个小孔中水喷出的距离都增加了。

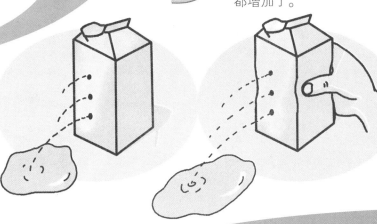

嘟嘟提醒：

做这个小实验最好选在洗澡的时候，在浴缸里面做。可减少水的浪费，也可以增加洗澡的乐趣。

小朋友使用剪刀的时候，要注意安全哦！

，原来是这样！

这个小实验是不是很有意思？水会产生压力，水中压力的大小取决于水的深度，而不是水量的多少。

小故事中提到的水枪，是由于水枪中的结构，用外力使水产生水压。水射程的远近不仅取决于外力的大小，还在于水枪的构造。小朋友仔细地观察一下，看看你还有没有新的发现。

过滤蒸馏水

烈日炎炎，嘟嘟和聪聪在旅行。他们走到一座小山上，走累了，准备坐下来休息。"哦，糟糕了，水壶里的水漏光了。"嘟嘟难过地看着空空的水壶。太渴了，这么热的天，没有水喝怎么行呢。

"怎么办呢？我再也走不动了，没有水喝，听说会渴死的。"聪聪焦虑地说道。

嘟嘟也感到担忧了，站起身，四处去寻找水源。

当她扒开一片草丛后，发现了一个小水坑。

手和脑快开动：

材料：盆、泥水、玻璃杯、保鲜膜、小石头

 在盆里放半盆泥水，把空玻璃杯放在盆的中间。

 用保鲜膜将泥水盆密封好，一定要密封严紧。

 把小石头放在玻璃杯上方的保鲜膜上，使凹处对准水盆中间的玻璃杯。

"哦，这里有个小水坑，太棒了，我们有水喝了，聪聪，聪聪。"嘟嘟激动得大叫。

聪聪看着水坑，不禁皱眉，说道："可是这水坑里的水那么脏，我们要怎样把泥水过滤成干净能喝的水呢？"

"没关系，我有办法，出门前小精灵教我做了一个小实验，刚好派上用场。等一下我们就有水喝了。"嘟嘟欣慰地说。

小精灵飞在天空中，看着嘟嘟和聪聪，不禁笑了笑。

过一段时间后，再来看泥水盆。会看到收集到了一杯纯净水，它可以被饮用了。

将泥水盆放到阳光下照射，一定要在阳光充足的地方进行。

 原来是这样！

这个小实验不错吧，水在太阳的直接照射下受热，会形成水蒸气既而散发到空气当中。我们把这种现象称为"蒸发"。水蒸气在遇到温度较低的保鲜膜后，则会凝结成纯净的水珠。水珠越来越大，最后，沿着倾斜的保鲜膜落到杯子里。小朋友，这是一个非常棒的过滤水的方法，一定要记住哦！马上做做看。

一起来钓冰吧

"哇，真漂亮，嘟嘟，你是怎么做到的？"聪聪看着嘟嘟弄出来的小冰雕，感到很新奇。

"很简单，就是用了这个。"嘟嘟从橱柜里拿出了一个小小的模具盒，在聪聪眼前晃了晃，脸上一副得意扬扬的表情。哦，原来是用小模具做的，怪不得这么活灵活现的。

聪聪也开动了小脑筋，说道："我能让这个小冰雕显得更生动。"说着，便将调料盒打开，抓了一把盐撒在小冰雕上。"看，这样是不是很像冬天里的小冰雕了？"

嘟嘟认真地看了看小冰雕。

手和脑快开动：

水、一个杯子、一个小冰块、
一根线、盐

水杯里灌入凉水至杯口。

把小冰块放到杯子里，让它浮在水面上。

把一根线放在杯子中的小冰块上。

"哦，是很像啊！那我们再多放一点儿盐吧，这样就更像了。"

半个小时后，嘟嘟再次来到了厨房。"哇……"嘟嘟的哭声从厨房里传出来。"啊……我的小冰雕不见了，去哪儿了？"看到聪聪走进来，嘟嘟哭得更凶了。"嗯？刚才明明还在桌子上的，不会化得这么快吧，是谁偷走了吗？"聪聪疑惑地看着湿漉漉的桌子。

"哈哈哈……"一串笑声传来，小精灵从厨房的小窗飞了进来。"笨嘟嘟、笨聪聪，你们不知道冰碰到盐会融化吗？来，我们一起做个小实验，你们就明白了。"

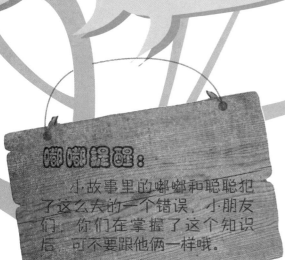

 在冰块上撒一点点盐。30秒后，慢慢地把线的两端轻轻提起。哇，冰块把线冻在里面了，冰就这样钓起来了。

嘟嘟提醒：

小故事里的嘟嘟和聪聪犯了这么大的一个错误，小朋友们，你们在掌握了这个知识后，可不要跟他俩一样哦。

哈，原来是这样！

这个小实验很有意思吧？小朋友们懂了吗？盐能够让冰慢慢融化，然后和水一同流到杯子里。而冰块上的盐顺着水流进杯子里后，冰块又会重新冻上。放在上面的线也就这样被重新冻住了。这样你就可以用线把冰块钓起来了。

第 2 章 奇特的空气
——看不见的亲密伙伴

报纸太重了

"呼嗒嗒，呼嗒嗒……"报纸飞落又飞起，嘟嘟反复扔手中的报纸。聪聪一旁看着，觉得烦闷不已，却又拿固执的嘟嘟没有办法。

但没多久，聪聪还是开口说道："你不要再扔了好不好？嘟嘟。报纸明明就很轻，为什么你偏要说它很重呢？"

嘟嘟累了，坐下来休息，气喘吁吁地猜测道："是真的，我亲眼看到的。一小沓报纸就把木棍压断，太神奇了，报纸上面一定有一股强大的力量。"

"那会不会是那根木棍本身就是断的？"聪聪分析着。

手和脑快开动：

材料：一根窄木条、几张报纸

 把窄木条放到桌子上面，桌子外面留出三分之一的长度。

 然后在木条上面平平地铺上报纸，报纸一定要铺得非常平整。

 用掌迅速地击打露在桌外的木条，会发现报纸并没有像想象的那样被木条的另一端掀起来。

"肯定不是断的，我确定。"嘟嘟坚决地说，"我一定会找到报纸很重的理由，你等着瞧吧。"说着站起身，继续拿起了报纸。

"嘟嘟，你不用再扔了，我来告诉你答案。"小精灵远远飞来，落到他俩的面前，继续说道："不是报纸自身重量的问题。我找到了一个实验的方法，你们俩要不要跟我一起去做做看？"

"嗯嗯嗯……"嘟嘟和聪聪连连应声着。

嘟嘟提醒：

小朋友们，做这个实验时如果你的力量不够，可以请爸爸妈妈来帮忙。

咦，原来是这样！

这个小实验的原理是：报纸上面的空气压力只从上方施加到报纸上。当用掌迅速地击打露在桌外的木条时，即使木条被击断，上面的报纸也不会被掀起。但是如果你慢慢地用力压木条露出的一端，让空气有时间钻进报纸下面，报纸上面和下面的压力又恢复了平衡，这样你就可以把报纸掀起来了。

倒吸水的奶瓶

奇乐谷里有一口非常别致的小井，嘟嘟和聪聪常常来这里玩儿。这天，嘟嘟趴在井边呆呆地看着井里面。聪聪走到近前，也往井里望了望，除了水什么也没有。

"井里面有什么？嘟嘟。"聪聪禁不住好奇地问。嘟嘟动也不动，仍看着井里面，淡淡地说："井里的水为什么总是那么多？我没有感觉到它少过啊。""这是当然啦，井里的水要是没有了，我们还喝什么呢？"聪聪自以为是地回答道。"聪聪，你说的不对，那水是从哪里来的呢？"嘟嘟不服气地追问。聪聪顿觉没趣，嘀咕着："水当然是从地底下来的。"

手和脑快开动：

材料：奶瓶、碟子、蜡烛、打火机、水、两枚硬币

 将点燃的蜡烛固定在碟子中间。

 把两枚硬币放进碟子里，也就是蜡烛的两边。

 再将奶瓶倒立在硬币上，罩住蜡烛。

嘟嘟不认可聪聪的狡辩，继续问道，"那么水为什么一直都在井底，而不跑到其他地方去呢？"聪聪不再回答了，理亏地低下了头。

"嘟嘟，你的问题非常好，我可以帮聪聪回答这个问题吗？"小精灵飞舞在井口的上方，笑着说。嘟嘟笑了笑，说道："当然可以啊，小精灵说的一定不会有错。"

"那好吧，我们来做这样一个小实验，非常简单。做完实验，你们就会明白了。"说着，小精灵展开翅膀，纵身飞向了天空。

朝碟子里倒水，使水没过奶瓶口。不久后，蜡烛熄灭了，而水被吸进了奶瓶里。

 原来是这样！

这个小实验的原理非常简单，很好理解。蜡烛燃烧需要瓶子里的氧气，氧气用完后它就熄灭了。这时，奶瓶里的空气减少了。此时，奶瓶外的气压大于瓶里的气压，外面的气压将水压进了奶瓶里，水位在瓶里上升说明水占据了空气让出的空间。

瓶子吞鸡蛋

嘟嘟在小厨房里将新做好的热汤倒进了饭壶里，拧紧盖子，然后提着饭壶离开了家。聪聪躺在床上，咳个不停。嘟嘟推开门，提着饭壶走了进来。

"聪聪，你的感冒好些了吗？我带了你爱喝的汤，你现在要不要喝一点啊？"嘟嘟拎拎饭壶，示意给聪聪，然后把饭壶放到了桌子上。

咳咳咳……，聪聪依旧止不住地咳嗽着，脸上一副很痛苦的表情。

嘟嘟取来了碗和汤匙放在桌上，抱起饭壶拧着盖子。嗯？饭壶的盖子怎么也拧不开。嘟嘟再使劲，依旧没

手和脑快开动：

材料：玻璃瓶（瓶口要比鸡蛋小一些）、热水、熟鸡蛋

 往玻璃瓶里倒进一些热水，摇动瓶身，让水蒸气散发均匀。

 把剥了壳的熟鸡蛋放在瓶口。快看，鸡蛋被瓶子吸进去了。

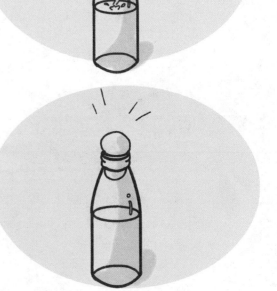

有拧开盖子。

　　"怎么办？饭壶的盖子拧不动，呜呜呜……我来的时候还好好的。"嘟嘟急得哭了起来。小精灵正好飞到屋子外面，听到了嘟嘟的哭声。

　　"呜呜呜……我做了聪聪最爱喝的汤，可一到这里饭壶的盖子就拧不开了，怎么办呀？小精灵。呜……"嘟嘟委屈地向刚刚进屋的小精灵哭诉着。

　　"别着急，嘟嘟，盖子只是让饭壶里的热气吸住了，饭壶冷却后盖子就可以打开的。"小精灵解释道。

　　"啊，真的吗？"嘟嘟停止了哭泣。

嘟嘟提醒：

　　小朋友们，倒热水的时候一定要小心，不要被烫伤哦。

嘻，原来是这样！

　　这个小实验有趣吗？它的原理很简单，玻璃瓶里面放进了热水后，空气在受热后开始膨胀，并且跑到了玻璃瓶外面。当玻璃瓶内的温度开始慢慢降低，瓶里面的空气压力也就随之降低。这时外面的空气压力大于玻璃瓶内的空气压力，鸡蛋就是被这股强大的压力挤进了玻璃瓶内。

巧做气球快艇

嘟嘟组装好了快艇模型，非常高兴。于是她兴致勃勃地抱着快艇跑向了聪聪家。不一会儿，嘟嘟和聪聪来到了小河边，两人要进行一场快艇比赛。比赛开始，两艘快艇并肩前进。

突然，嘟嘟的快艇开始往水底下沉。咦？这是怎么回事？嘟嘟赶忙跑进水里，想把快艇取回来。可是太晚了，快艇已经沉没得无影无踪。

为了这件事，嘟嘟天天吃不下饭，睡不好觉。

手和脑快开动：

材料：一个矩形纸盒子、一个气球、一些胶带

先把纸盒按照竖的横切面剪开。（最好找人帮忙）

在盒子的侧面剪个小洞，千万不要太大，可以卡住气球嘴就行。（最好能利用盒子自带的塑料孔）

把气球塞入盒子中，并将气球的吹气口套在小洞或塑料口上，固定好。

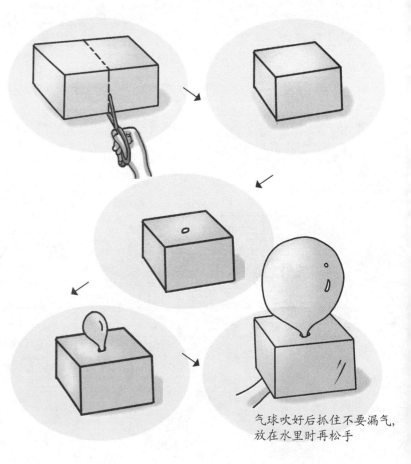

气球吹好后抓住不要漏气，放在水里时再松手

这天，小精灵来到了嘟嘟家，对嘟嘟说："嘟嘟，你别难过了，我现在学会了做一种新式的快艇，又简单又好玩儿，你愿不愿意做做看？"嘟嘟无奈地点点头，答应了陪小精灵去做新的小快艇，但心里还是想念原来的那只模型。

可是，当嘟嘟随小精灵来到实验室，看到新式的小快艇后，脸上立即呈现出了笑容。

最后，嘟嘟与聪聪再次比赛，就是用这艘快艇赢了聪聪。小朋友们，你们想知道小精灵教嘟嘟做了一个怎样的快艇吗？

嘟嘟提醒：

小朋友，最好让家长帮你剪开纸盒子，如果自己动手千万要小心，不要剪到自己哦！

将气球吹起来，用一只手紧紧捏住吹气口，以防漏气。这个快艇就算做好了。下面将快艇放入浴缸中，松开手，哇！快艇发动了。

哇，原来是这样！

怎么样？这个小快艇很奇特吧，制作原理也非常简单。气球里的空气从吹气口迅速向后喷出，在反作用力的推动下，气球快艇飞快地动了起来。小朋友们，快动手做做看吧。

小小的降落伞

嘟嘟跟聪聪正在讨论一个非常有意思的问题，两人说得正是兴奋的时候，一阵凉风吹过。一片薄薄的树叶飘飘落下，正好落到了聪聪的头上。嘟嘟伸手把聪聪头上的树叶拿下来观看，然后回想着树叶飘落的过程。

一扬手，嘟嘟将树叶又向高处扔了出去，继续观察树叶飘落的迹象。

"嘟嘟，你到底想干什么？一片叶子而已，有什么好看的？"聪聪满不在乎地说道。

嘟嘟看了看聪聪，说："聪聪，你看到过电视上跳伞的那些运动员吗？我觉得那些伞就像树叶在空中飘浮

手和脑快开动：

材料：一根吸管、几张彩色纸、胶带纸、剪刀

 用彩色纸剪出两条不同长度的纸条。将两个纸条粘成环。

 用胶带纸将这两个大小不一的纸环固定在吸管的两端。注意：两个纸环必须在同一个方向。

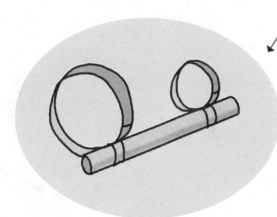

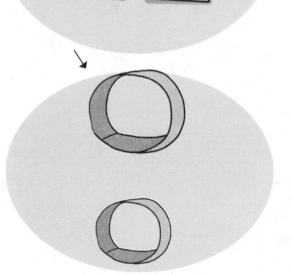

着，特别美丽。"

聪聪挠头，不太理解嘟嘟所说的含意。

"嘟嘟，你真聪明，观察得很仔细啊。"小精灵在空中一边飞舞，一边说。

"我只是很好奇，叶子为什么飘落得那么慢。"嘟嘟说道。

"这很好解释，不如我们三个一起去做一个非常好玩儿的小实验。做完后你们就知道这其中的奥秘了。"说完，小精灵继续飞舞着离开了。

 现在把你手中做好的这个物体轻轻地掷出去，会发现它可以飞行起来。

啥，原来是这样！

这个小实验的原理很简单，它是利用了重力与升力的两种力量交互作用形成的。看，它飞行起来是不是像个小飞艇一样？

小飞艇本身的重量会牵引机身向下坠落，两个纸圈机翼则会抓住空气，让它在空气中飘浮，一上一下的两股力量，再加上投掷者帮助小飞艇向前滑行的"动力"，产生惯性运动而顺势滑出，三股力量的平衡，就能飞出优美姿态，就像故事中嘟嘟看到空中落叶飞舞的状态一样。

小朋友们，你们也可以观察一下哦！

快跑！气垫船

嘟嘟将小饭盒刷洗干净，在太阳光下晾晒。不一会儿，小饭盒就晾干了。

看着干净的小饭盒，聪聪不解地问道："嘟嘟，你要用这个小饭盒做什么？做小船？不像。是做小汽车吗？可没有轱辘呀？"禁不住乱猜的聪聪一直叨叨个不停。

"哦，其实我也没想好要拿它做什么，只是觉得扔掉很可惜。"嘟嘟一边想一边说。

"啊，不如我们拿着它去找小精灵吧，她会知道用它能够做成什么。"聪聪灵机一动，想到了这个办法。

手和脑快开动：

材料：一个塑料杯、一个空饭盒、一把剪刀

将空饭盒的盖子打开，取底盒，扣放在地板上。

将塑料杯的杯底用剪刀剪掉，要尽量保持塑料杯的圆度。

把底盒的底部挖个洞，将塑料杯插到洞里。看，像不像一个气垫船？

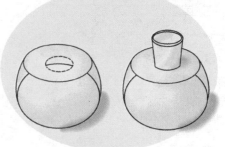

“对呀，我们快去找小精灵。”嘟嘟嘴角上扬，高兴地说道。

到了小精灵的实验室，嘟嘟和聪聪将饭盒拿给了小精灵看。

小精灵仔细地审视着这个饭盒，认真的思索着，突然说道，“啊，有了，我知道用它来做什么了。这可是个不错的小实验哦。”

“我就知道小精灵一定有办法的。”聪聪洋洋得意地说道。

嘟嘟也笑了起来。

嘟嘟提醒：

在制作气垫船的时候，小朋友们千万要小心手，不要被剪刀弄伤。最好能和家长一起来做。

4 朝塑料杯里吹气，气垫船被托起，向前动了起来。

哇，原来是这样！

这个小实验的原理是：当你用力向杯子里吹气时，空气就会从塑料盒底部出去，就像一个气垫把你的船给“托了起来”。那么我们是不是可以多做一个，邀请你的朋友和你一起来比赛，看看谁的气垫船跑得快。

浮沉子的秘密

嘟嘟和聪聪提着鱼筐和鱼竿来到小河边钓鱼。"嘟嘟，你的鱼漂真漂亮，它应该能吸引很多的鱼上钩吧？"聪聪欣赏着嘟嘟的鱼漂，一副爱不释手的样子。

嘟嘟摇摇头，"这是我花了一宿的工夫做的，也不知道好不好用。但是我发现了一个奇怪的现象。""哦？自己做的？是什么样奇怪的现象？"聪聪好奇地追问。"就是我在水缸里试验的时候，一用杯子罩住它，它就沉下去，我一拿起来，它就会自己浮上来，这样的鱼漂还能用吗？"嘟嘟感到忧虑地说。"嗯？

手和脑快开动：

材料：一个大碗、水、塑料瓶、一小块松木、剪刀

 大碗里倒进一半的水。

 将小块松木放在水面上。

 用剪刀将塑料瓶拦腰剪开，保留上部分。

 用半截塑料瓶（盖紧盖子）把松木罩住，伸向水里，会发现松木在下降。

不能用吧？万一鱼没上钩，它自己就沉下去了呢？"聪聪皱皱眉头说道。

小精灵飞过此处，听到了嘟嘟和聪聪的对话，忍不住笑了起来，大声说道："呵呵，你们放心，鱼漂不会自己沉下去又浮上来的，嘟嘟刚刚说的现象就是浮沉子的现象，没关系的。"说完，身体平稳地落了下来。

嘟嘟和聪聪愣愣地吃语道："浮沉子呀，那是什么东西呢？"

"嗯，是个非常有科学性的东西，制作的方法有很多种。这样吧，我先教你们一个比较简单的。"说着，小精灵从口袋里取出了一小块松木，朝嘟嘟和聪聪比画。

嘟嘟提醒：

使用剪刀可要小心哦，小朋友们，最好能让爸爸妈妈陪在身边。

 把塑料瓶的盖子拧开，会发现松木又浮了上来。

哇，原来是这样！

这个小实验运用了阿基米德定律原理，浸在液体中的物体，受到一个向上的浮力，浮力大小等于物体排开的液体的重力。小松木自身是不会下沉的，我们看到瓶子里面的水平面下降了，是因为瓶子里有空气，迫使水平面下降而已。当瓶盖被打开后，空气从瓶子里面跑了出来，于是瓶子里的水面以及小松木就又回到了原来的位置。

闹钟的声音

嘟嘟一边哼着小曲，一边采着蘑菇，心情显得格外舒畅。而聪聪在一侧皱起眉头。"聪聪，昨天你听到百灵鸟唱歌了吗？太好听了，下次我还要去听。"嘟嘟突然问道。

"哼，你太不讲义气了。"聪聪说。"怎么了？"嘟嘟非常不解地看着聪聪。"为什么把我丢在观众席外边，你自己却溜进去听。"聪聪愤愤地说着。

"啊？我以为你在外面也听得到啊，大家都在鼓掌，不是说明都听见了吗？"嘟嘟扬起头，开始思考。

手和脑快开动：

材料：一个闹钟

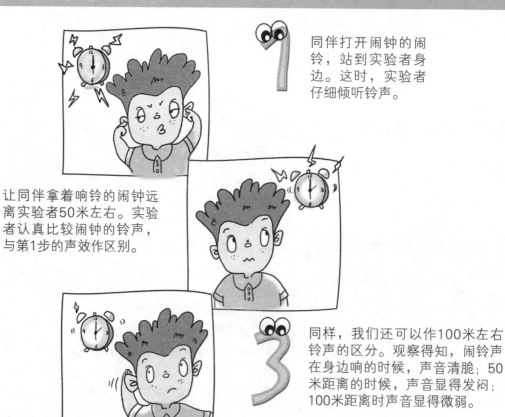

同伴打开闹钟的闹铃，站到实验者身边。这时，实验者仔细倾听铃声。

让同伴拿着响铃的闹钟远离实验者50米左右。实验者认真比较闹钟的铃声，与第1步的声效作区别。

同样，我们还可以作100米左右铃声的区分。观察得知，闹铃声在身边响的时候，声音清脆；50米距离的时候，声音显得发闷；100米距离时声音显得微弱。

"听是听得到，但是声音特别小，唱的什么根本就听不清。"聪聪闷声说。

"会吗？"嘟嘟就是想不明白，为什么聪聪会听不清楚。

这时，小精灵从远处飞来，问道："嘟嘟，你又有新问题了吧？"

"小精灵，看到你太好了。昨天百灵鸟的演唱会，为什么那么多人听到了，聪聪却听不清楚？"嘟嘟着急地问道。

"这个嘛，很简单，走，跟我做一个小实验去，做完后你们就明白了。"说着，小精灵又飞向了远处。

嗨，原来是这样！

声音在空气中是怎样传播的呢？这个小实验中，闹铃的声音振动使得周围的空气变密，空气就形成了疏密相间的一种波动，向远处扩散传播。就像是在水面上，被某物体轻轻一点，水面会形成一圈一圈的水波，不断向四外扩散。因此，声也是一种波，我们把它叫作声波。所以闹钟的铃声距离实验者越远，声音就会逐步地减弱。

小球在靠近

嘟嘟将两张纸揉成了两颗圆圆的小球，放到了窗台上。一阵风吹过，两个小球不仅没有被吹开，反而还靠在了一起。嘟嘟趴在窗前，看到小球自动靠拢，感到很奇怪。咦？小球儿应该越滚越远，怎么会碰到了一起？

聪聪看到嘟嘟又在发愣，走了过去，叫道："嘟嘟，你在看什么，这么入神？又有新发现了吧？"嘟嘟没有回答，直接将两个小球拿进了屋里，在桌上反复地实验。聪聪见自己被嘟嘟忽视，很不甘心，很想搞明白她到底在做什么，便跟进屋里去看。

手和脑快开动：

材料：两支彩色铅笔、两个乒乓球、一卷胶带、一根吸管

 把两支铅笔平行地摆放在桌子上，间隔两厘米的距离。

 把铅笔固定在桌面上，用胶带把它粘牢。两个乒乓球放在铅笔的两端。

 用吸管在两个乒乓球之间吹气，会发现两个乒乓球在彼此靠近，而不是向两边跑开。

"奇怪，在两个小球中间吹气，为什么小球会靠拢在一起呢？"嘟嘟只顾自言自语，完全没有看到聪聪站在旁边。

"这个只有小精灵才会知道。"聪聪兀自插话道。"对了，去找小精灵，她一定会告诉我的。"说完，"嗖"地一转身，嘟嘟的身影立即消失在屋子里。

聪聪感到挫败地说："难道我是透明人吗？"

最后，聪聪还是跟着嘟嘟一起找到了小精灵寻找答案。

小精灵听完嘟嘟的叙述，点点头，说道："这个实验应该不复杂，我们可以一起来做做看。"

噢，原来是这样！

这个小实验的原理很简单：当用吸管在两个小球之间吹气时，中间气流的流动速度比外边气流流动的速度快，就会产生一个向内的压力，从而挤压两个乒乓球相互靠近。也就是说乒乓球的四周都有气流，当吹气的时候，中间的气流流动得快了，四周的气流都开始往里靠，所以乒乓球靠在了一起。

会响的纸

嘟嘟和聪聪头上系着红色布条，身穿奇乐谷啦啦队的队服，出发了。比赛场上的角逐激烈，嘟嘟和聪聪在观众席里看着。"聪聪，我们的队旗哪儿去了？刚刚还在我的手里呢。"嘟嘟在一阵欢呼过后，开始左右蹚摸着自己的小队旗。

"在我这里呢，你真行，摇着旗子激动地喊'加油'，一下子就打到了我的鼻子，还把队旗给扔掉了，真疯狂！"聪聪用小队旗捂着鼻子抱怨道。嘟嘟这才仔细看向聪聪。见他还用小旗子捂着鼻子，便忙冲他不好意思

手和脑快开动：

材料：两根吸管、两张纸、一些胶带纸

 把两张纸用胶带纸分别贴在吸管上，做成两面小旗子。

 接下来我们把两面小旗子在鼻子前重合到一起，在呼出气流后，将它们突然分开，会发出巨大的声响。

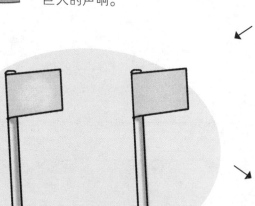

地"嘿嘿"一笑，随即一把扯开了聪聪手中的小旗子，只听"砰"的一声响。

"啊，这是我们的队旗发出的声音吗？"嘟嘟疑惑地看看手中的旗子，很奇怪，小队旗明明是纸做的，居然发出了这么大的响声。聪聪也惊讶地看着小旗子，说："我没想到纸旗子会这么响。"

小精灵悄悄坐到了两人身后，倾身插在两人中间，说道："这是很自然的，有一个小实验就讲明了'旗子突然分开，为什么会发出很大的响声'的原理。走，我们一起去做做这个实验吧。"说完，便转身离开了。

嘟嘟和聪聪相互看了看，便立即跟着小精灵离开了。

噢，原来是这样！

把两面旗子在鼻子前面重合到一起，然后试着用鼻子呼出的气把它们突然分开，会听到"啪"的一声，这是因为两张纸重合到一起时，纸外面的气流推着两张纸，让它们重合，当你用鼻子呼出的气流把它们分开时，两边的气流就会发生碰撞，发出声响，所以你会听到"啪"的一声。

纸巾不湿

嘟嘟和聪聪决定一起去郊外爬山。

这天，天气凉爽宜人，嘟嘟戴着帽子，系着围巾，率先爬上了山顶。哇！山顶上真美啊！景色美得让人心情愉快。

虽然有阵阵凉风，但运动过量的嘟嘟还是觉得天气奇热无比。于是摘下帽子，解开围巾，并把围巾塞在了帽子里。就在这时，一阵大风吹过来，嘟嘟一不留神，帽子被大风刮向了山下。

手和脑快开动：

材料：玻璃杯、纸巾、一小盆水

 把纸巾揉成一个小纸团，塞进玻璃杯的杯底处，一定要贴紧杯底。

 把玻璃杯的杯口朝下，垂直地放进装满水的水盆里，使盆中的水没过杯子塞有纸团的部位为宜。

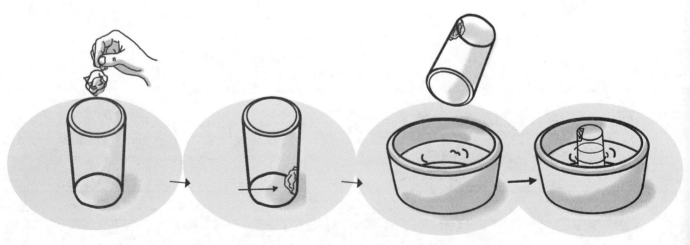

还在半山上的聪聪看到后，急忙去追，可还是眼睁睁看着帽子被刮进了湖里。

小精灵恰巧飞过，见状赶紧将嘟嘟的帽子捞了起来。

嘟嘟接过帽子，一看帽子全都湿了。咦？拿出帽子里的围巾一看，居然是干的。这是怎么回事？

嘟嘟感到不解："为什么我的帽子外面都湿了，而围巾却是干的？太奇怪了。"

"你不用觉得奇怪，这是很自然的事，我可以告诉你这其中的小原理。"小精灵亲切地说道。

 再垂直着从水里拿出玻璃杯。摸一下杯子里的纸巾团，会发现纸巾还是干爽的，没有被弄湿。

嗳，原来是这样！

这个小实验的原理很简单，我们来说明一下。

当杯子扣着压进水里时，杯子里的一部分空气还来不及出去，就被锁在了杯子里面，它挡住了水的进入，塞在杯底的纸团并没有碰到水，所以它仍然是干燥的。

嘟嘟的帽子掉进了水里，也是因为时间很短，在空气还没有彻底溜出去的情况下，是不会弄湿围巾的。

飞奔的气球

聪聪的气球越吹越大，越吹越大。嘟嘟看着他两腮一鼓一鼓的样子，躲在一旁偷笑着。当气球已经大到极限时，聪聪用手收紧了气球口，开始向嘟嘟显示自己的本事，骄傲地说："看见没有，这么大个儿，没有人能吹得过我。"眼睛还不时地向上瞟着。

"是呀，是呀，气球真的好大哦，聪聪你真棒。"嘟嘟向聪聪投出钦佩的目光。聪聪听到了嘟嘟的赞美，更加得意忘形，忍不住扬头大笑起来，突然手劲儿一松，气球"嗖"的一声就不见了。聪聪一下愣住了，还不知道发生了什么情况。

手和脑快开动：

材料：一个气球、一根吸管、一根细绳、胶带纸、一个夹子

 把气球吹大后，用夹子夹住气球的吹气口，要夹紧，不能让气球漏气。

 用细绳穿过吸管，将细绳两端拉直，并固定好。

 把气球的侧面与吸管用胶带纸粘牢。

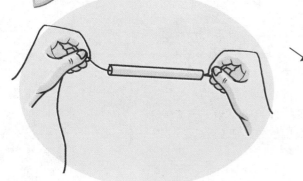

小精灵双臂环胸，走了过来，大笑着说："哈哈哈，聪聪，真没有人吹得过你呢。怎么样？气球都被你吹牛吹走了。"听到了小精灵的话，嘟嘟捂住嘴在一边偷偷笑着。

"怎么办？我的大气球一下就飞不见了。"聪聪着急地说。小精灵看到聪聪焦急的神情，只好帮他寻找。他们开始顺着气球飞走的方向找去，终于找到了已经瘪下来的气球。

小精灵突发奇想地说："这样，我们不如做一个气球飞奔的实验，这样又能学知识，又可以开动脑筋做游戏。"嘟嘟一听，兴奋地拍起手，说："好啊，好啊，我最喜欢做这样的小实验了。"

 完成后，把夹气球的夹子松开，看，气球一下子从细绳这端飞向了另一端。

唉，原来是这样！

这个小实验展现了空气从气球里溜出的现象。从气球中溜出的空气产生的反冲力使气球像喷气式飞机一样发射了出去。怎么样？这个小实验比较有趣吧。自己不妨在家里做一做，一定会带来很多欢乐的。

难分难舍的纸

嘟嘟抱着一沓纸准备去找小精灵。"这该死的大风天，让我这么难走。"嘟嘟顶着大风艰难地前行，嘴里不时发出抱怨。

嘟嘟走着走着，没注意到脚下的石头，一下子被绊了一个大跟头，怀里的纸一下子被扔飞了出去，散落一地。真倒霉呀，嘟嘟站起身，心里这样想着。

手和脑快开动：

材料：两张A4纸

 将两张A4纸竖在面前，相隔3厘米的距离。

 在两纸之间大口吹气，会发现它们竟然相互靠近了。

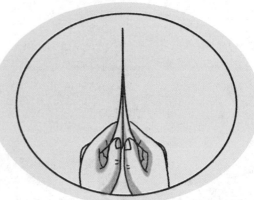

遍地的纸还要一张一张捡起来，嘟嘟心里揣着特别大的委屈，但面对这种情况又没有办法。

就在嘟嘟一张一张捡起纸的时候，她看到了很奇怪的事。

风还在凶猛地刮着，为什么有的纸被牢牢地贴在地面上，有的纸却被刮到了空中打旋？那是因为贴在地面上的纸很重，而飞在空中的纸很轻吗？

来到了小精灵的实验室后，嘟嘟将自己的疑问告诉了她。

"哦，这个问题嘛，很简单，下面我们用一个小实验来说明一下。"小精灵热心地为嘟嘟作着讲解。

噫，原来是这样！

这个小实验说明了空气具有压力的原因。当两张纸中间有空气流过时，压强变小了，纸外压强比纸内大，内外的压强差就把两张纸往中间压去。中间空气流动的速度越快，纸内外的压强差也就越大。

那么嘟嘟的纸真的是有的很重，有的非常轻吗？当然不是，还是这个道理，空气是具有压力的。当风吹过的空气流压在纸上面的时候，纸就被重重地压住了。而风把空气流吹到纸下面的时候，纸就被托起在空中了。这里面也包含了空气流的惯性因素，所以纸是飞旋着的。小朋友们，每当刮起大风的时候你们注意到这个现象了吗？

被空气占用的空间

嘟嘟双手在面盆里和着面，聪聪站在一旁看着。这时嘟嘟的两手已经全都放在面粉里了，要取东西很不方便。

"聪聪，你能帮我去弄点水来吗？面粉里的水太少了。"嘟嘟向聪聪求助道。

聪聪看着嘟嘟弄得满身都是面粉的样子，不禁感到想笑，但又不好意思笑出来，所以一直憋着。听到嘟嘟的求助，心不在焉地抄起个小瓶子便去外面打水了。这样也好借机去外面笑个痛快。

手和脑快开动：

材料：一个盛有水的水槽、两只玻璃杯

 将一只玻璃杯快速地倒扣在水槽底部，不要让遗留在杯中的空气跑出来。

 另一只玻璃杯也放进水槽里面去，使杯中充满水，用手抓住杯底，扣放在水中，不要触及水槽底部。

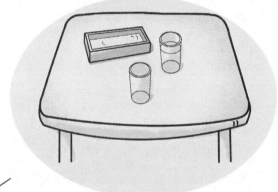

不一会儿，聪聪回来了，他把小水瓶放到嘟嘟面前。

"嗯？为什么只有这么一点点呢？聪聪。"嘟嘟看着小水瓶发问。

"啊？不会啊，我把整个水瓶都放到水里面去了，应该是满的啊。"聪聪还沉浸在刚刚大笑的感觉里，但听嘟嘟这么一说，才注意到水瓶里只有一点点水。聪聪仔细回想了一下刚才去河边打水的情景：他走到河边把小水瓶浸到水里一下，立即就抽了回来，然后坐在地上哈哈大笑起来。

"咦，为什么会这样呢，水瓶为什么会灌不满呢？"聪聪还是想不明白。

"因为你根本没有等空气从瓶子里排出去，"小精灵飞来，站到了嘟嘟和聪聪面前，继续说道："我们去做个小实验，来考考你们的智慧吧。"

充满空气的玻璃杯微倾，杯里的空气跑出来后，会形成一个气泡，立即进入到充满水的玻璃杯中。

唉，原来是这样！

这表明空气是占有一定的空间的，因为水具有表面张力，所以会将空气包裹住，然后通过水作为介质作用在气泡上，所以在水中空气往往以气泡的形式出现。根据水中气泡运动规律则漂至另一个杯子中。

杯子口对口

聪聪捂着脖子，坐在凳子上左摇右摇，遮挡着脖子上的火罐痕迹。

"聪聪，拔火罐疼吗？" 嘟嘟看着他，好奇地问道。

"一点儿也不疼，就是有一个大红包很难看，我都不敢出门了。" 聪聪嗔怨地说道。

"哎哟，真的有一个大红包。咦？那火罐子是怎么粘在你脖子上的？是抹了胶水吗？" 嘟嘟开始浮想着。

手和脑快开动：

材料：两只相同大小的玻璃杯、吸水纸、水、蜡烛、火柴

 将蜡烛放在一只杯子里面。

 将其点燃后，迅速将浸湿的吸水纸盖住杯口。

 将另一只杯子慢慢地口对口扣在上面。

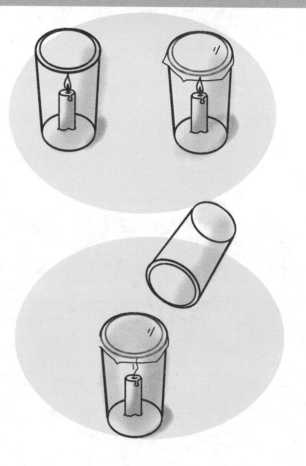

"没有抹胶水，就是把一块纸点着了，放进罐子里。"聪聪解释着。

这时候，小精灵飞了进来，嘟嘟又开始把自己的问题抛了出来。谁知问题一问出来，就引来小精灵的一阵笑声。

"呵呵……"小精灵渐渐止住笑意，说道："拔火罐对人身上的位置要求是很高的，但拔火罐的原理很简单，我可以告诉你们为什么火罐可以牢牢地粘在身上，而不会掉下来。我们一起先去做一个小小的实验。"

嘟嘟提醒：

做这个实验时我们要用到火，所以小朋友一定要让爸爸妈妈陪你一起做这个实验。

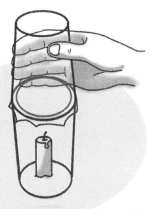

蜡烛熄灭后，开始提起扣在上面的杯子，会发现下面的杯子与它连在一起。

嗨，原来是这样！

大家还记得"吞鸡蛋的瓶子"那一节吗？原理相同。物质燃烧的条件是需要有氧气，燃烧消耗掉了杯子里面的氧气。吸水纸具有透气性，燃烧又通过吸水纸的透气性耗尽了上面杯子里的氧气。这个时候两个杯子里的气压低于外面的气压，外面的气压将两只杯子紧紧压在了一起。就像聪聪脖子上拔的火罐一样，都是利用了这个原理，因此火罐会紧紧地吸附在皮肤上，不至于马上脱落。

把气吹过墙

桌上摆放着一根点燃的蜡烛。聪聪拿着一个纸板，纸板上掏了一个手指肚大小的窟窿。聪聪将纸板竖在桌子上，将窟窿对准桌上的蜡烛，然后开始用力地吹气。只见火苗晃动了两三下，没有被吹灭。

嘟嘟立即在一旁鼓掌欢呼："哦，太棒了，你没有吹灭蜡烛，下面看我的。"她抢过聪聪手里的纸板，也用小窟窿瞄准了蜡烛上的火苗。"噗"一口气吹了过去，火苗仍然没有熄灭。

"嘟嘟、聪聪，你们在玩儿什么游戏，这么好玩？"小精灵走了过来。

手和脑快开动：

材料：一个玻璃瓶、一根蜡烛、火柴、一个牛奶盒

 把一个玻璃瓶放置到蜡烛的前面。

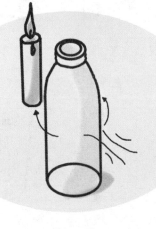

 隔着玻璃瓶向蜡烛用力地吹气，看，蜡烛竟然熄灭了。

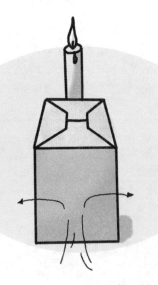

"我们在玩吹蜡烛游戏，真的很好玩。小精灵，你也来试试吧。"嘟嘟笑眯眯地说。"呵呵，好的！"小精灵从嘟嘟手中接过了纸板，用小窟窿对准火苗后，用力吹了一口气，呀，火苗被吹灭了。

"小精灵，你太厉害了。我和聪聪吹了很久都没有吹灭。"嘟嘟称赞道。"但是我想到了一个更好玩的小实验，和这个游戏差不多，你们想不想一起去试一试？"小精灵笑着说。

"好啊，好啊，我们跟你一起去做小实验。"聪聪显得很兴奋。

 同样，换一个方形的牛奶盒放置到蜡烛的前面时，隔着方形牛奶盒再向蜡烛用力地吹气，会发现蜡烛没有受到一点儿影响。

噢，原来是这样！

这个小实验的原理就是气流会随着障碍物转变方向。对着玻璃瓶用力一吹，瓶子的后面会形成低压，周围的空气为了平衡低压产生了气流，于是火焰就被这股气流吹灭了。如果在蜡烛前面放一个牛奶盒，由于它的棱角会让气流打旋，所以牛奶盒后面的蜡烛是不会被气流吹灭的。

空气做的胶水

聪聪做了一个气球娃娃，并为它画上了眼睛、鼻子和嘴巴。这时，嘟嘟戴着一个漂亮的帽子来找聪聪，看到了气球娃娃后，喜欢上了它。"这个气球娃娃真好看，聪聪，能把它送给我吗？"嘟嘟爱不释手地抚摩着，还亲了亲它。

"可以，但你能把你的帽子给气球娃娃戴吗？我觉得它戴上帽子一定更可爱。"聪聪认真地说。

嘟嘟想了想："是哦，让气球娃娃戴上帽子一定更像个真的娃娃了。"于是嘟嘟把帽子摘了下来，戴在了气球娃娃的头上。

手和脑快开动：

材料：一个气球、一只水杯

 把气球放到一只水杯里，用力地吹起气球。

 当感觉到气球不能再继续吹大的时候，就停下来，捏紧气球口轻轻提起气球。看，杯子和气球一起被提起来了。

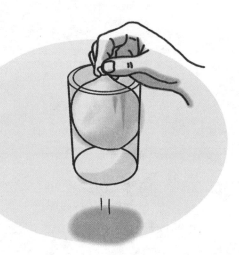

可帽子根本不会老老实实地戴在气球娃娃的头上，动一动就会滑落下来。这可怎么办呢？气球娃娃戴不上这顶帽子。"我有办法能让它戴上帽子。"小精灵出现了，得意地朝嘟嘟点点头。"嘟嘟，你把帽子给气球娃娃戴好，聪聪，你把这个气球娃娃再吹大一些。"

嘟嘟和聪聪按照小精灵的指点，为气球娃娃戴上帽子，再吹起气球。果然，气球吹起后，帽子牢牢地戴在了气球娃娃的头顶上，没有掉下来。

"这是什么原因呢？小精灵，能给我们讲一讲吗？"嘟嘟追问着小精灵。

"当然可以，不过我们先来做个小实验，说不定一做完你们自己就会明白了。"小精灵说道。

噢，原来是这样！

这个小实验的原理很简单，随着气球的膨胀，而把杯中的空气挤了出去。如你看到的，就像有胶水一样，气球把杯子提了起来，杯子牢牢地和气球粘在一起。就像嘟嘟和聪聪为气球娃娃戴上帽子一样，气球被吹起来，挤走了帽子中的空气，从而帽子牢牢地戴在了气球娃娃的头上。

第 3 章 力 的 魔 法

——一起感受神奇的力量

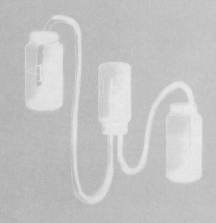

飘动的纸条

天气干燥得厉害，大风还不断地刮着。嘟嘟扛着小旗子，登上了山顶，聪聪也跟了上来。

啊，山顶上的风好大呀。"嘟嘟，快把旗子插好，我们赶紧下山吧。"聪聪一副疲倦的样子，一屁股坐到了地上，再也不想动了。嘟嘟找到了一片空地，将旗子插好，转身刚要走。"嗯？聪聪，你听到什么声音了吗？很大的声音。"嘟嘟环顾四周后说道。聪聪侧耳倾听片刻后，说道："听到了，好像是这面旗子发出来的声音。"手朝旗子的方向指了指，随即又耷拉下了脑袋。

手和脑快开动：

材料：一本书、一张纸条

 将纸条一部分夹到书页中，使其不至于脱落。

 沿着纸条方向用力吹。纸条立即抖动起来，还会发出声响。

"是呀，奇怪，旗子怎么会这么响呢？"嘟嘟感到好奇。这时，小精灵飞上了山顶，听到嘟嘟又发出了疑问，忙说道："旗子之所以会发出声音，完全是因为有气流通过。"

"有气流通过？这是很复杂的原理吗？气流还会有声音？真是太不可思议了。"嘟嘟问道。"我这里有一个非常简单的小实验，我们赶快回去一起做做看。说不定会帮助你们理解呢？"小精灵回答说。

"好呀，好呀，我们赶紧回去做这个实验吧。"嘟嘟迫不及待地要往山下走，完全忘记了坐在地上昏昏欲睡的聪聪。

这个小实验展示的是典型的流体力学原理，风流过纸条时会产生摩擦，而风速的微小变化和纸条平面质地的微小差异，会导致摩擦力的不同。从而形成多个旋涡，纸条随之抖动，像是水面上的一道道波纹一样。那么小旗子飘扬也是同样的原理。

虹吸小喷泉

嘟嘟看着桌子上鱼缸里的水，不禁皱起了眉头。这么一大缸水怎么能把它倒出来呢？嘟嘟试着搬起鱼缸，太重了，怎么也搬不动。

这时候，聪聪跑来，叫道："嘟嘟，有办法了、有办法了。"边跑边喊，非常急切。"真的有办法了？可这个大缸真的很重呢。"嘟嘟很困惑地说。

"没关系，我有办法不用挪动鱼缸就能把里面的水倒出来。"聪聪志在必得地说道。

手和脑快开动：

材料：三个广口瓶、两根吸管、加过颜色的水、橡皮泥

 在瓶盖上钻出两个洞来，分别插入吸管。A吸管插入一小部分，B吸管插入大部分。

 把洞口边沿的空隙用橡皮泥塞实。

 在1号和2号瓶子里各加入半瓶水，将插有吸管的盖子盖在2号瓶子上。

 把1号瓶放在较高的地方，3号瓶放在较低的地方。

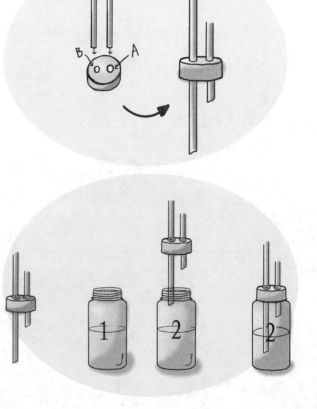

聪聪找来一根长一点的塑料管，将管里面吸满水后堵住了两端。然后叫嘟嘟去找来一个水桶，放到凳子上，靠近鱼缸。哇，神奇的魔法开始了，聪聪将塑料管一头放进鱼缸里，另一端顺向水桶。鱼缸里面的水居然从塑料管里缓缓流出。

"怎么样？我很了不起吧！"聪聪骄傲地说道。嘟嘟立刻将钦佩的目光投向了聪聪。

小精灵飞了进来。"聪聪，你用我教你的方法向嘟嘟卖弄，你真是太爱炫耀了。"嘟嘟噘起嘴，看着傻笑着的聪聪，说："聪聪，你居然骗我。"

小精灵又说："好了，我来是想教你们做一个小实验，很好玩的。你们愿意去我的实验室玩吗？"聪聪听小精灵这么一说，高兴地向实验室跑去。

把2号瓶倒过来，并将B吸管插进1号瓶的水中，A吸管插入3号瓶的水中。这时，2号瓶中便出现了一个小喷泉。

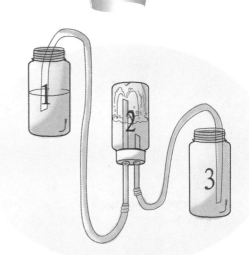

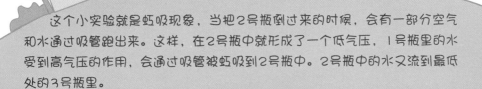

这个小实验就是虹吸现象。当把2号瓶倒过来的时候，会有一部分空气和水通过吸管跑出来。这样，在2号瓶中就形成了一个低气压，1号瓶里的水受到高气压的作用，会通过吸管被虹吸到2号瓶中。2号瓶中的水又流到最低处的3号瓶里。

杂技小丑的秘密

嘟嘟、聪聪和小精灵一起看电视，电视里面有个人正在表演着走钢丝的杂技。"那个人手里为什么要拿一根杆子，这样走钢丝就不会掉下来了吗？"聪聪发问道。

"当然不会啦，如果掉下来他可以把那根杆子戳到地上，这样不就稳了吗？"嘟嘟义正词严地说道。

"哈哈哈哈……"听完嘟嘟的解释，聪聪忍不住大笑起来，"你的解释太搞笑了……哈哈哈……"

手和脑快开动：

材料：硬纸板、细绳、彩笔、剪刀

 在硬纸板上画好一个X形的小丑，涂上漂亮的颜色，剪下来。颜色和图案可以按自己的想象，画得越漂亮越好。注：要把X小丑做得非常对称才行。

 将一根细绳拉起，固定好。两端最好一高一低，并且拉紧绳子。

 把小丑放在细绳上面轻轻一碰，小丑立刻就在细绳上动了起来。

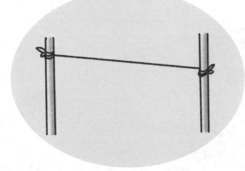

嘟嘟不高兴起来，噘起了嘴。看到小精灵捂住嘴在一旁偷笑，说道：“我说得不对吗？小精灵，为什么你也笑。”

小精灵听到嘟嘟问话，渐止笑意，说道：“走钢丝的杂技演员拿着长杆是为了要保持身体的平衡性，不过即使这样，走钢丝还是要经过刻苦的练习才能实现，一般人不能贸然尝试在这么高的地方寻找平衡。嗯，怎么说呢？不如我们来做个小实验看看吧，很有意思的。”

嘟嘟和聪聪立即高举手臂欢呼道：“好啊，好啊！”

嘟嘟提醒：

小朋友，没有进行过专业训练，千万不要在高处进行走钢丝的练习。

这个小实验说明，一个物体的平衡取决于它的重心的位置。掌握了重心，才能保持平衡，而且重心越低，物体越平稳。杂技演员就是利用这个原理，在钢丝上做出高难度动作的。小朋友要记住，杂技演员手中的长杆是为了寻求身体的平衡性，而不是嘟嘟说的那样哦。

火柴折不断

在嘟嘟家里，聪聪正在配合着嘟嘟完成一项实验，但这个实验似乎让人很头疼。

"哎，太重了，我站不起来。"聪聪使劲地想从椅子上站起身，可怎么也起不来。原来，嘟嘟正用食指顶着聪聪的额头。这样就可以让聪聪站不起来？"嗯？原来一根食指就能把人摁住动不了。这是不是很奇怪？"嘟嘟看看自己的手指，自语着。

"嘟嘟，你好厉害，这是什么功夫？教教我吧。"聪聪诚恳地看着嘟嘟。

手和脑快开动：

材料：一根火柴

把火柴放在三根手指之间，食指和无名指在上面，中指在火柴下面。开始用力，会发现小小一根火柴居然折不断。

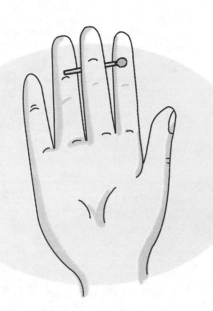 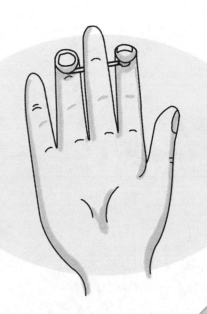

"嗯？这根本就不是什么功夫啊，我只是听别人这样说的，所以才找你来试一下，原来是真的。"嘟嘟懵懂地说道。

"这是人体力学的一个原理啊。其实人的身体里存在很多的力学原理，我们可以再来做这样一个小实验，很快，你们就会明白其中的道理了。"小精灵飞舞着说道。

"哦，好啊好啊，我最喜欢学功夫，说不定可以琢磨出绝世武功。"聪聪一边比画一边说。

这个小实验非常简单。根据人体力学原理，手指在这种情况下是不可能充分地发力的，所以不是火柴很结实，而是我们无法完全把力施加在火柴上。上面的小故事中，聪聪被嘟嘟用一根手指摁在椅子上起不来，是因为重心被分散到小腿和身体上了，不在一条直线上，所以他无法控制重心，也就无法站起来。小朋友，可以找来你的同伴一起试一试，看看你会不会有什么新的发现。

神奇的盒子

嘟嘟站在梯子上晒豆干，把大托盘一个一个地在房顶上放好。哦，还差一个放不下了怎么办？没关系，挤一挤，露出半边应该没问题。打定好主意后嘟嘟继续晒豆干。嘟嘟把豆干一个一个地在大托盘上摆放好，连最后一个大托盘也快要摆满了。

这时，聪聪迈着欢快的脚步走进院子里来，站到房檐下寻找嘟嘟的身影。而后只听"啪"的一声，大托盘直接扣在了聪聪的头顶上。

手和脑快开动：

材料：一本书、一个有盖子的盒子、若干硬币

将一本书保留1/3的部分在桌子上，书一下子就掉到了地面上。

把硬币摞起来排成一排贴放在盒子的一侧，最好把硬币在盒子里固定住。

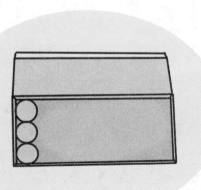

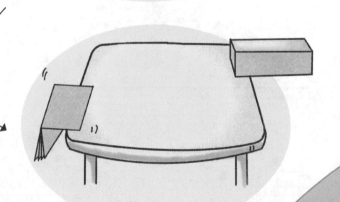

"为什么大托盘会突然间掉下来，我放上的时候还好好的。"嘟嘟面对着聪聪表示深深的歉疚，并懊恼地说着。

聪聪捂着鼓起大包的头，委屈地说道："你不知道大托盘在半空会掉下来吗？悬在房顶上本来就很危险啊。""可我试过，大托盘在房顶上待得稳稳的，只是豆干太多了，放不下，我就全都放在那个大托盘上了。"嘟嘟也觉得非常委屈。

小精灵在一旁看着，笑笑说道："物体本身都有它自己的平衡原理，你没有掌握物体质量的特性，就会忽视这一点。""嗯？可怎样才能掌握物体质量的特性呢？"嘟嘟不解地问道。"好吧，我给你们来看一个小实验吧，教你们怎么找到物体的平衡。"说着，小精灵动起手来，摆好了实验的器皿。

盖上盖子，把盒子没有摆放硬币的一侧推出桌子的边缘。将有硬币的一侧留在桌子上，会发现盒子稳稳地待在桌子上面，没有掉下去。

所谓平衡就是指物体或系统的一种状态。处于平衡状态的物体或系统，除非受到外界的影响，它本身不能有任何自发的变化。那么在盒子的一端摆放的硬币，使盒子的重心从中间移到了硬币所在的地方，所以盒子可以超出桌子边缘很长都不掉下去！

纸做的刀

嘟嘟和聪聪在小花园里游玩。聪聪拾起路边的小棍一阵挥舞，突然一个不小心，小棍抡到了花草上，草丛中的小花立即折落到地上。

"啊，花被你砍断了，聪聪。"嘟嘟惋惜地从地上拾起花，不禁感到心疼。"哦，我，我没用力啊，再说小棍又没有刃，为什么会把花给砍断呢？"聪聪无辜地说道。

手和脑快开动：

材料：一把直刀的刀、一张纸、一个土豆

 将纸折一下，包住刀刃去切土豆。

 土豆被切开，会发现纸没有一点点的损坏。

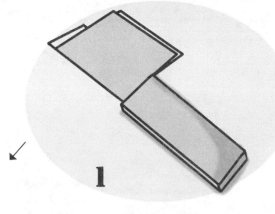

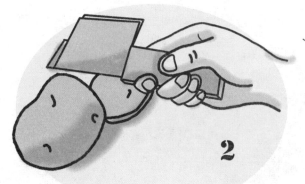

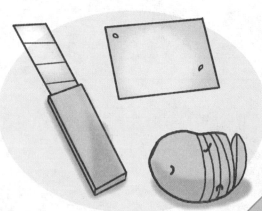

"反正就是你用棍子把花给砍断了，可怜的花。"嘟嘟不悦地责怨道。

小精灵看到后，忙走过来说："也不能全怪聪聪，其实小棍子不一定非得有刃才能砍断东西。下面我们去做这样一个小实验，让你们俩了解一下这其中的道理。"

"好啊好啊！"嘟嘟赞同地举起了手。"我要看，我要看，这样嘟嘟就不会再冤枉我了。"聪聪噘着嘴，不服气地说道。"哼，我才没冤枉你，明明就是你砍断的花。"嘟嘟仍旧不依不饶。

聪聪被气得无话可说，将脸高扬着侧到一边。小精灵没有办法，只好任由他俩闹脾气。

嘟嘟提醒：

小朋友，拿刀的时候一定要家长在身边哦！千万要注意别划伤自己。

这个小实验的原理其实并不难理解，刀刃的压力通过土豆产生了反压力，纸未损坏是因为纸的纤维比土豆结实、坚韧。还可用其他水果或蔬菜多试几次，看看有没有什么变化。聪聪用小棍子能砍断花草也是相同的道理，花草受到聪聪挥舞小棍的反压力，就像是小棍子拥有锋利的刀一样，可以砍断花草。

不会飞的硬币

在嘟嘟的家里面，嘟嘟和聪聪正进行着一个新的实验。"又失败了，又失败了。"嘟嘟提醒聪聪。

聪聪急得满头大汗，看着纸上的茶杯。在茶杯不动的情况下取走纸张，这怎么可能？聪聪一副挫败的表情。

"一定能成功的啊，电视上有人就做到了，别灰心，聪聪。"嘟嘟大声地鼓励聪聪道。"你再来试试吧，我就是做不到，一点儿都不好玩儿。"聪聪非常沮丧，一屁股坐到沙发上。

手和脑快开动：

材料：一个杯子、一张纸牌、一枚硬币

 在杯口放上一张纸牌，纸牌上面再放一枚硬币。

 对准纸牌猛地用力一弹，纸牌飞出，硬币则掉进杯子中。

嘟嘟噘起嘴巴，也失去了信心，喋喋不休地抱怨道："哼，电视上肯定是骗人的。不然怎么会失败这么多次，哼，再也不信了，说什么能够把纸抽走……"

在屋外，小精灵听到了嘟嘟的抱怨声，不禁摇摇头。"这个实验是可以成功的。"小精灵走进屋里。身体靠在桌旁，继续说道："这是一个物体惯性小实验，其实我们可以用很多种方法来做。"

嘟嘟见到小精灵立即高兴起来，迫切地问道："真的可以成功吗？真的可以吗？"小精灵朝嘟嘟点点头。聪聪闻言，立即注视着小精灵说道："小精灵，快教我们做吧。我好喜欢这个小实验。"

嘟嘟提醒：

要做好这个小实验，一定注意动作要准和快，不然是不容易成功的。小朋友，多加练习，你会越做越好的。

这个小实验的原理很好地证明了牛顿第一定律，也叫作惯体定律，物体具有保持原来匀速直线运动状态或静止状态的一种性质，我们把这种性质叫作惯性。力只传到了纸牌上面，并没有传到硬币上，所以硬币保持着自己的惯性落进了杯子里。

懒懒的橙子

在嘟嘟家里，嘟嘟趴在桌子上专注地玩纸牌硬币的游戏。聪聪无奈地看着，很不高兴地说道："嘟嘟，你玩了好半天了，这个游戏有那么好玩儿吗？"

"很好玩儿啊，我还没玩儿够呢。"嘟嘟撇撇嘴说完后，又继续玩儿。聪聪挠挠头，很无奈地坐到一边。这时，他突然想到，要是找来小精灵再教做一个新的实验不就好了吗。拿定主意后，聪聪急切地

手和脑快开动：

材料：一个杯子、一个火柴盒、一个橙子、一张明信片

 在杯口上放一张明信片，再放一个火柴盒。火柴盒上放一个橙子。

 把明信片猛地一抽，火柴盒滚落开，橙子则掉进杯里。

走出了嘟嘟家门。

　　没过多久，小精灵在聪聪的恳求下，来到了嘟嘟家里。进门一看，嘟嘟还趴在桌子上玩儿着。小精灵无奈地摇了摇头。"嘟嘟，既然你这么喜欢这个小实验，我可以再教一个有关物体惯性的实验。"小精灵对着还在贪玩儿的嘟嘟说道。

　　嘟嘟一听，立刻抬起了头，"啊，太好了，小精灵，又有新游戏玩儿了，快快，教教我吧。这个小实验简直太有意思了。"

　　嘟嘟眯起眼睛笑容灿烂地看着小精灵。聪聪却把眼眉往上挑了挑，表示极为不赞同。

　　这个小实验的原理同上一节的小实验基本相同，运用的同样是牛顿第一定律。力只对明信片和火柴盒起了作用，火柴盒便随之弹出。而橙子保持着原有的状态，所以落进杯里。这个小实验虽然原理与上一节相同，但是要比上一个复杂，更考验操作者的技巧能力。

鸡蛋壳的承受力

聪聪小心翼翼地捧着一个空鸡蛋壳来找嘟嘟。"嘟嘟，这是我新弄空的鸡蛋壳，你能在上面画一只小兔子吗？"聪聪认真地问。"哦，鸡蛋壳太脆弱了，一碰就破掉了，你让我怎么画？"嘟嘟为难地答道。"可小精灵说过鸡蛋壳是很坚固的，能在鸡蛋壳上面放好多书。"聪聪说道。

"不对，鸡蛋壳很脆弱！不能画画儿。"嘟嘟坚决地拒绝道。聪聪很无奈地说道："该不会是你不会画吧，连试一下也不肯。"

手和脑快开动：

材料：两个鸡蛋壳
（最好可以均匀地将鸡蛋壳横切开）、几本书

 把鸡蛋壳清洗干净后，使其边缘尽量平整。

 然后把四个鸡蛋壳分为四个角扣在桌子上面。

"哼，谁说我不会画，我是不相信鸡蛋壳很坚固，这样吧，我们一起去找小精灵，让她来评评理。"嘟嘟表情不屑地说着。嘟嘟和聪聪一起来到了小精灵的实验室里面。

在了解他们两个人的情况后，小精灵笑着说："其实鸡蛋壳真的是很坚固的，嘟嘟，画画儿完全可以。我们做这样一个小实验来证明一下好了。"说着，小精灵取出了几本厚厚的书。

在鸡蛋壳上放几本书，注意：一定要一本一本地放，看一看放多少本书才可以把鸡蛋壳压碎。

这个小实验的原理非常简单，鸡蛋壳其实是一个很坚固的拱形结构。假如从鸡蛋壳的外部敲击它，壳就会显得非常坚固，几乎敲不破，但是如果从鸡蛋壳内部敲击，就会非常轻松地把鸡蛋敲破。所以，在鸡蛋壳上面画画儿完全是可以的，小朋友们不妨来试一试。

坚固的拱形桥

嘟嘟、聪聪和小精灵坐在游览车上观光。当车子经过一座小拱形桥的时候，嘟嘟禁不住问道："为什么小桥下面都有一个半圆的大洞？而不是一个方形的洞呢？"

聪聪向嘟嘟瞥了一眼，嘲讽地说："真是愚蠢的问题，方形的桥洞万一修得两边不一样高怎么办？只有圆形的桥洞才能保证两边是同样高的。"

手和脑快开动：

材料： 两张纸、一些书、轻巧的小玩具

 把书平分成两摞，用一张纸搭在两摞书之间，一个"纸桥"就完成了。现在把一个轻巧一点的小玩具放在"纸桥"上面。看，"纸桥"立刻就被压塌了。

 把另一张纸弯成拱形，把它塞在刚才搭建的纸桥下面，然后我们再把小玩具放到上面去。成功，这次小桥安然无恙。

"嗯？小精灵，聪聪说得对吗？是这样的吗？"嘟嘟将困惑的目光投向了小精灵。

小精灵捂着嘴巴笑笑后，说道："聪聪你不要胡说了，你会误导嘟嘟的。""嗯？不是这样的吗？我一直这样认为的。"聪聪撇撇嘴说着。

小精灵继续说道："大桥之所以设计成拱形，是因为要加强桥自身的牢固性。其实原理很简单，这样吧，我们回去后做一个小小的实验，你们就全都明白了。"

嘟嘟眯起眼睛笑笑，说："太好了，又要做小实验了，我喜欢。"

这个小实验可以证明拱形的牢固性。拱形受压时会把这个力传给相邻的部分，向下向外分散压力，所以拱形所能承受的力量更重。圆弧形具有把所加的力均匀地分散开的特点。因此，当给予相同的压力时，能够分散压力的拱形桥梁比直线桥梁更为坚固。

不会洒的水

嘟嘟和聪聪看到了大水车，感到既新奇又好玩儿，他们在上面踩呀踩。忽然，嘟嘟又发现了新的问题了。"聪聪，你快看，水车为什么可以把水运到空中去？"嘟嘟拍着聪聪的肩说。

"运到空中，哪儿有啊？我怎么没看到。"聪聪，眺望着远处的河水。"就在这里呀，水车上面，你看，水车把河里的水都托到了最上面。水就又流了下去。"嘟嘟指着转到最上面的水车轮，只见被车轮扬起的水"哗啦啦"地流了下来，景象非常壮观。

手和脑快开动：

材料：一只有提手的小水桶

往桶里面倒入一点水，然后提起小水桶，先在下方轻轻荡几下，逐渐自下而上地旋转水桶，快速地转圈圈。最后再放下水桶，会发现水没有洒出来。

聪聪看到后，眼珠转了转，说道："哎呀，这里的水都是神水，是一种会飞的水。"小精灵飞过来，听到聪聪的解答后，偷偷笑了笑，说道："聪聪，你爱说胡话的老毛病又犯了，这些都是要有一定的理论知识作基础才解答得出的。"

嘟嘟困惑地看看小精灵说道："那，小精灵，你来告诉我，为什么水可以被水车轮挑到空中去？""嘟嘟，这是由于离心力作用的现象。走吧，回去我们一起来做一个小实验，你就会找到答案了。还有你聪聪，你也一定要好好学习哦。"小精灵调皮地挤了一下眼睛。

嘟嘟和聪聪听后，对视了一眼，便立即跟随着小精灵离开了。

嘟嘟提醒：

记住！这个实验只能在室外空旷的地方进行！小朋友在抡起水桶时，一定要认真观察身边是否有障碍物，以免发生危险。

这个小实验说明的是离心现象。离心现象是指由于物体旋转而产生脱离旋转中心的一种现象。水桶旋转得越快，水在桶中越稳，不至于洒出去。这就是因为离心现象的作用。

做一个小小的跷跷板

嘟嘟和聪聪跑到跷跷板前，一人一边坐了上去。可还没等聪聪坐稳，一下就被抬了起来。

"哎哎哎……嘟嘟，你快放我下来，我还没坐好呢。"聪聪抱着跷跷板的一头，大声地喊着。

嘟嘟却稳稳地坐在另一端，看着聪聪，纳闷儿地问："嗯，可我怎么放你下来呢？我离你那么远？""你先别坐上去，我就下来了。"聪聪着急地说。

手和脑快开动：

材料：一把尺子、一块橡皮、几枚同面值硬币

把尺子放在橡皮上面。注意：要取尺子的最中间放置。

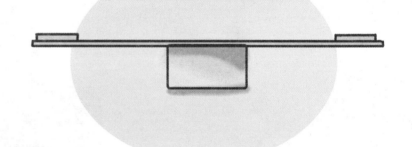

在尺子两端分别放上硬币，保持两边硬币数量相同。会发现尺子会随着两端硬币数量的增加而上下浮动。

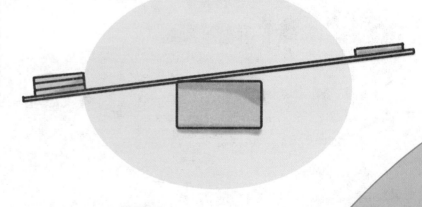

嘟嘟听了聪聪的话，忙从跷跷板上下来。果然，聪聪立即从高处落了下来。

"可是我这边高起来了，我怎么上去呀？"嘟嘟噘着嘴说道。

小精灵飞舞在空中，看到嘟嘟摸着头，思索的样子，忍俊不禁。"嘟嘟，你太重了，你们两个是玩不了跷跷板的。"小精灵说道。

"啊？为什么？"聪聪也连忙从跷跷板上下来，追问道。

"我们一起去做个小实验。你们就全都明白了。"小精灵说完，便引领着嘟嘟和聪聪离开了。

跷跷板原理其实就是平时生活中经常用到的杠杆原理。人对跷跷板施加的压力是动力和阻力，人到跷跷板的固定点的距离分别是力臂。

旋转的水杯

嘟嘟和聪聪在井边打水。

当水桶盛满水，嘟嘟用辘轳把水桶摇上来。这时她突然看到水桶在不停地旋转。"嗯？水桶怎么了？为什么要不停地转。"

聪聪看后，立即装出很有学问的样子，双臂环胸，说道："嗯，这是种很自然的现象，水桶在井底本身就会旋转啊。"

手和脑快开动：

材料：一个空酸奶杯、两根弯头吸管、一根绳子、一点儿橡皮泥、一把小刀

 先在酸奶杯靠近底部的杯壁两端，用小刀各穿一个小孔，两个小孔直径和高低都要对称。

 将吸管弯头剪下来，塞进酸奶杯的小孔里，再用橡皮泥把吸管和小孔之间的空隙封好，不要使水从这里漏出来。

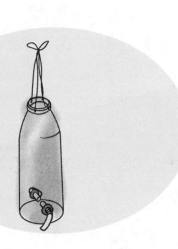

"是吗？"嘟嘟疑惑，想了想后追问说："可刚刚我把水桶放下去的时候，并没有旋转啊？"

"嗯……这个？"聪聪额头开始冒汗，回答不出。

小精灵飞在丛林上空，偶然看到嘟嘟和聪聪在井边争论，立即飞了下去。

"嘟嘟，聪聪，你们在争论什么？"小精灵站到了他俩面前。

嘟嘟将原委跟小精灵讲述了遍后，小精灵捂住嘴"咯咯咯"地笑了起来。然后说道："这个问题很简单。只要一个小小的实验，你们就会明白了。"

把吸管的方向调整好，再把绳子系在杯子口上，然后挂在水龙头下，打开水龙头，会看到杯子开始旋转起来。

嘟嘟提醒：

小朋友，用小刀穿孔的时候一定要有爸爸、妈妈、爷爷或者奶奶在身边哦！

这个小实验的原理也很简单，杯子旋转起来了，这是因为水从吸管里按照一个方向喷出，并产生相反方向的力，正是这个反作用力使杯子旋转起来。像不像是杯子在跳舞？这和故事里嘟嘟和聪聪发现的水桶在旋转是同一个道理，水桶也是受到辘轳转动的反作用力而旋转起来的。

逃不出去的弹珠

在嘟嘟的小厨房里。聪聪举着空水杯向嘟嘟讨要道："好嘟嘟，你就再给我一颗橘子冰块吧，太好吃了，我还没有吃够呢。""不给了，不能再给你吃了，你已经吃了八颗了。"嘟嘟护好手里的小冰盒，坚决地拒绝道。

"啊，可我还没吃够呢。好嘟嘟，求求你了，再给我一颗，就一颗，好不好吗？"聪聪继续央求道。

看着聪聪可怜巴巴的小脸，嘟嘟不禁心软了下来，说道："好吧，我再给你最后一颗，你不要吃得太

手和脑快开动：

材料：几颗玻璃弹珠、一个大杯子

 把几颗玻璃弹珠放在桌子上，用杯子罩住。

 手握着杯底，使劲转圈。杯子转动得越快，弹珠也就转得越快，慢慢地就会升到杯壁上去。若要使玻璃弹珠不掉下来，必须使杯子转动保持一定的速度。

快了。"聪聪连忙点头答应。

　　聪聪把橘子冰块放到杯子里后，却舍不得吃，便拿着杯子摇晃着。晃着，晃着，"嗖"的一下，冰块飞了出去。"聪聪！"嘟嘟顿时很恼火。"对不起，嘟嘟，我只是想吃慢一点，不知为什么冰块一下子就飞出去了。"聪聪懊恼地挠头，一脸的抱歉。

　　小精灵走进来，看到嘟嘟生气的模样，问明原委后，说道："呵呵，嘟嘟你别生气了，聪聪你也别着急。这使我想起了一个小实验，我们一块儿来做做看吧。"

　　一听到小实验，嘟嘟脸上的愤怒立刻消失了。聪聪在一旁连连点头。

嘟嘟提醒：

小朋友在做这个实验的时候，一定要注意不要把玻璃弹珠磕碎。如果磕碎了玻璃，一定要在家长陪同下清理碎玻璃。

　　这个小实验的原理同样还是离心现象。还记得吗？离心现象，指由于物体旋转而产生脱离旋转中心的一种现象。物体转动得越快，也就越趋向于"逃离"开中心。弹珠就是被离心力紧紧地压在了杯壁上面。例如聪聪把冰块转飞出去，也是离心现象的作用。

尺子尺子立起来

几只小鸟飞过丛林，唧唧喳喳地叫着。嘟嘟和聪聪在树林中追逐打闹着，"吼吼哈嘿，吼吼哈嘿……"两人都拿着一根小木棍，学着《功夫熊猫》里阿宝的姿势，像练剑一样。

不一会儿，聪聪将手里的小木棍竖在手心里，对嘟嘟说："你看着，我会绝世神功，我能让小棍在手中放很长时间。"说完，托着小木棍朝前走，没走多远，木棍倒了下来。

"呵呵呵……聪聪，你又开始吹牛了。"嘟嘟大笑了起来。

手和脑快开动：

材料：尺子、胶泥

 直接把尺子竖放在手心里，试着让尺子保持平衡，稳稳立住，会发现很难，让尺子保持平衡的时间很短。

 将胶泥固定在尺子上端。再来试一下，这回就很好保持平衡了。

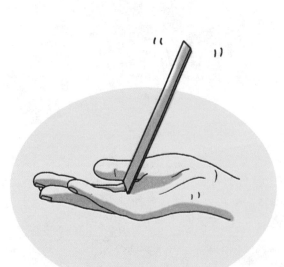

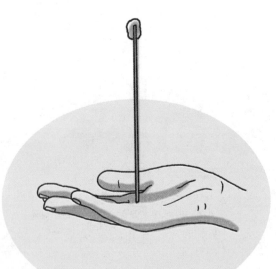

聪聪不服气地看着嘟嘟大笑，说："哼，笑什么，有本事你来呀。"

小精灵坐在树上看着嘟嘟和聪聪相互打闹，捂嘴笑着。嘟嘟仰头看见了小精灵，说："小精灵，你在呀，快下来帮帮我吧。"小精灵见嘟嘟在召唤自己，便大声说道："这很简单的，嘟嘟，你一定行。你先自己试一下。"

嘟嘟一听要自己想，歪了歪头，然后说道："我把小棍子弄短一些，是不是就可以了？""不可以，嘟嘟，千万不要把棍子弄短了，还是我来教你吧。"说着，小精灵从树上飞了下来，站到嘟嘟和聪聪的跟前。"要木棍在手中保持平衡，我有一个绝妙的方法。"小精灵说道。

这个小实验的原理是支持力与重力成为平衡力，支持力与重力都是作用在物体上的，而压力是物体施加在承载这个物体的另一个物体上的，也就是说支持力与压力互为反作用力。胶泥存在一定的重力，尺子就加大了在手上的压力，手也增强了对尺子的支持力，此时尺子的重心转移到上方，使我们对尺子的重力有了更明确的判断，以此我们可以施加相对应的反作用力。

掉不下去的直尺

在家里，聪聪把玩着刚刚买回来的尺子欣喜不已，而旁边这一双注视的眼睛着实地让他受不了。

"聪聪，你的尺子真漂亮，能借我玩两天吗？我真的很喜欢。"嘟嘟羡慕不已地看着聪聪。聪聪只能刻意地躲闪着嘟嘟的目光。"不行，我还没看够呢，再说尺子是新买的，不能这么快就拿出来玩。"聪聪极不情愿地说，心里不停地打着小鼓。

"哦，那太可惜了，为什么不能拿来玩呢？我好希望能用这把尺子做个小实验哦。"嘟嘟感到很

手和脑快开动：

材料：一把尺子

将自己的两手掌心相对，让同伴把尺子放在双手上，可随意放置。会发现尺子不会掉下去，还可以任意调换角度。自己也可以试一试，看看尺子在手中，还有没有新的花样。

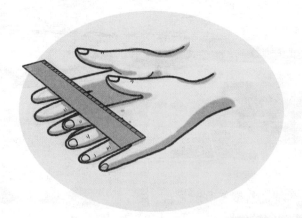 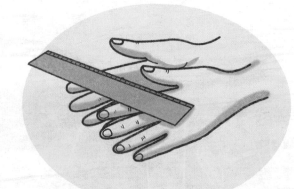

无助地说。

聪聪看到嘟嘟的表情，心渐渐软了下来，干脆地说道："嗯，那好吧，借你玩一会儿吧。不过，你不能弄坏它。"

一听这话，嘟嘟的脸上立即露出了笑容。拿起尺子，就向门口走去，边走边说："我一定会小心用的。谢谢你聪聪，我现在就去找小精灵，让她教我做一个非常简单的尺子的实验。"话音才落，人已消失得无影无踪。

小精灵看着嘟嘟拿着漂亮的尺子，便教她做了一个有关尺子的小实验。嘟嘟用新尺子做实验，玩得好高兴哦！

这个小实验非常简单，但阐明了摩擦力的存在。摩擦力是两个表面接触的物体相互运动时互相施加的一种物理力，它阻碍了尺子下落。承担尺子长端重量的手可以慢慢移动，另一只手承重不多，却可快速滑动，尺子仍然可以保持平衡。

瓦楞小纸桥

天气很热，嘟嘟抄起一张报纸扇着风。聪聪看见后，说："嘟嘟，报纸那么软，怎么能扇出风呢？"嘟嘟感到不解，看看手中的报纸思考。不一会儿，自语道："我有办法啦。"说完，便把报纸前一折后再折，折成了一把小扇子。

聪聪见了，觉得很新奇，抓起扇子来试，说道："咦？真好玩儿，这样就能扇出很大的风了，而且不觉得纸软，真不错。""怎么样？我聪明吧。"嘟嘟骄傲地说。

手和脑快开动：

材料：三只杯子、一张A4纸

 将两只杯子分开一段距离，以A4纸的宽度为宜。把一张A4纸横放在两只杯子上面。将第三个杯子放在纸上，会发现纸很软，无法承受杯子待在上面。

 把A4纸折成扇子形，再横架在两只杯子上，然后放上第三只杯子，看，杯子稳稳地在纸上待着。

"哼，得了吧，肯定又是小精灵教会你的，有什么稀奇。"聪聪一脸不服气的模样，一边加快了扇风的速度，故意气嘟嘟。

　　嘟嘟噘起嘴，将头扭向另一边。这个时候，小精灵飞进了屋子里。看到嘟嘟与聪聪斗气的模样，笑了笑。说道："你们两个别斗气了，这个小技巧还真不是我教给嘟嘟的，这属于她自己的智慧。"

　　嘟嘟不禁骄傲起来，冲聪聪说道："看见没有，小精灵都夸我聪明呢。"聪聪将头扭向另一侧，不去看嘟嘟自大的神情。小精灵一见他俩又开始斗气，忙说道："我这里有一个好玩儿的小实验，你们愿不愿意做一做？"

　　嘟嘟和聪聪一听，立即扬起笑脸，连连点头。

　　这个小实验的原理非常简单，一张纸的支撑力很弱，然而当纸被折叠后，杯子的重量就分担到了多个折痕上，折痕能够将杯子的重量平均分配，杯子就不会掉下来了。

叉子的翅膀

在嘟嘟的小厨房里，聪聪举着两把叉子等着嘟嘟拿来好吃的。"嘟嘟，你好了没有，我都饿扁了。"聪聪一边催促，一边用两只叉子磕碰出声音。嘟嘟慌忙地端上来巧克力蛋糕。"来了，来了，快，尝尝吧，刚刚做好的。"

蛋糕一上桌，聪聪就迫不及待地扑了过去，结果磕碰得叉子一下子飞了出去。只见叉子飞到了桌沿儿部分，停留了数秒后，应声落地。"聪聪，你看到了吗？"嘟嘟看着叉子落地后，发出感慨，"很神奇啊！叉子居然在桌子沿儿上玩儿跷跷板。"

手和脑快开动：

材料：两只叉子、一枚硬币、一只玻璃杯

 把两只叉子相对地插在硬币上，最好是插在硬币的边沿上，不要让叉子掉下来。

 然后很小心地把硬币没有插叉子的一侧放在杯口上，要慢慢地放，会发现叉子可以稳稳地待在杯子上。

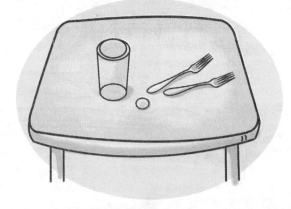

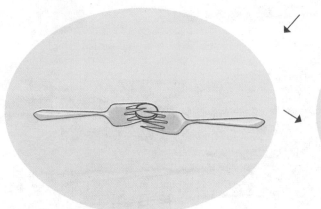

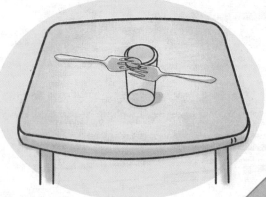

　　"啊？哪儿有，哪儿有？我怎么没有看到？"聪聪问道。

　　这时，只听屋外传来声音，说道："嘟嘟，聪聪，我来吃蛋糕了，做好了吗？"小精灵飞着进了小厨房。嘟嘟见到小精灵异常兴奋，说道："太好了，小精灵，你来得正好，我要问你一个问题。"

　　"什么问题？你说吧。"小精灵说道。"叉子居然可以在桌沿儿上停留，玩起跷跷板，这是为什么呢？"嘟嘟一边思索一边问。"哦？叉子玩跷跷板？"小精灵上前，拿起聪聪手里的那把叉子，放在桌沿儿上去试了一下，果然，又荡了两三下。"嘟嘟，是这样的吗？"小精灵看着嘟嘟问道，并在叉子落地前，将其收起。"对对对，就是这个样子，"嘟嘟拍手说道，"可这是什么原理呢？""这个问题啊，太简单了，这样吧，我们用两只叉子和一枚硬币来做一个小实验看看。"小精灵晃了晃叉子，说道。

　　这个小实验所讲的是物体重心原理。不可思议吧！叉子和硬币悬挂在杯子的杯口，这是因为它的重心就在硬币的某个点上。通过实验你会发现，这个点刚好在硬币的边缘。

第4章 光电的奇妙

——分享光明的世界

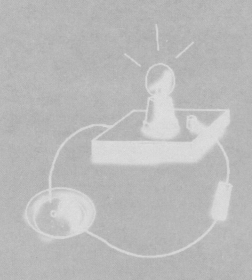

爆炸小火柴

嘟嘟手里拿着一个放大镜在树林中左照照，右照照，好像有看不完的新奇事物。不知不觉已经日头高照，阳光炽烈。嘟嘟还是没有回家的打算。哇，这朵花好漂亮啊！嘟嘟专注地用放大镜观赏这朵花的美丽。不一会儿，花儿却变得枯萎焦黄。

啊？怎么会变成这个样子？嘟嘟不免心急地找来聪聪看明情况。"聪聪，快救救小花吧，它像是快要死了。"嘟嘟忧虑地说。"嗯？刚才明明还开得好好的，为什么？"聪聪也感到疑惑不解，陷入认真的思索。

手和脑快开动：

材料：六根火柴、一个放大镜、一个罐子盖、一些橡皮泥

 将六根火柴头对头顶在一起，搭在罐子盖上，用橡皮泥固定住。

 托起罐子盖，放到阳光充足的地方，用放大镜照着火柴头，耐心地等待。不一会儿，火柴头自己燃烧起来。

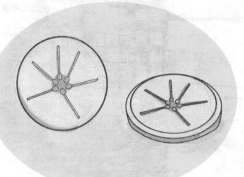

突然远处传来声音："嘟嘟，这都是你的错哦！"小精灵缓缓飞来，对嘟嘟说着。"我的错？我并不是有心要毁掉这些花呀？"嘟嘟觉得委屈。"你刚刚做了什么？"小精灵追问道。"我，我刚才用放大镜照这些花呀，可并没有用火去烧它们，为什么它们自己就枯萎了呢？"嘟嘟说道。

"问题就出在放大镜上面，你不该用放大镜去照花。"小精灵站在嘟嘟的面前说着。"来吧，我们一起去做一个小实验，你就清楚了。"说完，小精灵张开翅膀飞向自己的实验室。

嘟嘟提醒：
小朋友们，千万要小心使用火柴，注意不要被烫伤哦。做实验时一定要有爸爸妈妈陪在身边。

唉，原来是这样！

这个小实验说明了放大镜的原理。放大镜是凸透镜，其形状中间厚，边缘薄。一般是透明的介质。光线穿过时，发生折射，使光线向中间凝聚。因此太阳光被放大镜聚集为一点，使得火柴头的温度不断上升，最后终于引燃了火柴！

奇怪的屋景

"巴巴呜……"嘟嘟开着敞篷儿小汽车行驶在柏油路上，聪聪坐在旁边。此时天上的太阳像是一个大火球。聪聪突然指着前方大喊："嘟嘟，快看，前面有一条河。"嘟嘟瞪圆眼睛看着前面，忧虑地说："怎么办？那条河不知是深是浅，我们该怎么过去呢？""奇怪，路上怎么会突然有条河呢？来的时候都没有。"聪聪不禁纳闷儿。

小精灵飞过来，悠闲地坐到了后边，轻松地说："嘟嘟别怕，你尽管开过去。"

手和脑快开动：

材料：矩形玻璃缸、浓度高的盐水、一本书、导流管、台灯

在玻璃缸中先放入浓度较高的盐水，再用导流管轻轻加入清水。

起初两种液体分明，放置一段时间后，由于扩散，界面就会变得模糊。

视平线

嘟嘟困惑住了，心想："真的可以吗？"

嘟嘟一口气开着车回到了家。

"为什么那条河一直在我们的前面，而这一路我都没有发现半滴水的痕迹？"嘟嘟忍不住提出了疑问。"对呀，对呀，看上去挺恐怖的一件事。"聪聪摸着头说道。

小精灵笑呵呵地说着："那就是海市蜃楼啊！这种现象很普遍，这样吧，我来教你们自己制作这样的景象。"

"太好了！我想学。"聪聪笑着说。

在玻璃缸的对面放一本书，台灯高置在旁边。

打开台灯照着书，到玻璃缸的另一侧，透过扩散层观看对面的书，就可以看到凌驾于实物之上的虚幻"蜃景"。

啥，原来是这样！

蜃景的形成原理，简单地说就是空气因为温度或其他因素造成的密度差异导致折射率不一样，就会发生光的曲线传播。小实验中由于两种液体的折射率不同，在经过一段时间的扩散后，界面变得模糊，从而形成了有一定厚度的扩散层。折射率随着深度形成了梯度分布，被灯光照亮的物体通过这种扩散层的折射，我们便会从另一个角度看到物体的幻影了。

自己做一个照相机

在嘟嘟的小屋子里，聪聪捂着肚子，坐在沙发上大笑着。嘟嘟一脸的窘困站在一边。"你说你能做出照相机？哈哈哈……太好笑了，你一个人就能做出照相机？哈哈哈……"聪聪边笑边讥诮地说着。嘟嘟的眼睛瞥了瞥聪聪，嘟着嘴说："哼，走着瞧，我一定能做出一个照相机来的。"于是，抱起了准备用来做照相机的一个纸盒子走了出去。

手和脑快开动：

材料：一个纸盒、一张羊皮纸、一个胶纸带、一根软铅笔、一块布

 在纸盒的底部位置钻一个小孔出来（直径一毫米到三毫米），然后在纸盒另一端的开口处用羊皮纸蒙上，再用布蒙上纸盒和头。

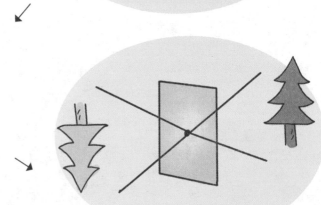

嘟嘟走后，聪聪渐止了笑意，一边思忖一边自语："嗯？她去哪儿？是去找小精灵了？"眼珠转了转，"去看看。"嘟嘟果然抱着空纸盒来到了小精灵的实验室。

听完嘟嘟的想法后，小精灵沉稳地说道："做一个照相机，这很简单，我来教你做。嘟嘟，你这么聪明一定能够学会的。"

就在这时，聪聪也赶了过来，他趴在实验室的窗台上，开始听着嘟嘟和小精灵说话。嘟嘟突然兴奋地大喊道："啊，真的吗？太好了，小精灵，你快点儿教我做个照相机吧，我太想学了。"

 找到一个光线充足的地方去观察，把纸盒上的小孔对着需要观察的事物，会发现羊皮纸上出现倒立的图画，这样就可以描图了。

 哇，原来是这样！

简易照相机的工作原理很简单，就如同眼睛，光线透过瞳孔进入眼睛底部，利用瞳孔后的透镜收集光线，光线再到达视网膜。所以图像出现在了羊皮纸上。视神经最后将信号传给大脑。大脑的任务就是将这些信息变成图画。这个相机可以帮你描图，比如想描下某处的风景，就可以做一个这样的相机。

邀请彩虹来做客

一场大雨过后，奇乐谷里显得格外清新。嘟嘟打开屋门走出来，闭上眼睛享受着阳光。"哇，真舒服啊！好美的景色。"聪聪走过来，神气地指着天上的彩虹说："嘟嘟，你看，天上有彩虹。"

嘟嘟顺着聪聪的指引，仰头看向天边，双手合拳在胸前，说道："彩虹，真好看！"

"嘟嘟，你能找到彩虹的家吗？"聪聪问道。嘟嘟想了想，说："彩虹的家不就在天上吗？"

手和脑快开动：

材料：镜子、装水的深盘子

聪聪拿出了大框眼镜戴上，好奇地追问说："彩虹的家如果在天上，为什么只有下完雨它才出现？"嘟嘟困惑了，又仰起头，看着天空中的彩虹。

小精灵飞过来，看着嘟嘟的表情，抿嘴笑笑。转而问聪聪："聪聪，你知道彩虹的家在哪里吗？"聪聪挠挠头，噘起嘴来说："我也不知道。"

"我们邀请彩虹来做客吧。"小精灵边说边展开翅膀飞向云端。"来吧，到我的实验室里去，我们一起邀请彩虹来玩儿。"嘟嘟听了，扬起笑容，跳着拍着手说："太好了，太好了，小精灵，我们跟着你一起把彩虹请来吧。"

 实验时必须要有阳光。盘里装上水，镜子斜放进盘子中。

 对准太阳转动盘子，阳光射到镜子上，墙壁上会出现彩虹。

唉，原来是这样！

这个小实验的原理非常简单。彩虹形成的原因是：阳光照射到半空中的雨点，然后被光线折射及反射，在天空中形成拱形的七彩的光谱。实验中，光线沿着直线传播，与盘中的水产生彩虹，再通过镜子反射到墙上。这样我们就成功地邀请到彩虹了。

反射无穷

嘟嘟举着一面小镜子，左照右照地看着头上的蝴蝶结。真漂亮！聪聪蹙着眉，等在旁边。没过多久便等得有些不耐烦，说道："嘟嘟，你已经照了半天了，能给我用一下那镜子吗？""嗯？你用镜子干吗？"嘟嘟问道。聪聪一下子被问住了，一脸窘迫地说："我的脸上长了一颗痘痘，我想看一看。"嘟嘟一听，忙把视线转向了聪聪的脸上，笑嘻嘻地说道："哟，真的，好大一颗痘痘哦。"然后把镜子对准了聪聪的脸。

手和脑快开动：

材料：两块同样大小的镜子、一个玻璃球、一卷胶带

 将两块镜子用胶带连接在一起，打开，形成折页式。

 打开两块镜子，让它们之间形成一定角度，竖放在桌面上。

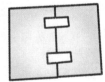

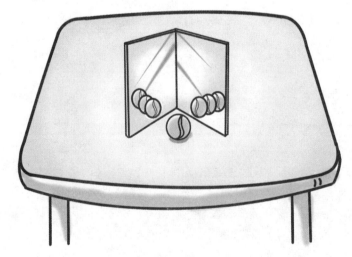

聪聪看到了脸上的大红痘，连忙捂住。谁知一不小心把嘟嘟手中的镜子打落到地上。镜子摔坏了，变得四分五裂。

嘟嘟伤心地捡起镜子碎片。聪聪看着，说道："嘟嘟，对不起，我不是故意的。""没关系。"嘟嘟虽然很难受，但忽然间有了新发现，忙说道："聪聪，你看，为什么碎片上有那么多个我？好奇怪哦。"聪聪看向碎片，"真的啊，有好多个你哦。这个……我们去问问小精灵吧。""嗯！"嘟嘟点了点头。

嘟嘟和聪聪找到了小精灵，将事情说明后，小精灵说道："这个发现很不错哦。我们一起去做个小实验，很好玩儿，来吧。"

 在镜子中间放一个玻璃球，这时在镜子里能看到几个玻璃球的影像呢？

 将镜片逐渐合拢，再观察一下变化。

这个小实验说明的是镜子的反射原理。镜子搭在一起形成一个角度，物体的光不断在镜子之间反射。镜子之间角度越来越小，出现的影像也就越来越多。当将两个镜子平行面对面放着的时候，中间放上玻璃球，镜子里的玻璃球一个接一个，好像没有尽头一样。小故事中，嘟嘟的镜子因为摔坏，因而形成了多个角度的反射，所以就形成了看到的画面。

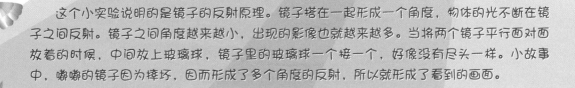

太阳能小火盆

月光下，嘟嘟和聪聪走在太阳能路灯下面，左右环顾着。"嘟嘟，这里是哪儿啊？我们迷路了吧？"聪聪颤抖地说着，同时拉紧了嘟嘟的胳膊。

嘟嘟也很恐慌，说道："嗯，我也不知道，好像走错路了，还好这里有路灯。"

这时，聪聪仰头看着头顶上的路灯，说道："还好这个灯够亮，不然这里这么黑，多吓人啊！""是啊！咦？这里的灯很奇怪，为什么下面还安了一个大盘子啊？"嘟嘟发现了新问题，从而变得不再害怕。

手和脑快开动：

材料：沙拉盆、铝箔、晾手巾的挂钩、土豆

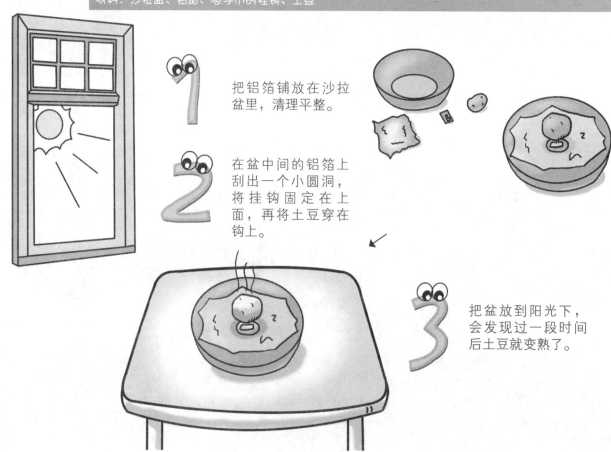

把铝箔铺放在沙拉盆里，清理平整。

在盆中间的铝箔上刮出一个小圆洞，将挂钩固定在上面，再将土豆穿在钩上。

把盆放到阳光下，会发现过一段时间后土豆就变熟了。

正在这时，小精灵焦急地飞了过来，看到嘟嘟和聪聪后松了一口气，"原来你们两个在这里，我找你们很久了。""是啊，我们迷路了。"聪聪说。"还好这里有这个大盘子路灯，不然我们就吓死了。"嘟嘟补充道。

"大盘子路灯？"小精灵听到这个说法，感到很好奇，仰头一看，"哦，你们说的是太阳能路灯吧。呵呵，太阳能是种非常好的资源。"

嘟嘟和聪聪听到小精灵说的话，显露出了不解的神情。小精灵知道他们没有理解自己的话，便说道："走吧，我们快回去吧，明天来做个有趣的小实验，你们就可以理解太阳能是什么含义了。"

嘟嘟提醒：
小朋友们，做这个实验的时候要小心！不要被温度升高的盆子烫到。

唉，原来是这样！

这个小实验充分地说明了我们人类对太阳能的应用。太阳能，一般是指太阳光的辐射能量，在现代一般用于发电。自从地球上有生物以来，就主要以太阳提供的热和光生存，而在很早的时期人类就懂得了用阳光晒干物件，作为保存食物的方法，如制盐和晒咸鱼等。这个小实验中是铝箔把光线引到盆的中间使其产生高温，使得土豆变熟。

箭头指向哪里了

嘟嘟拿着一个装有水的透明塑料水瓶，放在眼睛前面左看看，右瞧瞧，一副看什么都新鲜的样子。"啊，嘟嘟，你看到了什么，这么吸引你？"聪聪站在一旁，不耐烦地问着。"我在看这儿的花花草草啊，真的很不一样耶！"嘟嘟依旧不放下塑料瓶子，继续举着它往前走，边走边观看。

聪聪只得继续跟着，好奇嘟嘟会有什么样的新发现。小精灵由此飞过，看到聪聪的郁闷表情，下来询问："聪聪，你和嘟嘟在做什么呢？""我也不知道，嘟嘟她就这样一直举着塑料瓶子看，也不知道在看什么。"聪聪向小精灵摊手说着。

手和脑快开动：

材料：白色卡通纸片、图画笔、透明水杯、水

 在卡通纸片上用图画笔画一个粗箭头。

 在透明的玻璃水杯里倒上大半杯水。

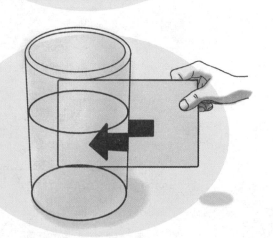

小精灵走到嘟嘟前面，嘟嘟没有意识到，还在用瓶子照着花花草草。哇，一下子照到了小精灵的脸上，被吓了一跳。"啊，怎么有这么大一双眼睛？"瓶子拿开一看，"小精灵是你？你为什么要吓我？""嘟嘟，你在照什么呢？"小精灵问道。"哦，我在照这里的花和草啊，这些东西通过这个瓶子一照全都不一样了。好奇怪啊！"嘟嘟解释道。"哦，是这样啊！"小精灵说着。

　　"这个瓶子究竟有什么魔力，可以让这么多事物变得好奇怪？"嘟嘟握着瓶子，发出了疑问。"这只是一个很普通的瓶子，你所问的原理也很简单啊。我还有一个方法可以让你看到更多不一样的东西，你们两个愿不愿意来试试？"小精灵笑着说。嘟嘟和聪聪高兴地点头答应。于是，三个人一起离开了。

把画粗箭头的卡通纸片放在玻璃水杯的一侧，会发现纸上的粗箭头改变了原有的方向。

　　这个小实验的原理非常简单。光从空气射入水中，由于介质不同光线发生偏折，形成了光的折射。实验中光的折射使杯子和水起了作用，看起来就像透镜让箭头改变了方向一样。

天空为什么是蓝色

奇乐谷里的天气真好啊，空气清新，鸟语花香。嘟嘟走出来散心，仰头望向天空。多么蓝的天啊，真好看！这时，聪聪迎面走来，问道："嘟嘟，你又发现了什么？天上有什么奇怪的东西吗？""我在看天空，你看天多么蓝，多漂亮的颜色啊。"嘟嘟不禁向往着远方的天空，呆呆地看着。

"嗯，是挺好看的，可是嘟嘟，天为什么是蓝色的呢？为什么不是其他的颜色呢？"聪聪托腮深思，甚至遐想到天空笼罩上其他的各种颜色出来，但是似乎哪种颜色都不如蓝色这么明亮，绚烂。

手和脑快开动：

材料：装水的透明杯、一茶匙牛奶、手电筒

 在装水的水杯里放入一茶匙牛奶，生成略为浑浊的液体。

 打开手电筒，让光束射向液体。

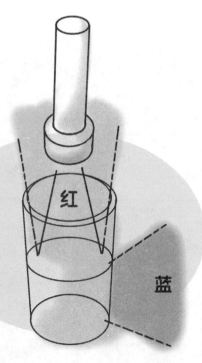

红

蓝

嘟嘟听到聪聪的话，也开始思考，自语道："对哦，天空为什么只是蓝色的，而不是橙色或紫色的呢？"

小精灵飞在天空中，听到嘟嘟和聪聪的疑问后，立刻飞下来进行解答："这是因为光的缘故。""光？"嘟嘟看到小精灵后，扬起笑容，继续问道，"光是怎么把天变蓝的呢？""嗯？这样吧，你们两个随我一起去做一个小实验，然后就明白这个问题的原理了。"小精灵认真地说。

嘟嘟和聪聪对视笑笑，点点头。

 先观察侧面液体的光束，再观察水杯上面的光束，会发现从旁边看液体是蓝色的，从上面看液体是红色的。

 唉，原来是这样！

这个小实验非常简单。各种色光的散射能力不同，在浑浊介质中，蓝色光线的散射能力最强，所以能从侧面看到；红色光线散射能力弱，所以被折射到了顶端。小朋友们，你们也要多走出屋子，仰头望一望天空，看看有没有更新奇的发现。

躲影子的硬币

嘟嘟在小屋子里左翻右找，就是找不到要找的东西。聪聪来找她玩儿，看到屋子里被翻得乱七八糟的样子，问道："嘟嘟，你在找什么呢？""我的硬币不知道丢到哪儿去了，我怎么都找不到它，真奇怪。上哪儿去了呢？"嘟嘟边翻抽屉，边嘀咕着。

聪聪听后，开始帮忙。桌子上面、椅子底下、沙发缝儿等一些地方都找过了，就是没有硬币的影子。"为什么它会找不到呢？明明我就放在桌子边上的。"嘟嘟焦急地说。聪聪听到嘟嘟的话，忙去桌子的角落里查看。

手和脑快开动：

材料：一个玻璃水杯、水、一枚硬币、一个手电筒

把一枚硬币放在一个空杯的杯底边缘的位置，把玻璃水杯移到手电筒的光源下，让阴影刚好遮住硬币。

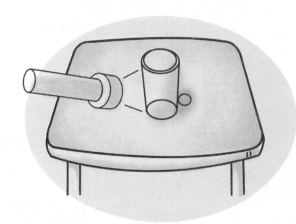

"嘟嘟，快来，你的硬币找到了。"聪聪边说边拾起硬币，交给嘟嘟。"嗯，就是这枚，太好了，找到了，谢谢你，聪聪。"嘟嘟看到硬币后，满心欢喜地说。"硬币被桌子的影子遮挡住了，所以很难找。"聪聪分析着。小精灵走进屋里，看到满屋的狼藉后，询问道："这是怎么了？嘟嘟。"聪聪不慌不忙地帮嘟嘟解释说："她的硬币掉在了桌子的角落里，被影子遮住，所以她就找不到了。"

"哦，这样，正巧我来邀请你们参加一个小实验，也是跟影子有关的，你们有兴趣吗？"小精灵问道。嘟嘟连连点头，说道："有有有，我们跟你一起去看实验。"

 下面我们将玻璃水杯中倒满水，会发现硬币上的阴影被移开了。

 唉，原来是这样！

 这个小实验的原理就是光的折射，很简单。之前我们也做过类似的小实验，把杯子装满水后，阴影就移动了。小朋友们，你的实验结果怎么样？是不是和我们一样呢？

漂亮的万花筒

嘟嘟对着阳光，观看着万花筒。聪聪在一边焦急地索要道："嘟嘟，你快点儿，快点儿，该我看了，该我看了，你已经看了很久了。"

"你再等一会儿，我还没看够呢。"嘟嘟拒绝道。

聪聪感到很无奈，可拿嘟嘟又没办法。于是站到了一边苦等。

小精灵飞过来，看到嘟嘟专注地玩着万花筒，便问聪聪道："嘟嘟在看什么呢？那么认真。"

手和脑快开动：

材料：三个大小相同的长方形平面镜片、硬纸板、透明塑料板、描图纸、形状各异的彩色纸屑、胶带、剪刀

 把三块平面镜片组成一个三棱柱形状，镜面朝里，用胶带固定。

 把硬纸板剪成与镜片三棱柱一端吻合的三角形，中间钻出一个小洞来。

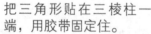 把三角形贴在三棱柱一端，用胶带固定住。

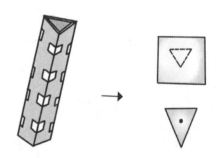

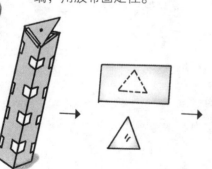

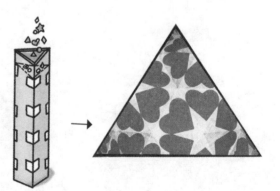

"是万花筒，从早上开始看，到现在都不肯撒手，我想看都轮不上。"聪聪抱怨道。

小精灵笑了笑，故意咳了咳，以便提醒嘟嘟，然后提高音量说道："我要去做一个万花筒的实验，有没有人愿意去？"

聪聪一听，忙举起一只手，高声应道："我去。"

嘟嘟也听到了，放下万花筒，看着小精灵要带聪聪离开的样子，着急地喊着说："我去，我去，我也去，你们两个等等我呀。"

 把透明塑料板和描图纸也剪成三角形，把彩色纸屑放在塑料板和描图纸中间，用胶带把边沿封好。

 将装好彩色纸屑的透明塑料板固定在三棱柱的另一端，描图纸的图案朝外。

 万花筒做好了。现在我们就对着光线，旋转万花筒，透过小洞向里看。怎么样？里面的世界色彩缤纷吧。

嘟嘟提醒：

小朋友们，用剪刀裁剪时一定要注意安全，不要剪到手哦。最好请爸爸妈妈坐在一边，看着自己做。

啥，原来是这样！

万花筒的原理是不是很简单呢？万花筒是一种光学玩具，光的不断反射使我们看到一个花一样的世界。将它慢慢旋转，就会重新组合出花的图案。这个小实验中光通过描图纸一端透进到万花筒里，那么三面围在一起的镜子就会同时反射彩色纸屑的图像，这样万花筒里就变得美丽而多彩。

彩色的影子

晚上，在聪聪的家里。嘟嘟和聪聪玩着手影戏，只见墙上一会儿变出一只小白兔，一会儿变出一只小狐狸。你追我赶，玩儿得非常高兴。不一会儿，手电筒突然一下子不亮了，墙上的小动物随之消失，屋子里一片黑暗。

"哦，是手电筒没电了，真糟糕！"嘟嘟不高兴地说。"没关系，我这里还有一个。"说着聪聪便又去拿了一个手电筒。"啪"灯光打亮，嘟嘟和聪聪继续做出了各种手影。

手和脑快开动：

材料：两只手电筒、蓝色和红色塑料薄膜各一块、白色卡通纸、胶纸带

将蓝色和红色的塑料薄膜分别粘在手电筒上。

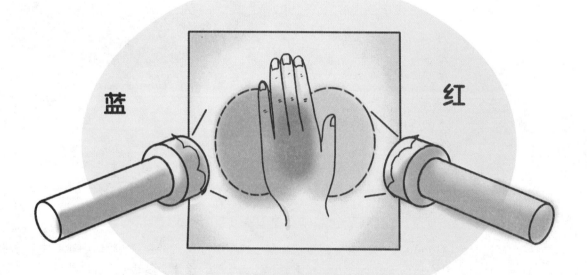

蓝　　　　　　　　　　　红

可没过多长时间，嘟嘟发问道："为什么墙上影子的颜色跟刚才的不一样了呢？""对呀，我也发现了。这样吧，明天一早我们去问问小精灵吧？她肯定会知道。"聪聪说着。嘟嘟点点头。

第二天，小精灵听完嘟嘟和聪聪的叙述，笑笑说道："原来是这样，影子在墙上出现了不同的颜色，这个很正常，你们回去看一下手电筒，看看罩在灯泡上的玻璃是不是不一样的颜色。哦，对了，我想起一个小实验，我们先来试试看。"

 对着卡通纸将手电筒打开。

 把手放进光圈中，这样卡通纸上会呈现出三个彩色阴影。红薄膜手电筒照出的阴影微蓝，蓝薄膜手电筒照出的阴影微红，重合的阴影部分是紫色的。

这个小实验说明了光与眼睛的配合。眼睛对各种颜色可见光的敏感度不同。视网膜上有三种基本原色感受器，它们的敏感颜色分别位于红色、绿色和蓝色区域。我们的感受器受到的刺激不同，兴奋程度不同，所以经过大脑综合而产生不同的颜色感觉。

灯泡灯泡亮起来

这天，嘟嘟和聪聪来到了小精灵的家里做客。聪聪总是仰头看着屋顶，觉得新鲜又奇妙。

"聪聪，你总看屋顶是在看什么？"嘟嘟忍不住发问道。

"嗯，嘟嘟，你看看那个小灯是不是很漂亮？小精灵太会装饰房子啦！那盏小灯真好看，我也想把我家的小灯换掉。"聪聪一边指给嘟嘟看，一边说着。

"哦，是很漂亮，可是聪聪，你会换灯吗？"嘟嘟问道。

手和脑快开动：

材料：带灯座的灯泡、4.5V的电池、小刀、两根约30
厘米长的电线

 将电线两端的塑料管切开，取走，使两端裸露出一段电线。

 用电线把灯座和电池连接在一起。形成电的回路，灯泡自然就亮起来了。

"这个嘛，我不会，我怕电到自己。"聪聪沮丧地低下了头。

"没关系，我来教你们换，很简单的。"小精灵一边说，一边端来水果给他们吃。

"嗯，如果直接教你们换灯泡是很危险的，这样吧，我们先一起做个小实验吧。"

听到这里，嘟嘟和聪聪忙异口同声地说道："好啊好啊！"

嘟嘟提醒：

小朋友们，做这个小实验时一定要注意安全，不要碰触暴露出来的电线接头哦。

这个小实验中我们看到一个非常简单的电路。电经过接线柱从电池里面跑出来，顺着电线流通到灯泡上，再顺着另一根电线回到电池的另一个接线柱上，灯泡就亮起来了。电的这个通路就称为电路。

导体和绝缘体怎么区分？

嘟嘟和聪聪在小精灵的实验室里参观，他俩左看看右瞧瞧。哇！这里有很多的专业工具，他们见都没见过。

"咦，这里有一个带灯座的小灯泡，小精灵，为什么它两端的电线是断开的？"嘟嘟看到带灯座的小灯泡，不禁感到好奇，便问道。

这时，聪聪走过来瞧了瞧，插话道："肯定是坏掉的。"

手和脑快开动：

材料：带灯座的灯泡、4.5V电池、电线、小刀、纯净水、盐、苹果、木块、钥匙

先把一个电池和灯泡之间的回路接好，切断其中一段的电线。

用电线两端依次碰触苹果、木块和其他的物体。如果小灯泡亮了，就说明这个物体是导体；如果小灯泡没有亮，那么这个物体就是绝缘体。

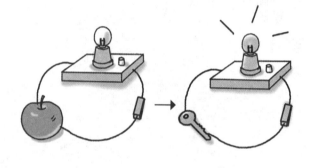

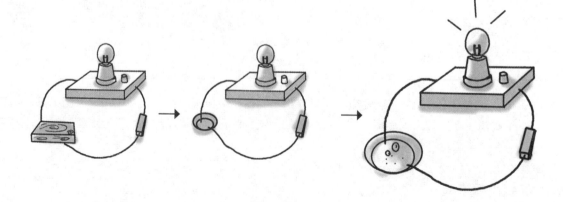

"不对，这是做实验用的。"小精灵一边收拾着实验工具，一边朝他们两个说话。

"做实验用的？可是为什么电线是断开的呢？这样小灯泡不就不亮了吗？"嘟嘟的头顶又冒出了一个大问号。

小精灵停下手，走到嘟嘟和聪聪的面前，双手拿起这个小灯座，说道："嗯，现在我有空儿，我们三个一起来用它做个小实验吧。"

嘟嘟和聪聪听后忙连连点头。于是，三人一起做起了小实验。

 将电线两端放入到纯净水里面，千万不要将电线头碰到一起。灯不亮，这说明纯净水不是导体。

 放点盐在水里面搅匀。再把电线的两端浸到水里，灯亮了，这说明盐水是一种导体。仔细看，水中出现了气泡，说明正在通电。

嘟嘟提醒：

小朋友们，做这个小实验的时候要有爸爸妈妈在身边哦！虽然电池的电压很小，但操作时也要格外小心。

 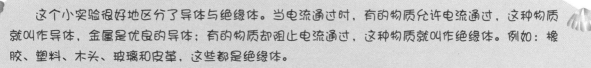

哇，原来是这样！

这个小实验很好地区分了导体与绝缘体。当电流通过时，有的物质允许电流通过，这种物质就叫作导体，金属是优良的导体；有的物质却阻止电流通过，这种物质就叫作绝缘体。例如：橡胶、塑料、木头、玻璃和皮革，这些都是绝缘体。

蹦起来的小纸蛇

聪聪正在思索着一个问题，微侧着头，坐在那里一语不发。嘟嘟看着聪聪发呆的样子，充满了好奇，可又不好意思去打断他。

这时，聪聪突然自己开口问道："嘟嘟，你说小蛇身子长长的，又没有脚，它会蹦起来吗？"

听到聪聪这样发问，嘟嘟也疑惑起来。"应该不会吧？它没有脚，可是我很想看看能蹦高的小蛇，多有意思啊？"嘟嘟不知不觉地自语道。

手和脑快开动：

材料：砂纸（约100平方厘米）、剪刀、钢笔、铁皮、毛巾

把砂纸剪成一个螺旋条，把首端装饰成蛇头的模样，放在铁皮上，把蛇头往上折一下。

屋外突然传来一阵"咯咯咯"的笑声。不一会儿小精灵笑着走了进来，忍住笑意说道："嘟嘟，聪聪，你们的想法太有意思了。哈哈哈……"

被小精灵一阵取笑后，嘟嘟和聪聪噘起嘴看着她。

小精灵一看，自觉笑得太过火，忙说道："好吧，我可以给你们找到会蹦起来的小蛇，你们想不想看？"

嘟嘟和聪聪一听，忙拍手叫好，催促着小精灵立即带他们去看小蛇。

2 拿毛巾用力地摩擦几下钢笔，之后马上把钢笔拿到蛇的头上。看，蛇跳了起来。

嘟嘟提醒：

小朋友们，用剪刀裁剪砂纸时要小心，砂纸硬度比较高，不要剪到手哦。最好有爸爸妈妈陪在身边做这个小实验。

哦，原来是这样！

这个小实验讲的是物体带电原理。摩擦生电的钢笔吸引起了不带电的砂纸蛇。第一次碰触纸蛇时电荷从笔传到纸上，很快又传到铁皮上面。纸不带电又被钢笔吸引，如此反复直到钢笔的电被消耗完。

长发飘飘

聪聪用蒿草扎了一个小人偶，非常可爱。然后向嘟嘟显摆，说道："看，我自己扎的小人偶，好看吧，特别好玩儿。"

嘟嘟假装不以为意，故意挑剔说："哼，你能让你的小人偶自己动起来吗？不能动又不能说话，有什么好玩儿的？"

聪聪一听，受挫般地摸摸头。是哦！小人偶一动也不动，怎么会好玩儿呢？于是向嘟嘟问道："嘟嘟，那你会做能动的小人偶吗？"

手和脑快开动：

材料：一张卡通纸、剪刀、砂纸、胶泥、胶水或胶纸带、铅笔、三根吸管、毛巾

 用卡通纸剪出一个人头形状，画上五官。

 将砂纸剪成长条状，做小人偶的头发，头发长5厘米左右。

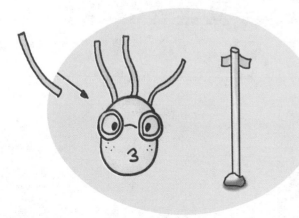

"嗯？我也不会做，但我知道小精灵那里有一个头发能动的小人偶，特别好玩儿，不如我们去实验室找小精灵玩儿吧。"嘟嘟想到了这个特别的提议。"嗯嗯嗯。"聪聪连连地应声，表示赞同。

"头发会动的小人偶？"小精灵听到嘟嘟提起自己的小实验，一时想不起是什么东西。"对对对，我看到过你让一个小人偶的头发飘起来，特别好玩儿。"嘟嘟提示道。

"哦，你说的就是那个小实验吧，嗯，好吧，我们马上就做。"说着，小精灵带着嘟嘟和聪聪开始了实验。

把吸管插进胶泥固定住。

把砂纸长条粘在人偶头上，吸管空出的一端贴在头上固定。

将两根吸管用力摩擦毛巾，放到小人脑袋后。看，毛发直竖起来。吸管一离开，头发立即趴了下去。

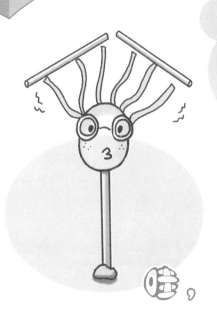

咦，原来是这样！

小实验的原理利用的是不同电势间的物体会带不同量的电荷，会有吸引或排斥作用，用这种作用力大小来反映电势差的大小。这个实验说明带电的吸管起到了排斥作用，所以小人的毛发接到电的感应，便直竖起来。

头发都直起来

嘟嘟抱着心爱的洋娃娃，正在为它梳头。突然，梳子还没碰到洋娃娃的头，头发就飞了起来。"啊，你的头发怎么了？是我梳疼你了吗？"嘟嘟对着洋娃娃说话。

这时，聪聪走进来，听到嘟嘟刚刚说话的声音，问道："你在跟谁说话呢？""我的洋娃娃，你看它的头发怎么了，梳子一靠近，头发就立刻飞起来，好奇怪哦。"嘟嘟纳闷儿地反复试着。

手和脑快开动：

材料：一个气球

 用羊毛衫摩擦气球，把气球靠近自己的头发。

"嗯？我们不如赶快去找小精灵问一问吧。"聪聪提醒着。

嘟嘟点点头，抱起洋娃娃就往外面走。到了小精灵的实验室后，嘟嘟和聪聪用期待的目光看着小精灵。可小精灵却不怎么关心这个问题。嘟嘟慌张地说道："小精灵，你为什么不看看我的洋娃娃，它的头发很奇怪。"

"我根本就不用看，嘟嘟、聪聪，你们忘了我们做过的小实验了吗？这种是摩擦生电的现象，根本不用担心。""啊，摩擦生电！"嘟嘟和聪聪不禁回想着。

"这样吧，我们再来做个小实验来加深一下印象。"小精灵边走向器皿柜边说。

 注意：如果你的头发很短或很湿，那么实验效果会不明显。如果头发长的话，就会很明显地发现，你的头发在被气球吸引。

这个小实验的原理非常简单，气球在羊毛衫上用力摩擦，使气球带了电，所以带着电荷的气球就会吸引不带电的头发，就像磁铁一样。小朋友一起来试试看。

第 5 章 未知的身体

——了解我们的身体世界

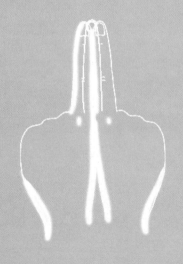

笼子里可爱的小鸟

嘟嘟和聪聪坐在小屋子里看动画片，越看越喜欢。啊，那只小鸟一蹦一蹦的真可爱。"你看那只小鸟多活泼啊！天天都蹦蹦跳跳的，真可爱。"嘟嘟发自内心地称赞着。

聪聪看看嘟嘟，随后拿出一幅图画，说道："嘟嘟，我画了跟动画片里一模一样的小鸟，可是我不知道怎么能让它动起来。"嘟嘟接过聪聪画的画儿后，仔细地看了看，说："画得真好，真像。可是我也不知道怎么能让画上的小鸟动起来。"

手和脑快开动：

材料：　一张硬纸片、两根橡皮筋

 在硬纸片的一面画一只小鸟，另一面画上笼子。

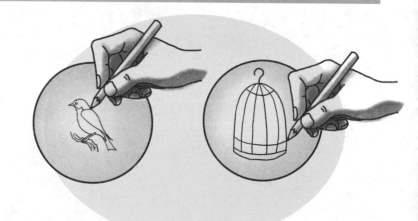

 在硬纸片两边各挖一个小孔，拴上橡皮筋。

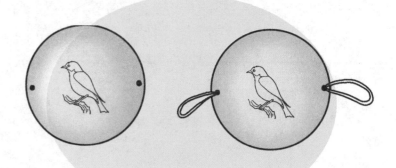

这时，门外传来敲门声。"咚咚咚……"

小精灵走进了屋里，一眼看到了聪聪的画。"哇，小百灵鸟，真可爱！这是谁画的？"

"是聪聪画的，小精灵，你来得正好，我们在想怎么才能让画上的这只小鸟像动画片里的一样动起来？"嘟嘟说道。

小精灵认真思索了一下，说道："好吧，我能让它动起来，你们跟我来吧。"

固定住橡皮筋的两端，开始向一个方向旋转硬纸片，尽量多转几圈。现在，松开我们的手。瞧，硬纸片在橡皮筋的带动下转动起来了。

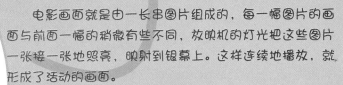

电影画面就是由一长串图片组成的，每一幅图片的画面与前面一幅的稍微有些不同，放映机的灯光把这些图片一张接一张地照亮，映射到银幕上。这样连续地播放，就形成了活动的画面。

这个小实验中硬纸片旋转得非常快，差不多是在同一时间看到硬纸片的两个面。所以硬纸片两面的不同影像就重叠在一起了。

手掌上有个小洞洞

嘟嘟和聪聪看过了3D电影《功夫熊猫》后，对熊猫阿宝佩服不已。"阿宝太棒了，有那么好的功夫。"聪聪一边说一边兴致勃勃地比画。嘟嘟却拿着看电影时戴的眼镜仔细观察，问："聪聪，你说，这个电影我们为什么要戴着这个眼镜才能看？"

"哼，不知道了吧？看3D电影就是要戴着眼镜。"聪聪一副傲慢的神情。嘟嘟却依旧没明白，继续问道："为什么呢？戴着这个眼镜我们就像看真实的场面一样，就像这样生活在奇乐谷里。"

手和脑快开动：

材料： 一张纸

 把纸卷成纸筒，拿住纸筒，放到一只眼睛前面，一定贴紧眼睛。

 张开另外一只手，掌心向外，虎口贴紧纸筒，并沿着纸筒向眼前挪动。

 记住一定要同时用两只眼睛看。当手挪到某个位置时，手上会出现一个洞。手掌离眼睛越近，洞就越靠近手掌中间。

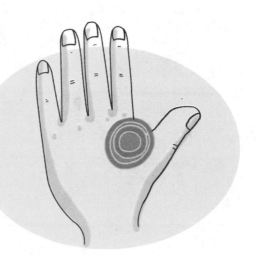

"啊？嗯？这个我也不知道为什么一定要戴它了。"聪聪不知如何回答。

小精灵由此飞过，看到了嘟嘟和聪聪，立即飞下来询问："嘟嘟、聪聪，电影好看吗？"

聪聪抢着回答道："好看，特别好看，阿宝就像在我们眼前一样。"

"小精灵，你能告诉我们这个眼镜的作用吗？"嘟嘟忍不住问道。

小精灵接过嘟嘟手中的眼镜看了看，说："没问题，走，去我的实验室，我为你们解答。"

我们可以通过这个小实验大致了解3D电影的制作。两只眼睛可以分别看到不同的事物，大脑则会同时处理两只眼睛看到的事物，并且把它们混合成一个整体。在观看3D电影时，每只眼睛都会配以不同颜色的眼镜，使我们看到不同的图像。大脑却会将看到的图像按照一个图像处理：这样就得到一个三维图像。

冷热难分

嘟嘟倒了一杯热水后，放在桌子上。过不多久后，杯子里的水变成了温水。这个时候聪聪从寒冷的外面跑进了屋子里，看到桌子上有一杯水，口渴得实在不成了，拿起水杯便喝。"哇，水好烫！"嘟嘟看到后，感到奇怪，说道："很烫？不会呀，水都是温的了，怎么会烫？""就是很烫，不信你摸摸看。"聪聪一边说，一边伸胳膊把水杯递给嘟嘟。嘟嘟接过水杯，用手反复地摸着杯身，说道："根本就不烫了，怎么会是烫的呢？你看我的手，都没有烫红。"嘟嘟伸出双手给聪聪看。

手和脑快开动：

材料：　一盆热水、一盆冷水、一盆温水

 我们把自己的两只手分别放入冷水和热水中，约一分钟之后，再将两只手一起放入那盆温水中。

 会发现原来在热水中的手，现在的感觉是冷的，而原来在冷水中的手，现在的感觉是热的。

热　　　　　　温　　　　　　冷

　　聪聪低下头，也看看自己的双手，咦？我的手为什么烫得红红的呢？嘟嘟也感觉到奇怪，自语道："啊，真的，你的手烫红了。"这时，小精灵也从屋外跑了进来，手和脸冻得很红。嘟嘟看到后，大悟，大声说道："哦，原来聪聪的手是冻红的，不是被烫红的。"聪聪一听，立即反驳道："才不是，就是你的水杯烫红的。""就不是。是冻的！"嘟嘟加大声音喊着。"是水杯烫的！""是外面冻的！"……

　　小精灵听着两人的争吵，弄明白了他们吵嘴的缘由。于是说道："你们两个不要吵了，我知道是什么原因，我来告诉你们。"

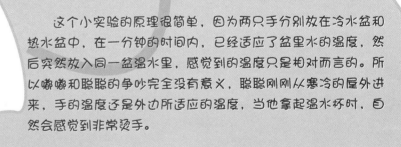

　　这个小实验的原理很简单，因为两只手分别放在冷水盆和热水盆中，在一分钟的时间内，已经适应了盆里水的温度，然后突然放入同一盆温水里，感觉到的温度只是相对而言的。所以嘟嘟和聪聪的争吵完全没有意义，聪聪刚刚从寒冷的屋外进来，手的温度还是外边所适应的温度，当他拿起温水杯时，自然会感觉到非常烫手。

到底谁比较热

聪聪在嘟嘟家吃饭。饭菜端上来后，嘟嘟举着一把金属勺子和一把塑料勺子问聪聪道："聪聪，你用金属的，还是塑料的？"

聪聪看看后，指着金属勺子说："就用那把吧，金属的比较大。"接过金属勺子，聪聪立即去盛刚出锅的热汤，一下子就被烫到了。

而嘟嘟不慌不忙地盛好汤，坐到饭桌前，有滋有味地喝起来。

手和脑快开动：

材料： 一把金属勺子、一把塑料勺子

 自己闭上眼睛，让同伴递给自己一把勺子，贴在鼻尖上。

 让同伴用另一把勺子贴在你的鼻尖上，要轻轻地碰触。自己感受一下，哪个是金属勺子，哪个是塑料勺子。或者说一下，哪把勺子热，哪把勺子凉。

"咦？嘟嘟，你的勺子不烫吗？" 聪聪不解地问道。

"不烫啊，正合适。" 嘟嘟看着聪聪，觉得他的问题很奇怪。

嘟嘟充满好奇地摸了摸金属勺子，果然感觉到比塑料勺子烫手。

于是两人一起来到了小精灵的实验室里。

小精灵听完他俩的叙述后，点了点头，说道："这个原理很简单，金属勺子比塑料勺子的导热性好，自然热的传递速度就快。我们来试一试这样一个小实验。"

人体的温度感觉器官可以感知自己身体皮肤所接触的物体的温度。金属的导热性好，金属勺子接触皮肤时，会很快把皮肤表面的热量传导出去，所以能够感觉到它比较凉。虽然塑料勺子和金属勺子的温度相同，但是由于塑料的导热性能很差，所以在接触它时，我们会感觉它比较暖和。

嘟嘟提醒：

请注意：实验前应该确保两把勺子的温度是一样的。

159

看你怎么猜

嘟嘟和聪聪玩着后背猜字的游戏。聪聪在嘟嘟的后背写字，让她来猜。可嘟嘟猜了很多次也猜不中，最后聪聪决定在嘟嘟的手心里写字让她来猜。

"哦，还是猜不出来吗？真急人。"聪聪显得着急了，加重了在嘟嘟手上写字的力度。嘟嘟疼得哇哇直叫。

"啊，我猜到了，猜到了，是一个'多'字。"嘟嘟边说边拍手。

手和脑快开动：

材料： 网球、柠檬、毛线团、土豆、蒙眼带

 实验者先用蒙眼带蒙上双眼，坐在椅子上，脱掉鞋袜。

 让同伴依次在你脚下放网球、柠檬、毛线团、土豆。由实验者用脚去接触所放的物体，来猜同伴放在脚下的是什么，会发现很难像用手触摸那样容易猜对脚下的物体。

聪聪听后，噘起嘴坐到了一边，埋怨着说道："不玩儿了，不玩儿了，你猜那么久也猜不对，一点儿意思也没有。"

嘟嘟听后，很不高兴，向聪聪解释道："对不起，聪聪，你在我背后写字真的一点儿感觉都没有，真的猜不出来。"

"其实这也不怪嘟嘟，我们的后背是无法把字的笔画准确地感觉出来的。"小精灵从远处走过来说道。"我们一起去做个小实验，体验一下身体各部位神经的奇妙感觉吧。"

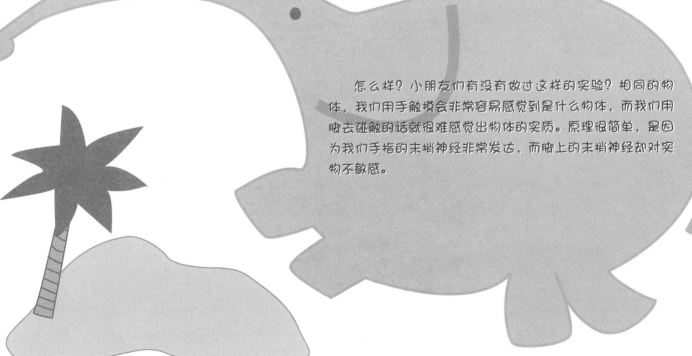

怎么样？小朋友们有没有做过这样的实验？相同的物体，我们用手触摸会非常容易感觉到是什么物体，而我们用脚去碰触的话就很难感觉出物体的实质。原理很简单，是因为我们手指的末梢神经非常发达，而脚上的末梢神经却对实物不敏感。

瞳孔的奥秘！

嘟嘟一边收拾屋子，一边向聪聪叨念着昨天捡回来的小猫咪有多可爱。"呵呵，聪聪，它太乖巧了，我喂完它以后，它就使劲地舔我的手，把我弄得可痒了。"嘟嘟乐呵呵地说着，特别开心。

聪聪轻抚着小猫咪，笑着对嘟嘟说："嘟嘟，这只小猫好可爱，圆圆的眼睛。咦？它的瞳孔好小哦！""嗯？"嘟嘟听到后，马上停住手上的活儿，走过来，看着小猫咪的眼睛。"啊？真的，可我抱它回来的时候，它的瞳孔又圆又大。这到底是怎么回事呀？"嘟嘟摸摸头，感到非常困惑。

手和脑快开动：

材料： 一面镜子、灯

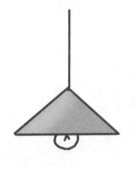

 实验者站在镜子前，在黑暗中观察自己的眼睛，视线不要转移。

 开灯观察，实验者的瞳孔小了至少一半。

 关灯观察，实验者的瞳孔重新放大。

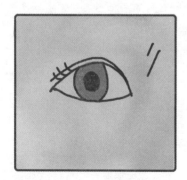

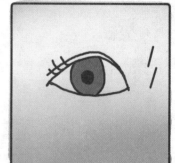

"是不是小猫咪的眼睛生病了？"聪聪猜测着。

正在嘟嘟和聪聪一筹莫展的时候，小精灵出现在了门口。她走进来，看看小猫咪，说道："小猫咪很健康，没事的。""可是，昨天我抱起它的时候，明明就是一双大眼睛，瞳孔圆圆地瞪着我，为什么今天就变这么小了呢？"

"嗯，这种情况很正常。来，我们一起来做一个小实验，很快你们就明白了。"说着，小精灵走到了一面镜子的前面。

瞳孔放大、缩小主要是由光线的强弱引起的，瞳孔就像照相机的光圈，光线强就缩小、光线弱就放大。

找盲点

嘟嘟和聪聪一起在小院子里测视力。聪聪为嘟嘟指着视力表，一连三个没说对。嘟嘟感到非常失败。换嘟嘟为聪聪指视力表了，连着说对了三个。嘟嘟不禁妒火中烧，把小棍放到一边，走向自己的小屋里。

不一会儿，嘟嘟走出来，拿出一幅非常非常宽的视力表，挂到了墙上。聪聪皱皱眉头，继续捂上了一只眼睛。嘟嘟窃笑着，先指着视力表的左边，一下子又指到了视力表的右边。聪聪再也没有说对过，甚至是根本看不见嘟嘟指的是什么。

手和脑快开动：

材料：　一张白纸、一支铅笔

 在一张白纸居右的位置上画一个十字，在与其齐平10厘米处画一个黑点儿。

 将这张白纸拿到面前，闭上右眼，让左眼看十字，视线对准十字。再把纸从面前向后移动，移到25厘米至35厘米的时候，刚才左眼能看到的黑点突然消失了。同理若先闭起左眼，将十字和黑点反方向画到纸上的实验效果是一样的。

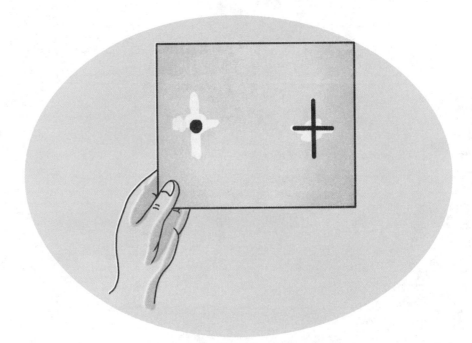

小精灵坐在墙上，看着嘟嘟整人得逞的表情，捂嘴偷笑。聪聪终于按捺不住了，大叫道："哎呀，不玩儿了，不玩儿了。我根本就看不到字了。" "哼，明明就是你的视力不好。"嘟嘟扬着头，撇撇嘴说道。

"我真的什么也看不到，你从左边一下子指到右边，这根本就不公平。"聪聪解释着。"聪聪说的没有错，他确实看不到。"小精灵飞了下来，走到嘟嘟和聪聪的身边，说道："这么大的视力表，没有盲点才怪。" "盲点？什么是盲点？"嘟嘟禁不住好奇地问道。"好吧，我们一起到屋子里面去做一个小实验。"

小精灵带着他俩走向了屋子。

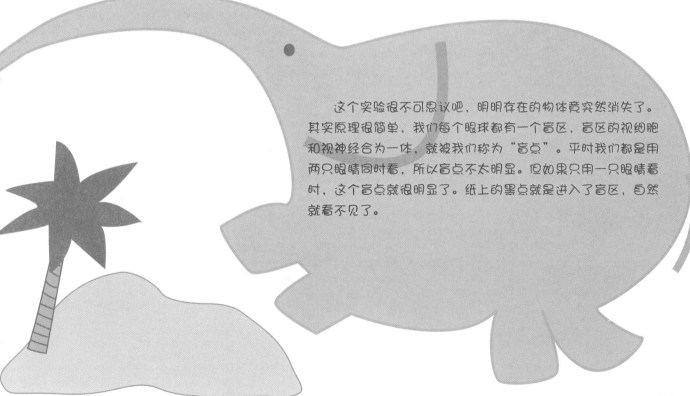

这个实验很不可思议吧，明明存在的物体竟突然消失了。其实原理很简单，我们每个眼球都有一个盲区，盲区的视细胞和视神经合为一体，就被我们称为"盲点"。平时我们都是用两只眼睛同时看，所以盲点不太明显。但如果只用一只眼睛看时，这个盲点就很明显了。纸上的黑点就是进入了盲区，自然就看不见了。

神秘的第三根手指

聪聪眼睛使劲儿地往下瞥，然后用一根手指去触摸鼻尖。嗯？好奇怪，再试试。聪聪反复地用手指去摸鼻子。

嘟嘟看到聪聪的样子，咯咯地发笑，问道："聪聪，你在干什么呀？那么好玩儿。"

"我在试着找鼻子，我用自己的眼睛可以看到鼻子尖，就用手去摸。可摸到的却不是我的鼻子尖。"聪聪作着解答，可似乎越解释越说不清楚。

手和脑快开动：

材料：　自己的两根食指

 将自己的两根食指并拢，指尖靠紧，举到与眼齐高。

 视线通过指尖向远处看，最好前面有墙壁，你会发现两根手指间出现了第三根手指。而当两根手指渐渐分开，第三根手指越来越小，直至消失。

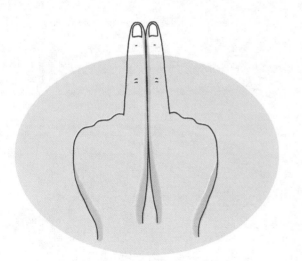

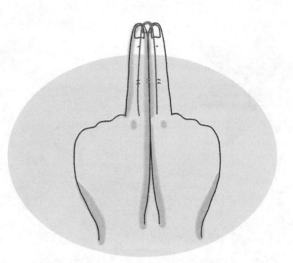

嘟嘟感到迷惑，继续问道："你摸到的不是你的鼻子尖，会是谁的鼻子尖呢？"

"哎呀，你听不明白我的话吗？你自己试一试，用手指摸到的鼻子尖不是你自己看到的鼻子尖。"聪聪不放弃地继续解释。

小精灵从一旁走过来，看着聪聪说不清楚的样子，不禁笑了笑。随后从容地说道："聪聪，你不用解释那么多，其实我们做一个小实验就全都明白了。"

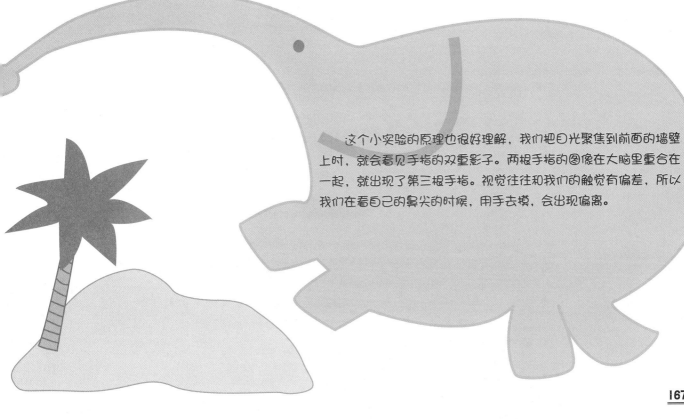

这个小实验的原理也很好理解，我们把目光聚焦到前面的墙壁上时，就会看见手指的双重影子。两根手指的图像在大脑里重合在一起，就出现了第三根手指。视觉往往和我们的触觉有偏差，所以我们在看自己的鼻尖的时候，用手去摸，会出现偏离。

看你瞄得准不准

嘟嘟和聪聪在玩射箭游戏。当聪聪拉起弓箭准备射出去时，嘟嘟立即阻止道："聪聪，你能告诉我，为什么射箭瞄靶的时候要闭上一只眼睛？"

聪聪闻言，眼皮挑了挑，说道："不知道，学习的时候都是这样学的啊。"

"那我们来试一试睁开两只眼睛射箭怎么样？看谁射得准。"说着，嘟嘟拿起自己的弓箭向靶子瞄准。双目圆睁，注视着箭靶。"嗖"的一声箭射了出去，只见靶子上面什么也没有。

手和脑快开动：

材料： 一张白纸、铅笔

在一张白纸上画上一个圆点，闭上一只眼睛，用铅笔试着去准确地触及这个圆点。闭上另一只眼睛再试一试。

聪聪捂着嘴偷笑，然后说："这样没办法射中的，你还不相信。"

"可是，奇怪，这到底是为什么呢？"嘟嘟感到困惑不解。

小精灵把嘟嘟射出去的箭捡了回来，说道："这样射箭肯定是不成的。"

嘟嘟也斜着眼睛，说道："我以为会比一只眼睛容易呢。"

小精灵眯起眼睛笑笑，说道："呵呵，好吧，我们一块儿去做个小实验，解答嘟嘟的困惑吧。"

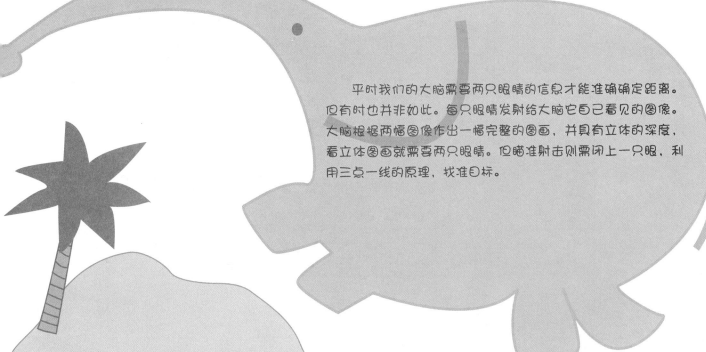

平时我们的大脑需要两只眼睛的信息才能准确确定距离。但有时也并非如此。每只眼睛发射给大脑它自己看见的图像。大脑根据两幅图像作出一幅完整的图画，并具有立体的深度，看立体图画就需要两只眼睛。但瞄准射击则需闭上一只眼，利用三点一线的原理，找准目标。

哪只眼睛快？

嘟嘟和聪聪在院子里面玩儿起了捉迷藏。聪聪正四处找地方躲，嘟嘟面对着墙数数。小精灵坐在墙上看着他们俩玩儿。

聪聪还没有藏好的时候，嘟嘟偷偷转身，松开了一只捂着眼睛的手偷瞄。小精灵看着不像话，大声批评嘟嘟："嘟嘟，你耍赖哦，这样对聪聪多不公平。"嘟嘟斜了一眼，说："我只松开一只手，也没看到聪聪藏到哪儿了。" "那可不一定，聪聪玩儿游戏最忌讳耍赖了。"小精灵

手和脑快开动：

材料： 一张纸、剪刀

 在纸上剪出一个直径约3厘米的洞。

 手拿着纸，伸直了胳膊透过小洞望过去，双目注视某物体，慢慢地把纸靠近自己的脸，下意识地，小洞就被吸引到一只眼睛上了。

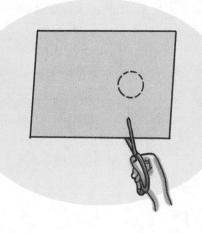

飞了下来，走到嘟嘟跟前。

聪聪听到了小精灵批评嘟嘟的话，走了出来。"嘟嘟，你怎么能这样？"

嘟嘟低下了头，说道："我知道错了，下次不会了。"

小精灵感觉到了气氛很尴尬，于是提议道："我看不如这样吧，我们一起去做一个小实验，来学一学有关视线的知识。"

"哦，太好了，我很想学。"聪聪高兴地拍手，一下忘记了刚才的不愉快。随即跟嘟嘟说道："嘟嘟，我们快跟小精灵一起去吧。"

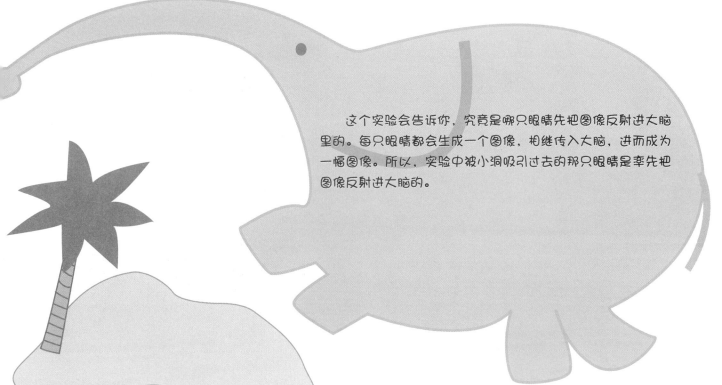

这个实验会告诉你，究竟是哪只眼睛先把图像反射进大脑里的。每只眼睛都会生成一个图像，相继传入大脑，进而成为一幅图像。所以，实验中被小洞吸引过去的那只眼睛是率先把图像反射进大脑的。

牙齿发出的声音

聪聪在嘟嘟家吃饭，正在咀嚼着一大口饭时，突然问嘟嘟："嘟嘟，你听得到我的牙齿发出来的声音吗？"

"嗯？我什么都没有听到啊，哪里有声音？"嘟嘟莫名其妙地说，然后自顾自地吃起来。没过一会儿，她也开始提问道："聪聪，你听得到我的牙齿发出的声音吗？"

"没有，我也什么都没有听到。"聪聪边说边用一只手支起头想。他恍然大悟道："哦，对

手和脑快开动：

材料：　钢叉子、钢汤勺

 用汤勺敲一下叉子，然后放到牙齿之间轻轻咬住。（勺和叉子任咬一个）

 会听到一种声音，但一松开牙齿声音马上就消失了，可以多试几次。

叮~

了，是不是我们的牙齿上面有耳朵才会这样？"

　　小精灵突然出现在窗口，看着嘟嘟和聪聪正在思考问题的样子，偷偷笑了笑。然后说道："你们的问题我知道。"说完从门口走了进来。

　　"牙齿上虽然没有耳朵，但牙齿的声音是传送给了我们自己的头骨，而没有完全传到外面去，接下来我们一起做个小实验看看。"小精灵微笑着说。

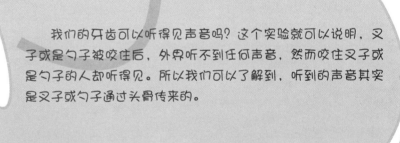

我们的牙齿可以听得见声音吗？这个实验就可以说明，叉子或是勺子被咬住后，外界听不到任何声音，然而咬住叉子或是勺子的人却听得见。所以我们可以了解到，听到的声音其实是叉子或勺子通过头骨传来的。

多了一个鼻子

在嘟嘟的小屋里。嘟嘟坐在一边观察着聪聪的鼻子，眼睛一会儿睁大，一会儿又眯起来。聪聪发现后，感觉到很奇怪，便问："嘟嘟，你在干什么，为什么一直盯着我的鼻子看？"

"我在观察啊，我发现了一件很奇怪的事情。"嘟嘟认真地说道。

"什么很奇怪的事情？"聪聪追问。

"我的眼睛一睁大，你就有一个鼻子。但我眯起眼睛，就会变成两个鼻子。"嘟嘟说道。

手和脑快开动：

 把食指和中指交错起来，放到鼻尖，眼睛朝下看。

 你会感觉到手指放的部位，并不在鼻尖上。

"啊，变成两个鼻子，怎么会呢？"聪聪觉得很不可思议。

这时，嘟嘟站起身往门口走去，说道："我要去问问小精灵，你要不要跟我一起去？"

"嗯，我也要去。"聪聪点点头，立即跟了上去。

到了小精灵的实验室后，嘟嘟将自己的发现向小精灵全盘讲述了一遍。小精灵夸奖嘟嘟道："嘟嘟很不错哦，观察得很仔细，好吧，我们再来做这样一个小实验。"

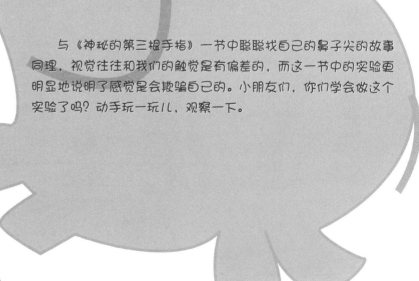

与《神秘的第三根手指》一节中聪聪找自己的鼻子尖的故事同理，视觉往往和我们的触觉是有偏差的，而这一节中的实验更明显地说明了感觉是会欺骗自己的。小朋友们，你们学会做这个实验了吗？动手玩一玩儿，观察一下。

手臂杠杆

动物联欢会上，许多小动物在舞台上表演了好看的节目。转眼，快轮到聪聪和嘟嘟上场了。"嘟嘟，你怎么了？快到我们了，你怎么还没有换好衣服。"聪聪着急地说。

而这时只见嘟嘟的两腿还在不停地发抖，委屈地说："聪聪，我不敢上台了，我的腿抖得很厉害。""那怎么办啊？快到我们了。你能不能控制住你的腿，叫它不要再抖了啊？一个小节目不用害怕的。"聪聪劝慰道。

手和脑快开动：

 身体站直，让同伴紧紧抓住你的手臂。

 自己用力向上抬起手臂，同伴则用力阻止你抬起。几秒钟后让同伴把手松开，手臂会自觉地摆动起来。

"控制不住，我控制不住它发抖。怎么办？"嘟嘟的腿强烈地抖着，着急得要哭出来了。

小精灵急忙飞了过来，看到嘟嘟的情况，忙安慰道："嘟嘟，别着急，我可以帮助你。"

嘟嘟一听，像是得救了一样，欣喜地说："小精灵，我怎么做才能让它停止发抖，你快说呀。"小精灵不慌不忙地蹲下身，在嘟嘟的腿上轻抚了两下，说道："好了，它不会抖了，你们可以安心地上台表演了。"听了小精灵的话，嘟嘟看了看自己的腿，真的不再发抖了。不禁喜上眉梢，高高兴兴地换好衣服同聪聪上台表演了。

这时，小精灵自语道："其实我什么也没有做。"

这个小实验的原理很简单。大脑在给我们的肌肉发布信号指令时，肌肉突然受到束缚。而在持续的紧张状态下，一旦突然放松，肌肉组织会按照大脑最初传递的任务行事。大脑给予的停止信号不能及时传达到肌肉上，所以手臂会有自然摆动的现象。

橙汁真的好喝吗？

聪聪走在路上，忽然看到迎面走过来的嘟嘟，忙将手中的巧克力藏到了身后，可还是被嘟嘟看到了。"聪聪，你身后藏了什么东西？"嘟嘟发问道。

"没，没什么，是一样很没用的东西。"聪聪说话结结巴巴的，透着心虚。聪明的嘟嘟左转右转地要看聪聪身后的东西，可就是看不到。嘟嘟突然委屈地说道："我早上刷完牙后吃什么东西都没有味道了。"聪聪感到奇怪，说："啊？真的吗？那你要不要试试我的巧克力？"说着，从身后拿出了巧克力。

手和脑快开动：

材料：一支牙刷、一管牙膏、一杯橙汁

第一步我们要清洁好我们的口腔。

喝一口橙汁，仔细品味一下是什么味道。是不是先是淡而无味，而后有一种苦的味道？

"哇，真的是巧克力，太好了。"嘟嘟立即收起了委屈，两眼直勾勾地盯着聪聪手中的巧克力。嘟嘟很享受地咀嚼着巧克力，聪聪站在一旁看着她。

"嘟嘟，你的嘴里有味道了吗？"聪聪看着嘟嘟吃巧克力的样子，禁不住咽了咽口水。嘟嘟边吃边点头，说："嗯嗯，巧克力治好了我的味觉，这味道太不错了。"聪聪听到嘟嘟如此说，迫不及待地抢过她手中的巧克力包装纸，说："既然你都好了，就不用再吃了。咦？"抢到后才发现，巧克力已经被嘟嘟吃光了。

小精灵飞来，捂住嘴笑，既而说道："嘟嘟，你的味觉一直都没有消失，你们看这样一个小实验，就全都明白了。"

我们的舌头用不同的部位去辨别不同的味道，这些部位称之为味蕾，舌尖是负责甜味的，两边是负责酸味和咸味的，而舌头后部是负责苦味的。刷牙会麻痹我们舌尖的甜味感觉细胞，所以当你喝橙汁的时候，不会感觉到甜味，而是淡淡的苦味。

左右开工

嘟嘟的两只手各拿了一支笔，开始在一张纸上乱画。聪聪背着手在一旁看着，不时地掩口笑笑。

又开始了，嘟嘟又发现聪聪在笑自己，于是把笔扔到一边，说道："不玩儿了，不好玩儿。"一屁股坐到沙发上，生气去了。

聪聪拾起笔，走到嘟嘟跟前，哄劝着说："好嘟嘟，别生气了，你画得挺好的，真的。"

手和脑快开动：

材料：一支笔、一张纸

 写字的时候，同时用脚在地上画个圈，感受一下你是否会受到影响，写字和用脚画圈无法同时进行。

 如果可以，那么另一只手去按摩腹部，能做到吗？

"哼，什么嘛，一手画圆形，一手画方形，根本不可能画成！"嘟嘟不停地发着牢骚。

小精灵从实验室里走出来，听到嘟嘟的抱怨，笑了笑，说道："嘟嘟，其实也不是绝对画不成的，如果勤于练习，一只手画圆形，另一只手去画方形是可以做到的。但是我这里有一个比这个更难一点儿的小实验，你愿不愿意试试呢？"

"啊？还有比这个更难的，我愿意，我愿意。"聪聪跃跃欲试地高举起手喊道。

做完这个实验，我们会发现这样做相当困难。当然，通过艰苦的练习还是可以做到的。大家都知道，同时协调地做两件事情很困难，需要左脑与右脑的配合才能进行，一旦配合不好，我们做事就会受到影响。

第 6 章 生活乐趣多

——在生活中快乐地学习

让爆米花飞

聪聪和小精灵一边吃着爆米花一边坐在沙发上看电视。嘟嘟在厨房里忙着盛新出炉的爆米花。哎呀，没有合适的盘子放了，怎么办呢？

这时嘟嘟看到一个塑料盘子，就是有点儿脏了。不过有办法，用干净的毛巾擦一擦就可以了。嘟嘟把盘子放好，准备把爆米花倒进盘子里。谁知"噗"的一下，爆米花没有被倒进盘子里，却全都飞了出来。聪聪和小精灵看电视看得正入神，忽然听到厨房里传出"啊"的一声，两人忙跑进厨房，就看到

手和脑快开动：

材料：爆米花、塑料勺子、毛巾、盘子

 用毛巾反复摩擦塑料勺子。

 再立即用塑料勺子去舀爆米花，爆米花会到处乱蹦，有的还粘在勺子上。

了满身是爆米花的嘟嘟。

"啊，嘟嘟，你怎么弄成这个样子的？"聪聪非常诧异地问道。"我知道她为什么会弄成这个样子了。"小精灵走到嘟嘟身边，看到了桌子上面的塑料盘子，继续说道："嘟嘟，一定是你用这个盘子盛爆米花造成的。""啊？为什么？"嘟嘟委屈地问。"塑料盘子使用前你一定用毛巾擦拭过吧。"小精灵再问。

嘟嘟点点头。

"这就对了，下面我们就用这些东西再来做一个相同原理的小实验。"说着小精灵拿起了塑料盘子。

哦，原来是这样！

看到了吧，面对乱蹦乱跳的爆米花，只有躲避的份儿。爆米花之所以四处乱飞，是受到带电荷的勺子的影响。爆米花身上带有与勺子相同的电荷，相同的电荷会互相排斥。所以，我们看到嘟嘟被爆米花溅了一身，完全是她自己造成的。

追着阳光跑的植物

嘟嘟和聪聪一起来到了葵花园，金灿灿的世界显得格外耀眼。

"聪聪，你看，葵花的花盘好大哦！还一直向着太阳。"嘟嘟一边仰头观赏，一边说。

"呵呵，嘟嘟，你没发现吗？所有的葵花都是向着太阳的，好奇怪！"聪聪边走，边往四处看，发现葵花都在仰头看着太阳。

嘟嘟托着腮，开始思索。对哦，所有的葵花都扬起脸盯着太阳看，它们在看什么呢？难道太阳公

手和脑快开动：

材料：　大鞋盒、小塑料盒、2个发芽的土豆、泥土、硬纸板、胶带、剪刀

 将小塑料盒里面铺上泥土，把土豆的芽儿露在外边，把另一半埋进土里面。

 用胶带把3块硬纸板固定在鞋盒里。在鞋盒的一边开一个直径3厘米左右的小洞，把装着土豆的塑料盒放在固定在鞋盒里的硬纸板中间，然后盖上盖子。

 把鞋盒放在阳光照得到的地方。另一个土豆放在旁边，作为实验对照。

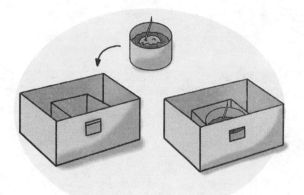

公长得很漂亮吗?

　　小精灵飞到这里，看到了嘟嘟和聪聪，忙飞到他俩的面前，抖抖翅膀，笑眯眯地问道："嘟嘟、聪聪，你们又遇到难题了吗？"

　　"嘟嘟在琢磨葵花为什么全都看着太阳。"聪聪说道。

　　小精灵捂住嘴，笑了笑，说："这个问题太简单了，你们两个跟我来，我们做个小实验，你们就会懂的。"

　　说完，小精灵张开翅膀，飞向远处。嘟嘟和聪聪急急忙忙跟了过去。

　　几天后，鞋盒里的土豆长出了苍白细长的幼芽，这些幼芽蜿蜒地穿过纸板隔开的空间，伸出盒外来。而放在鞋盒外面的那个土豆的芽却粗短壮实，颜色发紫。

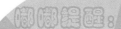

嘟嘟提醒：

小朋友们使用剪刀的时候要小心哦，千万不要伤到手哦！

哈，原来是这样！

　　这个小实验充分说明了光是植物生长过程中不可缺少的条件。无论在什么地方，植物都会想方设法地去寻找充足的光线。这就是植物特有的向光性。

　　小朋友，不妨动手试一试，你会发现植物原来也会运动。

小小灭火剂

嘟嘟在小厨房里做饭时不小心引着了窗帘，吓坏了。多亏聪聪及时拿着灭火器跑了进来，把火扑灭了。

"幸亏有个灭火器才能这么快把火扑灭。"聪聪额头还冒着冷汗地说道。

"嗯，是呀！这个灭火器真的很神奇。"嘟嘟仔细地看着，又发现了问题："灭火器喷出白色的气体就能灭火，那个白色的气体是什么东西呢？"

手和脑快开动：

材料：一只玻璃杯、点燃的小烛台、一包苏打粉

 把小烛台放在玻璃杯中，往玻璃杯中倒水，水只到小烛台一半的高度。

 往玻璃杯中放一勺苏打粉，慢慢地你会发现蜡烛熄灭了。

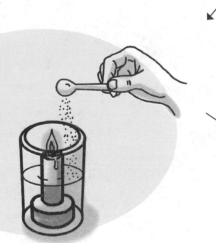

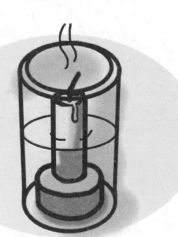

正在这时，闻讯赶来的小精灵走了进来，正巧听到嘟嘟提出的疑问。

小精灵高声回答道："那是二氧化碳。"说着走到了嘟嘟和聪聪面前。

"二氧化碳？"嘟嘟看到小精灵后，加重了好奇心。

"对，这是一个二氧化碳灭火器，当人们渐渐发现水不足以使火焰停止燃烧的时候，就发明了用二氧化碳来灭火。"小精灵一边解释，一边注意到嘟嘟和聪聪懵懂的眼神，转而说道："好吧，我们来做一个小实验，你们就会明白了。"

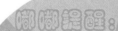

嘟嘟提醒：

小朋友们在使用小烛台的时候，千万要小心，不要烫到手哦！

哦，原来是这样！

苏打粉和水在一起会发生化学反应，产生二氧化碳气体。火的燃烧需要氧气。当玻璃杯里的二氧化碳气体越来越浓，蜡烛的火焰自然就熄灭了。

钉子是怎么生锈的？

嘟嘟认真地擦洗着自己的自行车。聪聪看到后，走过来，说道："嘟嘟，你的自行车放着不骑，都变旧了。""嗯，是呀，我费了好大的劲只能擦成这样了。一个冬天过去上面生了很多锈，很难擦掉。"嘟嘟沮丧地说道。"生锈？"聪聪贴近自行车去看。"真的，生了很多锈，你放在什么地方了？"

"就是我的小仓库啊，一定是里面太潮湿了，所以自行车才会生这么多的铁锈。"嘟嘟一边擦洗，一边嘀咕道。这时，小精灵从空中飞了过来，站到嘟嘟和聪聪面前，说道："嘟嘟，你的自行车之所以生了这么多锈不全是因为潮湿。"

手和脑快开动：

材料：两只玻璃杯、两根铁钉、酒精、一些盐

 用酒精擦拭两根铁钉。

 将两个玻璃杯中分别倒入盐水和清水，把两根铁钉分别放在盐水杯和清水杯中。几天过后我们拿出来观察一下，会发现盐水中的铁钉颜色很红，被锈蚀得非常严重。

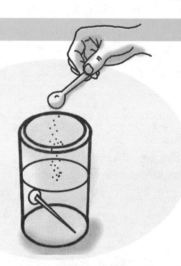

"嗯？小精灵你知道是怎么回事吗？"聪聪心生好奇地问道。

"是因为盐？"小精灵从容地回答。

"盐？我没有往我的车上撒盐啊？"嘟嘟回答说。

小精灵扬起头，回想着说道："我记得你最后一次骑自行车是出去买盐的，可是回来时盐袋破了，结果弄得车子上也沾了很多。有这回事吧？"

"对对对，有的。"嘟嘟点着头。

小精灵看着嘟嘟和聪聪笑了笑，说道："我们去做一个小实验，让你们看看盐的威力如何？"

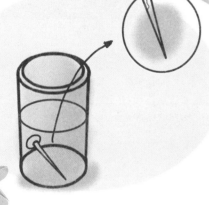

嘟嘟提醒：

小朋友们在使用酒精的时候要注意，避免在火源附近做这项小实验。

哈，原来是这样！

盐会加快铁生锈的速度。冬天人们经常会在结冰的大街上撒一些盐，这些都是盐所具有的可溶解性的化学性质。

小风车，转呀转！

小风车旋转着，发出了嗒嗒的声响。嘟嘟越玩儿越起劲，开始迎着风跑起来。结果被一块石头绊了一大跤。"呀，风车被你摔坏了，怎么办？"聪聪扶起嘟嘟后，看着漂亮的风车轮摔掉了，显得非常不高兴。

"对不起，聪聪，我不是故意的，风车坏了，太可惜了。"嘟嘟感到歉疚地说。突然，嘟嘟似乎又想到了什么，说道："没关系的，我知道小精灵会做小风车，我们去找她帮忙修理吧。"聪聪一听，

手和脑快开动：

材料：一张边长20厘米的正方形纸（最好彩色的）、
圆头大头针、软木塞、小珠子、剪刀

 在正方形纸上画出对角线，沿对角线剪至离中心3厘米的位置。

 将4个对角的半角边依次向中心位置卷起来，把半角在中心位置粘好。一个小风轮就做好了。

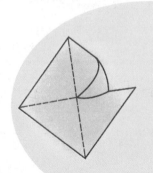
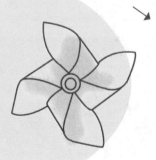

觉得是个好主意，点头说道："好吧，我们马上去找她。"

于是两人拿起小风车朝小精灵的家走去。

小精灵看着嘟嘟手里坏掉的小风车，拿过来端详，然后说道："没问题，我能修理好它，但是你们要跟我一起修，让你们了解一些风车的原理，以后你们就可以自己动手做来玩儿了。"

嘟嘟和聪聪听后，非常高兴，便开始认真地跟着小精灵学习修理小风车。

用大头针把风轮和珠子穿在一起，固定在软木塞上，这样可以使风车转动自如。

嘟嘟提醒：

小朋友们在使用圆头大头针的时候要注意安全，千万不要扎到手上哦！

哈，原来是这样！

风车的风叶是固定的形状（一边高，一边低），它能够使风在风叶表面往一个方向吹动（由高到低），由此来改变经过的风的风向。给风一个转向力，那么，风也给了风叶一个反方向的力，所以风给风车的转向力越大，风车转得越快。

能够燃烧的热蒸气

新年到了，奇乐谷里到处都在燃放着烟花。夜空中，色彩缤纷艳丽。嘟嘟和聪聪一起来到广场上，看着别人放烟花放得起劲，不禁眼馋。聪聪高兴地从远处跑来，怀里抱着一个漂亮的烟花礼盒。

他们开始研究如何点着烟花。聪聪找到了烟花捻儿，"这个，这个，就是这个。""太好了，我们可以开始点着它了。快点儿，快点儿，聪聪。"嘟嘟用期待的眼神看着。

烟花在地面上放好后，聪聪一只手捂着耳朵，另一只手拿着点燃的火柴递向烟花捻儿。

手和脑快开动：

材料： 一根蜡烛、一根长火柴

 先把一根点燃的蜡烛用嘴吹灭，蜡烛芯会冒出细细的白烟。

 把点燃的火柴放到冒出的白烟上，但不要接触到蜡烛芯。瞬间蜡烛芯被点燃了。

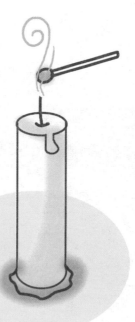

"啊！点着了，点着了。"嘟嘟大声地惊叫道。

闻声，聪聪立即跑开，双手捂着耳朵。咦？良久后，还不见烟花飞上天。嘟嘟也感到纳闷儿。

两人小心翼翼地凑向地面上的烟花。只见捻儿上冒着一缕烟，根本没有点着。

当两人刚刚要重新点的时候，小精灵立即出现阻止了他俩。

"嘟嘟，聪聪，要小心啊！这样点烟花是很危险的。"小精灵说道。

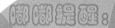

嘟嘟提醒：

小朋友们，像嘟嘟和聪聪那样燃放烟花是很危险的，你们一定要跟着爸爸妈妈一起燃放烟花才安全，千万要记住哦！

咦，原来是这样！

点燃的火柴并没碰着蜡烛芯，蜡烛重新点燃了。所以蜡烛不仅蜡和芯可以燃烧，蜡蒸气，就是蜡烛熄灭后冒出的白烟，也可以燃烧。点燃烟花的捻儿也是同理。烟花捻儿的主要成分是火药，如果得不到充分的燃烧，释放出的气体更易被点燃。

纸上看不见的字

嘟嘟走在前面，跟在后面的聪聪捂着嘴，时不时地发出坏笑。嘟嘟转过身，问道："聪聪，你在笑什么呢？"谁知这一问，聪聪反而笑得更加厉害了，开始捂着肚子，蹲在地上大笑不止。

嘟嘟正在困惑之际，小精灵飞到了她的身后。"刺"的一声，把粘在嘟嘟身后的纸条撕了下来。

嘟嘟接过小精灵手中的纸条一看，立即气愤地说道："聪聪，你太过分了，以后再也不跟你玩儿了，哼！"说完，扔下纸条，向家走去。

手和脑快开动：

材料： 两张纸、水、圆珠笔

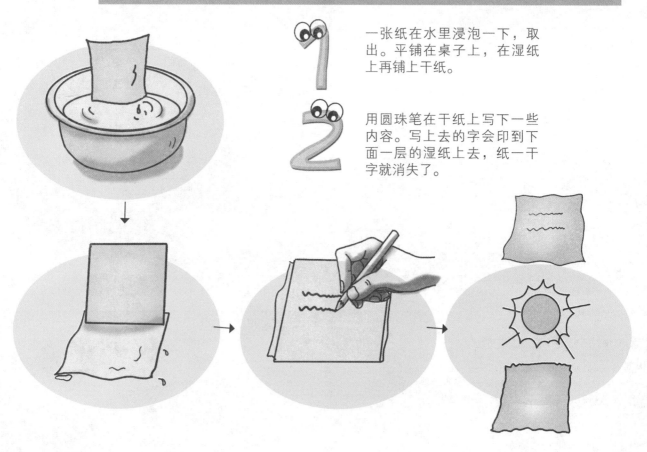

1 一张纸在水里浸泡一下，取出。平铺在桌子上，在湿纸上再铺上干纸。

2 用圆珠笔在干纸上写下一些内容。写上去的字会印到下面一层的湿纸上去，纸一干字就消失了。

"聪聪，你真的不应该这么做。"小精灵站在一旁，双手叉腰说道。

聪聪停止了讥笑，难为情地问小精灵："小精灵，我知道错了，现在嘟嘟很生气，我该怎么做？"

"你应该立刻去向她道歉。"

"可她还生着气呢，不会马上原谅我的。"聪聪懊恼地说。

小精灵眼珠转了转，说："这样吧，我教你做一个小实验去哄嘟嘟。"

"啊，真的？那太好了，谢谢你，小精灵。"聪聪很快露出了笑容。

只要把纸再次浸到水里就可读到内容。

嘟嘟提醒：

记住哦，要做诚实守信的好孩子，千万不要用这个方法去作弊哦。

嗨，原来是这样！

这个小实验非常简单。圆珠笔在干纸上写字的时候压缩了纸张的纤维，所以字迹印到了湿纸上面。而湿纸上面的字迹没有经过光线的照射，所以在纸变干后，字迹就不能显现出来。

小朋友们，你们学会了吗？

纸杯电话连一连

嘟嘟肩扛着一根长长的塑料管，把塑料管一端放进屋子里，另一端留在屋外。然后朝外边大喊："，聪聪，快来，来试试这个。"

聪聪闻声跑来，看到长长的塑料管，挠挠头问道："咦？嘟嘟，这是什么东西？"

"这是我向小精灵借来的好玩儿的玩具，先不告诉你，你站在这里。"说着，嘟嘟将塑料管屋外的这一端交到聪聪的手上，自己跑进了屋里。

手和脑快开动：

材料：　细绳、两只纸杯、两根火柴

 在纸杯底穿个小孔，不要太大。

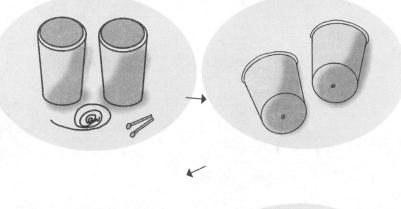

 将细绳穿过纸杯，然后固定在火柴棍上。

 两个人各执细绳一端的纸杯，拉紧细绳，对着杯里说悄悄话。

聪聪站在屋外等着，突然哪里传来叫声："聪聪，聪聪……"嗯？哪儿来的声音？

呼唤声又一次传来，"聪聪，聪聪……"聪聪再次寻找声源。哇，被吓了一跳，原来声音是从手上这根塑料管里传出来的。聪聪将塑料管放到耳边，清晰地听到了嘟嘟的呼唤声。

"啊，这简直太令人难以置信了，声音居然可以从这里面传出来。"聪聪嘴对着塑料管说道。

小精灵飞舞在一旁，笑着看着他们。

嗯，原来是这样！

声音是靠介质传播的。固体、液体、气体都属于介质范畴，真空环境下，不存在介质，声音无法传播。声波会通过空气中的振动传播，传播的范围较小，而声音通过固体传播，传播范围会扩大，因此两人是借助了细绳振动把声音传递给对方。

瓶盖打开了！

嘟嘟抱着罐头瓶，蹲在地上发愁。聪聪跑过来，手上举着一把锉刀，喊着："试试它吧，试试它吧。"

嘟嘟和聪聪两人一起用锉刀撬着罐头瓶盖，费了好大的劲儿才将瓶盖拧下来。

"瓶盖原本就是紧紧扣在瓶沿儿上的，为什么顺着拧拧不动呢？"嘟嘟感到困惑。

手和脑快开动：

材料：　一个带盖的瓶子、热水、一个水盆

往盆里倒热水。

瓶盖很紧无法拧开，把瓶子放入热水中半分钟，拿出来后，打开瓶盖不费吹灰之力。

"别管那么多了，我们先吃罐头吧。"说着，聪聪大口大口地吃起了罐头。

小精灵走过来，拾起了地上的锉刀，看了看，说："嘟嘟，我教你一个新方法开瓶盖，以后就不用这么费力了。"说完，将锉刀扔到了一边。

"太好了，小精灵，你快点儿教我吧。"嘟嘟看着小精灵。

小朋友们在做这项小实验的时候一定要注意安全，不要被热水烫到哦！

物体遇热膨胀，瓶体和瓶盖也是如此。因为玻璃瓶体传热慢，瓶盖是金属的，传热快。瓶盖膨胀的速度快，相对于瓶体来说，瓶盖加热后很快就膨胀了，所以轻轻用手一拧，瓶盖就被拧开了。

不燃烧的纸

嘟嘟双手捂着一枚硬币，还不时地松开手看看。聪聪盯着嘟嘟的手，好奇地问："你的硬币怎么了？为什么你要捂着它？"

"我在焐热它，不知道为什么硬币总是冰凉的？这么冷的天会不会冻坏了？"嘟嘟自言自语着。

"啊，那样的话，你兜里的很多硬币都要拿出来焐热吗？"聪聪感到不解地说道。

手和脑快开动：

材料：几枚硬币、一张纸巾、蜡烛、火柴

 用纸巾将硬币紧紧地包裹住。

 用火柴点燃蜡烛。

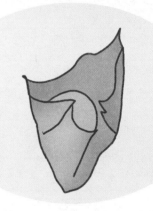

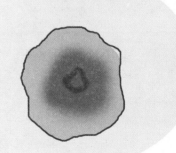

这个时候，小精灵飞过来，看着嘟嘟认真焙硬币的模样，眯眯眼睛，笑笑，说道："嘟嘟，你焙不热硬币的。"

"啊？"嘟嘟听到小精灵的话，感到难以理解，追问道："为什么呢？"

聪聪也认真地等待听小精灵的解释。

"这个，我们来做一个小实验，边做边讲好不好？"

嘟嘟和聪聪对视一眼，然后朝小精灵点点头。

将包裹硬币的纸巾，放在点燃的蜡烛上面烧。通过观察，你会发现，纸巾只是被烧焦，却不继续燃烧。

嘟嘟提醒：

小朋友们用打火机的时候要小心，最好是让爸爸妈妈来做，你们在一边观察。

哇，原来是这样！

纸巾有被烧焦的痕迹，却没有燃烧，这是被包裹着的硬币起到了作用。纸和硬币之间会产生热传递，纸燃烧需要300多度，因为部分热量传给了硬币，所以使温度达不到纸的燃点。

玻璃瓶吹气球

聪聪闻到一股奶油的香味，追寻着香味来到了嘟嘟的家里。咦！原来嘟嘟正在做奶油蛋糕，太棒了！聪聪满脸堆笑地走进了嘟嘟的小厨房。

这时，嘟嘟正认真地将发酵粉放入盆里，准备搅拌。发现聪聪走进来后，说道："聪聪，你怎么来了？""嘻嘻，是奶油香味吸引我过来的。原来你在做蛋糕，太棒了，我能留下来和你一起吃吗？"聪聪垂涎欲滴地说道。"当然可以，不过你要帮忙才行。"嘟嘟说。"这个没有问题，你要我

手和脑快开动：

材料：一些自发面粉、一些醋、一只小口玻璃瓶、一个漏斗

 在玻璃瓶中加入100毫升醋。

 用漏斗把自发面粉灌入气球中。

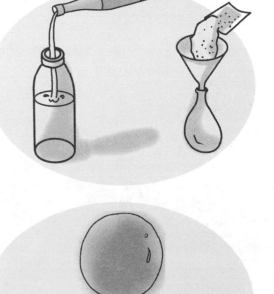

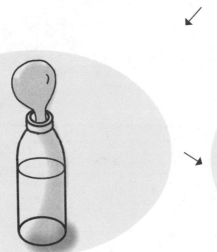

怎么帮助你？"

"你来得正好，帮我往面粉里倒些水。""好啊！"聪聪立即取来水往面粉里倒。顿时面盆里出现一堆的气泡。"聪聪，你往盆里倒的是什么？"嘟嘟立即把脸拉长，说道。

嗯？这不是水吗？啊！原来是白醋。聪聪这才看到手中调料盒上的名称。小精灵在窗外看在眼里，忍不住地捂嘴偷笑。然后，走进来说道："聪聪，你太有意思了，怎么会把白醋当成水了呢？"聪聪噘着嘴，感到非常难为情。

"这样吧，我们就把它当作一个小实验吧，嘟嘟你说呢。"小精灵见聪聪尴尬，忙为他解围。

最后把气球倒扣在瓶口上，会发现瓶子上的气球慢慢地大了起来。

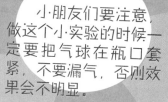

嘟嘟提醒：

小朋友们要注意，做这个小实验的时候一定要把气球在瓶口套紧，不要漏气，否则效果会不明显。

啊，原来是这样！

这是一种化学反应。瓶子里的醋很快就和自发面粉发生反应，生成二氧化碳。所以在瓶子里产生了许多的泡沫，泡沫越来越多，套在瓶口上面的气球也就慢慢地被吹了起来。

泡沫沙子山

嘟嘟和聪聪在地上堆着小沙山。不一会儿，终于堆好了，一座小山立即呈现在他俩的面前。可是要用沙山来做什么呢？嘟嘟和聪聪又展开了思考。"我们要用什么来装饰小山呢？怎么才能让小山更漂亮一些呢？"嘟嘟思索着。

"啊，有了，我们找些树枝来，在小山上做树怎么样？"聪聪首先想到。"嗯，好是好，可是我

手和脑快开动：

材料：一个空胶卷盒、一只小玻璃杯、一些发酵粉、100毫升醋、洗洁精

 请用沙子堆起一座小的山丘。

 把一个空的胶卷盒底朝下地压进沙堆顶部，在空胶卷盒中放进一些发酵粉。

们怎么能让小山动起来呢？那样就更有意思了。"嘟嘟遐想着。

"怎么可能呢，小山不可能自己动起来的。"聪聪表示极不赞同地说。

"小精灵会不会有办法让它更有动感呢？"嘟嘟一边想一边说。

聪聪扬起头，也开始设想着。

"要让小沙山上出现一个小喷泉？你们的想法太有意思了，让我来想想办法，怎么才能做到呢？"小精灵一手托着下巴，思考着。片刻后，小精灵的眼睛一亮，说道："对，就用这个方法。"

3 在玻璃杯中混合好醋和洗洁精。缓慢地将它倒进空胶卷盒中，会发现立即有泡沫从胶卷盒中喷出。

嘟嘟提醒：

小朋友们在使用洗洁精的时候一定要注意安全，不要让洗洁精进到眼睛里面去，更不能误食。记住哦！

噢，原来是这样！

同上一小节的原理相同，发酵粉的成分是碳酸氢钠，与醋里的醋酸发生反应生成二氧化碳。碳酸氢钠和醋酸发生强烈的反应后，在胶卷盒中形成泡沫喷出，而洗洁精也随之产生反应，所以在沙堆上形成了泡沫小山。

乒乓球碰碰

　　"砰"的一声，在地上画的圈圈中的玻璃球被撞开了。"啊，我赢了！"嘟嘟开始手舞足蹈，乐开了花。聪聪却很沮丧，非常不高兴。

　　小精灵在一旁看着，笑着。"聪聪，你又输给我一个球儿，小精灵可以作证明，不许耍赖哦。"嘟嘟歪歪头，笑着说。聪聪将圈外的球儿捡起，交到嘟嘟的手里。

　　小精灵走到嘟嘟面前，看看她手里的玻璃球，说："嘟嘟，你赢了这么多，太厉害了。"

手和脑快开动：

材料：五个乒乓球、一根木棍、五根大约50厘米长的线、一卷胶条

 用胶条在每个乒乓球上固定一根线。

 把线的另外一端用胶条粘在木棍上，要保证五个乒乓球在一条线上。

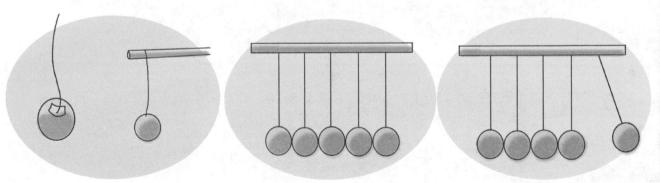

"嘻嘻，我的运气太好了，球儿轻轻一碰，聪聪的球就飞得老远，也不知道是怎么回事？"嘟嘟偷笑着。

"哼，明天我一定要全赢回来。"聪聪嘟着嘴说道。

"聪聪，你知道为什么你的球儿会轻易地被撞出界吗？"小精灵问道。

聪聪摇摇头，问道："为什么呢？"

"呵呵，还是让我们一起来做一个非常有意思的实验吧。"小精灵扬起笑脸，说着。

做好后，拿起第一个球，让它自由地撞击第二个球，会发现第二个球被撞击后没有反应，而是第五个球飞了出去。

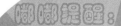

嘟嘟提醒：

小朋友们要注意，要使所有的球保持在同一个高度上，而且要并排靠在一起。

啥，原来是这样！

这个小实验的原理就在于撞击力。物体在碰撞过程中，因为各自出现了形变而产生的弹力（就与压缩弹簧时的情况类似），就是撞击力。撞击的力量被乒乓球一个接一个地传递到第五个乒乓球上。这和声波从空气或其他物体中穿过并传播的道理一样。

长大的鸡蛋

夜里，聪聪和嘟嘟打着手电筒，照着鸡窝里面，看着鸡蛋壳一点点地裂开。不一会儿，小鸡破壳而出，嘟嘟和聪聪相视而笑。第二天，聪聪和嘟嘟竟然一大早就吵了起来。到底是因为什么呢？

"小鸡是在壳里长大的，一定是。"嘟嘟愤愤不平地对聪聪说道。

"如果是那样，小鸡是通过什么来呼吸的呢？鸡蛋壳都是完好的，没有一点儿缝隙呀？所以

手和脑快开动：

材料：一枚生鸡蛋、一只盛有白醋的玻璃杯、一只装有水的玻璃杯

 实验最好选在上午做，因为所需时间较长。

 请将生鸡蛋放入盛有白醋的玻璃杯里，每隔几小时，更换玻璃杯中的醋液，一直到鸡蛋的外壳溶解掉。

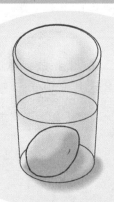
醋

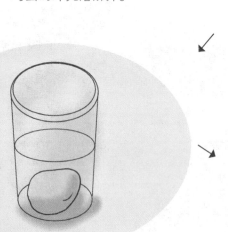
清水

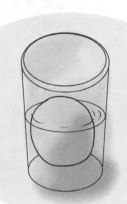

小鸡一定是在鸡蛋壳裂开之后长大的。"聪聪甚为得意地反驳道。

嘟嘟一下被问住了，不知该怎样反驳聪聪。

这时，突然听到一个声音，"如果鸡蛋壳上有许多小细孔呢？"小精灵出现了，走到聪聪和嘟嘟跟前。

"嗯？鸡蛋壳上有许多小细孔？这是真的吗？我都没有发现。"嘟嘟疑惑地自语着。

"我也没有发现，这要怎么看得出来呢？"聪聪问道。

"是的，没错，鸡蛋壳是可以透气呼吸的，所以小鸡可以在里面长大。"小精灵解答着。

"为了使真相更清晰，我们还是用实验来说明一下吧。"

把没有了硬壳的软鸡蛋放到装有清水的杯子里。观察发现，鸡蛋居然长大了。

咦，原来是这样！

我们通过这个小实验了解到，鸡蛋壳上面原来有着不为人知的小秘密。看，发生了什么事，鸡蛋居然变成了巨蛋。这个实验的原理是通过鸡蛋的软皮，水流进了鸡蛋里面。其实，鸡蛋外面的软皮上有许许多多的小孔，因为水的密度比蛋清小，水可以透过小孔进入到蛋里面，而蛋清不会流到软皮外边来。所以水进入蛋里面后，鸡蛋就开始慢慢地长大。

后记

在我们的身边，每天都有许许多多很奇妙的事情发生。只要用心去感受和体验，我们就能抓住知识的翅膀。

在奇乐谷里，可以感受到我们的好朋友，嘟嘟、聪聪还有小精灵，他们无时无刻不在思考着身边发生的种种情况，无时无刻不在享受着求知的快乐。在通过一个又一个的实验总结后，他们成功地寻找到了问题的答案。这是一个激励学习、努力探索的好方法，随时在推动着他们的小思潮前进。小读者们，不要质疑自己的力量哦！每当你们拥有这种求知渴望的时候，不要放过它哦，要努力去寻求答案。快快打开自己的思路，去寻找，去探索。这样你们就会在成长中不断地进步。

希望书中的每一个故事都能给你一个启示，每一个故事都能给你一个灵感。这样，有一天你就可以驾着知识的小飞船，驶向自己的理想殿堂。

参考文献

1. （德）乌尔里克•伯格.小学生最喜欢做的实验：77个令人惊讶的实验［M］.任铁虹，译.武汉：湖北少年儿童出版社，2011.

2. （德）丹勒克尔.[德]瑞吉尔.100个科学小实验［M］.2版.吴勉，吴杨，译.成都：四川人民出版社，2009

3. 立方体.神奇的实验：少年儿童喜爱的42个经典实验［M］.北京：北京少年儿童出版社，2005

4. （法）文森•比雅.玩转科学：100个令人惊奇的科学小实验.［M］.张冬盈，译.上海：上海科学技术文献出版社，2010

聪明的孩子动起来

让孩子着迷的
100个
灵巧手工

吁芳云 编

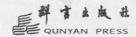

群言出版社
QUNYAN PRESS
· 北京 ·

图书在版编目（CIP）数据

让孩子着迷的 100 个灵巧手工 / 吁芳云编 . -- 北京 ：
群言出版社，2016.4
　（聪明的孩子动起来）
　ISBN 978-7-5193-0068-5

　Ⅰ．①让… Ⅱ．①吁… Ⅲ．①手工课－小学－教学参
考资料 Ⅳ．① G624.753

中国版本图书馆 CIP 数据核字（2016）第 055111 号

责任编辑：王　聪
封面设计：Amber Design 琥珀视觉

出版发行：群言出版社
社　　址：北京市东城区东厂胡同北巷1号（100006）
网　　址：www.qypublish.com
自营网店：https://qycbs.tmall.com（天猫旗舰店）
　　　　　http://qycbs.shop.kongfz.com（孔夫子旧书网）
　　　　　http://www.qypublish.com（群言出版社官网）
电子信箱：qunyancbs@126.com
联系电话：010-65267783　65263836
经　　销：全国新华书店
法律顾问：北京天驰君泰律师事务所

印　　刷：大厂书文印刷有限公司
版　　次：2016年5月第1版　2016年5月第1次印刷
开　　本：787mm × 1092mm　　1/32
印　　张：14
字　　数：150千字
书　　号：ISBN 978-7-5193-0068-5
定　　价：22.80 元

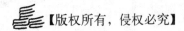

前言

　　孩子的手是创造这个小小世界的开始。嘟嘟也手痒痒了，要请小朋友们和她一起去创造一个奇妙的世界。伸出你的小手，跟随嘟嘟一起去制作吧！

　　在我们手边有橡皮泥、纸、毛线等等，甚至是平时爸爸妈妈要丢弃的废品，都可以用来做手工小制作。我们要开动脑筋，通过裁剪、折叠、粘贴等各种办法做出栩栩如生的小玩具、小动物，也可以给爸爸妈妈做小礼物，是不是很棒啊？

　　好！我们开工吧！快来享受制作出手工的乐趣吧！

　　本书收集了100个让孩子着迷的手工制作，由浅入深地进行步骤安排，并配以详细易懂的解说图示，小朋友们不仅可以在家长和老师的帮助指导下完成，也可以按书中的图解自己完成。

　　孩子们动手又动脑，在完成手工制作的喜悦中认识这个世界，发掘无限的创造力，不断成长起来。

　　嘟嘟会给我们带来怎样的世界呢？那里有无限惊喜等着你，快跟嘟嘟一起走进她的手工世界吧！

目 录 CONTENTS

第 **7** 章　爱心小动物——纸做的奇乐谷王国

 第2章 魔法厨房——捏出来的美味大餐

第3章 奇幻世界——拼拼凑凑变玩具

第4章 时尚造型——琳琅满目的饰品店

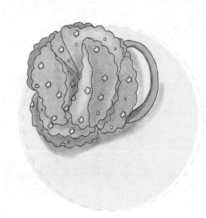

第5章

我爱我家——制作实用的装饰品

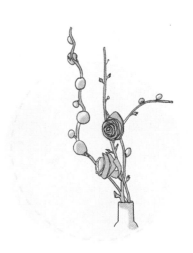

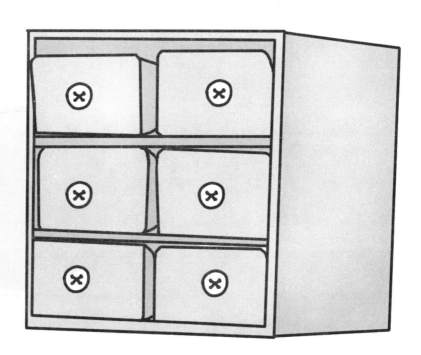

第 1 章　爱心小动物

——纸做的奇乐谷王国

慢悠悠的小乌龟

小乌龟和兔子赛跑时，兔子一时骄傲，让小乌龟赢了，小朋友，你猜小乌龟和嘟嘟赛跑，谁会赢呢？因为嘟嘟太胖，是奇乐谷里公认走得最慢的，比乌龟还慢，为了告诉大家自己不是最慢的，嘟嘟决定跟小乌龟赛跑。

一声枪响，嘟嘟和小乌龟出发啦。嘟嘟走得也很慢，但是比小乌龟快一点。

快来露两手：

一张正方形的白纸（或浅绿色彩纸）深绿色和黑色水彩笔

 将正方形纸对折成三角形，再对折，然后展开，形成一个交叉的折痕。接着，将右顶角向左底角折。

 然后再左右对折，沿对角线。

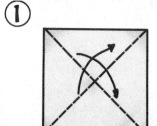

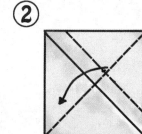

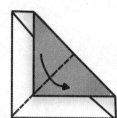

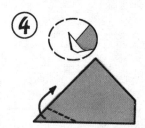

贴心告诉你

在折叠细小部分时要有耐心哦！只有耐心地折，才能亲手做出一只可爱的小乌龟哦！

但是很快嘟嘟就觉得累了，坐在路边吃零食。而小乌龟的耐力很好，怎么爬都不会累，很快超越了嘟嘟，到达了终点。

小精灵和聪聪说："嘟嘟不骄傲的话也跑不过小乌龟，哈哈哈。"嘟嘟才不在乎呢，只要有零食吃，她什么都不在乎。但是她想，为什么乌龟的耐力这么好呢，怎么爬都不喘粗气。

凡事要有耐性，要坚持，才能胜利哦！

 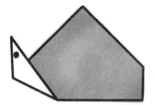

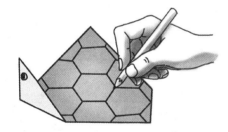

 然后将小乌龟的头轻轻地翻折起来，注意翻折的细节。

 最后用画笔画出乌龟的样子来，这样，简单的折纸乌龟就做好啦！

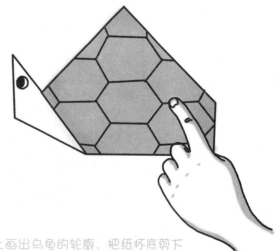

开发新天地

还有一种制作方法，用笔在纸上画出乌龟的轮廓，把纸杯底剪下来做乌龟壳盖在轮廓上，一只可爱的小乌龟就做好啦！

蹦蹦跳跳的小兔子

奇乐谷里，每天都热闹非凡，小精灵、嘟嘟以及聪聪正在玩耍，他们看见小白兔一蹦一蹦地过去。

嘟嘟问小精灵："小精灵，你知道兔子总共有多少种颜色吗？"小精灵则问嘟嘟和聪聪："你们知道兔子的眼睛有哪几种颜色吗？"嘟嘟高兴地说："我知道，兔子的眼睛有红色、黑色、咖啡色三种。"聪聪说："什么啊，兔子的眼睛还有好多种颜色呢，不过我也不知道有多少种。"

快来露两手：

正方形的彩纸一张　水彩笔

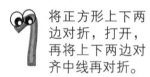 将正方形上下两边对折，打开，再将上下两边对齐中线再对折。

 将左右两边对折，打开，再将左右两边分别对齐中线对折，打开。

 如图③，将四个角按照右上角的样子沿虚线向里折。

 将四个角按照图④分别展开，然后以图⑤箭头所指虚线为轴向后折，角1向角2运动，角2顺势折向后方。

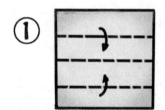
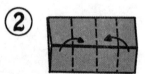

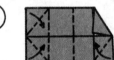
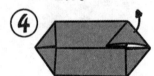
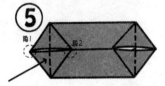
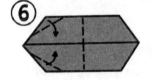
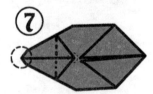

 贴心告诉你

在折叠细小部分时要有耐心哦！只有耐心地去折，才能亲手做出一只可爱的小兔哦！

004

小精灵为大家讲解起来："其实，小兔子眼睛的颜色和它皮毛的颜色有关系，因为兔子的身体里有一种叫色素的东西，含有灰色色素的小兔子，毛和眼睛就是灰色的，含黑色素的小兔子，毛和眼睛就是黑色的。小白兔身体里是不含色素的，它的眼睛是无色的，我们看到的红色是血液的颜色，并不是眼球的颜色。小兔子眼睛的颜色有红色、蓝色、茶色等各种颜色，也有的小兔子左右两只眼睛的颜色不一样哦。"

嘟嘟和聪聪拍手叫好："这个动物的世界真奇妙啊。"

 如图⑥，沿虚线折叠。翻过来，变成图⑦所示图形。

 再如图⑧所示，以箭头所指虚线为轴，角4向后折，角3顺势向左。

 将折纸上半部分向下对折，如图⑨，捏住小兔子的耳朵向上提。将尾部从里面向前折叠，背部的部分也要折叠一些。

 如图⑩，将露出的尖端部分向里翻折，点上眼睛。看，一只蹦蹦跳跳的小兔子就做好啦！

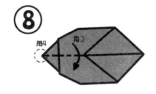

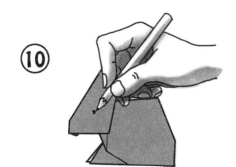

开发新天地

我们再来制作一个小兔脑袋吧。很简单，准备好一张长方形纸，将一边折叠一部分，形成一个正方形，将正方形部分的两个角向后折，小兔的脸就折好了，粘好。将长方形边翻出下边，用剪刀从中间剪出一个凹形，就做出兔子的耳朵啦，再为小兔子画一张可爱的脸，小兔脑袋就做好啦。

游来游去的小鱼儿

在奇乐谷的小河里，有一群美丽的小鱼儿，嘟嘟、聪聪和小精灵去看它们。

小精灵告诉嘟嘟他们："其实我们能看到的只是小河表层水域的鱼，在小河的深处还有各种各样的鱼游来游去呢。"嘟嘟羡慕地说："原来小鱼儿还藏在水底，不想被我们看到啊，好想去水底看看它们啊，小精灵，你能把它们叫上来吗？"

快来露两手：

正方形的彩纸五张 双面胶 水彩笔

 将四张正方形的彩纸沿对角线对折，然后再对折成直角三角形，随意编号，①、②、③、④。

 将②号三角形的直角外侧两面都贴上双面胶，能分开的一角向下插进①号三角形中，粘好。在②号三角形能分开的一角外侧两面都贴上双面胶。

 将③号三角形的直角外侧两面也贴上双面胶，能分开的一角朝上插进①号三角形中，和①、②号三角形黏合。

①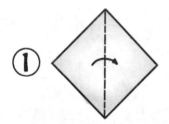

②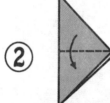

③

④

⑤

⑥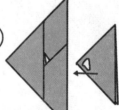

 贴心告诉你

在弄清每一个三角形时要有耐心哦！只有耐心地区分，才能不出错，最终做出美丽的小鱼哦！

小精灵告诉嘟嘟他们："当然不可以啦，小鱼儿有自己应该生活的水域，如果把它们移到别的地方，随时会有生命危险的。就像有的鱼是深水鱼，有的鱼是浅水鱼，有的鱼是海鱼，有的鱼是淡水鱼等等。"

嘟嘟朝着小河里喊："小鱼儿，小鱼儿，你们千万不要乱跑，要健康成长哦！"河里的小鱼像是听懂了嘟嘟的话，游得更欢快了。

 将④号三角形直角外侧两面贴上双面胶，插在②、③号三角形中间，粘好。

 将剩下的一张彩纸沿中线对折，再对折成小正方形。

 在①号三角形的直角外侧两面贴上双面胶，将正方形插在①号三角形前端，粘好。

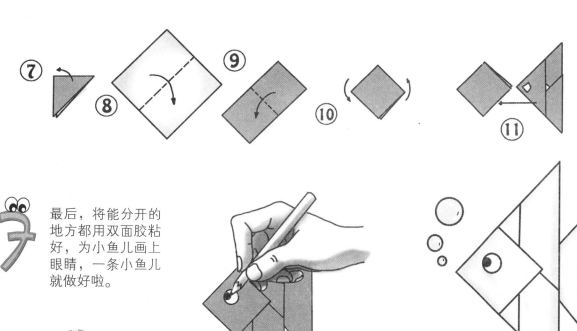

最后，将能分开的地方都用双面胶粘好，为小鱼儿画上眼睛，一条小鱼儿就做好啦。

开发新天地

彩纸可以用一种颜色也可以用多种颜色哦，一条五颜六色的小鱼儿是不是更漂亮呢？

唧唧喳喳的小母鸡

奇乐谷里有一只非常爱唠叨的小母鸡，奇乐谷的小动物们都很不喜欢她，因为她一天到晚都在唧唧喳喳不停地说话。有一天，小母鸡经过一颗大树时，忽然听到了大树说："小母鸡，快去告诉奇乐谷里的小动物，西山有一处小火苗，让小动物赶快预防，不然就会变成奇乐谷火灾了。"

小母鸡赶快去告诉小动物们，可是小动物们都捂着耳朵跑走了，没有人愿意听她说话。小母鸡很伤心地哭了。

快来露两手：

正方形的彩纸一张   水彩笔

 将正方形彩纸沿对角线对折。

 如图②，分别沿虚线将两角向里折。

 如图③，沿虚线对折。

 如图④，将角1向上提起。

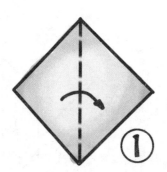 ①

 ②

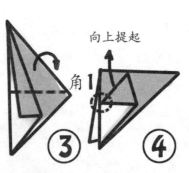 向上提起 角1 ③

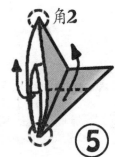 角2 ④ ⑤

 贴心告诉你

在折叠细小部分时要有耐心哦！只有耐心地折，才能亲手做出一只勇敢的小母鸡哦！

008

嘟嘟听到小母鸡的哭声，问："小母鸡，你为什么哭啊？"小母鸡说："大家都不理我，我告诉大家大树说奇乐谷里要发生火灾了，大家也不听，我想不到办法啦。"说着又哭了起来。嘟嘟相信小母鸡的话，她叫上小精灵和聪聪，把这个消息传递给大家，在大家共同的努力下，火被扑灭了，没有造成太大损失。

其实，只要是为自己好，别人多说几句也没什么的。小朋友，尤其要听爸爸妈妈的话哦！

 如图⑤，将图⑤中的角2向后展开。

 如图⑥，沿虚线分别将角2向两边折。

 如图⑦，头部压折，尾部翻折。

 如图⑧，两角向里折。再画上眼睛，一只小母鸡就做好啦。

⑥

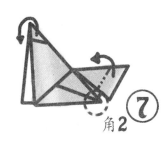

⑦

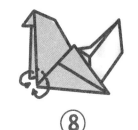

⑧

⑨

开发新天地

还有一个简单的制作方法哦，用纸壳画出一个鸡头，再用废纸团一个纸团做身子，用剪刀剪出鸡尾，粘上鸡头，一个小母鸡就做好啦！

小狗汪汪叫

嘟嘟和森林里的每一个小动物都是好朋友，小狗汪汪就非常喜欢和嘟嘟一起玩。

有一天，嘟嘟做了两个非常好吃的蛋糕。吃完一个蛋糕填饱肚子后，嘟嘟就出去散步了。

此时，小狗汪汪正饿着，他到处找食物，找来找去就来到了嘟嘟家门口。隔着门缝，汪汪闻到了蛋糕的香味，不由自主地走了进去。汪汪走进去，很快找到了蛋糕，可是没有看见嘟嘟。汪汪真是饿坏了，心想：我先借嘟嘟的这块蛋糕填饱肚子，等会儿回家做了再还给她。这样想着，汪汪三口两口就把蛋糕吃进了肚子。

快来露两手：

正方形彩色纸一张 水彩笔

 将正方形彩纸沿着对角线对折成三角形。

 再把长边的两个角向下折，两个神气的耳朵就折好了。

 接着把下面的小角向后折。

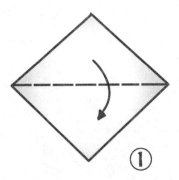
①

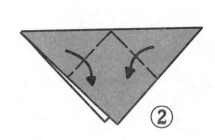
②

③

贴心告诉你

在折叠细小部分时要有耐心哦！只有耐心地折，才能亲手做出一只可爱的小狗哦！

这时，嘟嘟散步回来了。看见汪汪，她奇怪地问："你怎么在我家呢？"

"我……我……"汪汪吞吞吐吐地说。嘟嘟发现自己的蛋糕不见了，她生气地说："你偷吃了我的蛋糕？""是的。"汪汪红着脸说，"我实在太饿了，所以才借你的蛋糕吃。等我马上回家做了蛋糕就还给你！"嘟嘟更生气了，她嚷道："明明偷吃了我的蛋糕，还想狡辩！你走吧，我再也不理你了。"汪汪低着头，羞愧地走了。

回家后，汪汪用最快的速度做好了蛋糕，装在一个漂亮的小盒子里还给嘟嘟。嘟嘟知道是自己错怪了汪汪，便说："是我错怪你了，我们一起分享这个蛋糕吧。"

就这样，嘟嘟和汪汪又和好如初了，他们还经常一起做蛋糕呢。

 再把上面的小角向后折。

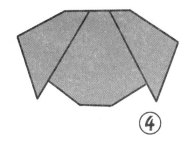
④

 为小狗画上眼睛、鼻子、嘴，这样一只可爱的小狗就做好啦。

⑤

开发新天地

再告诉小朋友一种很简单的小狗侧脸的折法，将一张长方形纸对折，然后从中间向斜下方折，一边是耳朵，一边是小狗的侧脸，然后为小狗画上眼睛等就完成啦。小朋友们还有什么新发现呢？

大嘴巴的鹈鹕

今天小精灵带着嘟嘟和聪聪去鹈鹕家里做客，鹈鹕热心地款待了他们，临走时，大家都恋恋不舍的。
出门后，嘟嘟想起鹈鹕可爱的大嘴，就开心地笑出声来。小精灵和聪聪问她："为什么笑啊？"
嘟嘟强忍住笑，说："鹈鹕长得真有意思，嘴巴下面有一个袋子。"

快来露两手：

正方形白纸一张 水彩笔

 如图①，将正方形白纸沿着对角线对折，然后复原，留下折痕。

 如图②，继续将左角和右角折向对角线。

 如图③，然后翻转过来，将下角折向上角。

 如图④，左右两边沿中线对折，形成⑤。

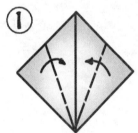 ① 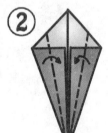 ②  ③  ④ ⑤  ⑥

 贴心告诉你

折纸繁琐的步骤需要全心投入，当你将一张普通的纸折叠成一只可爱的动物，就可以给自己带来愉悦的心情。

小精灵说："这就是鹈鹕最有特点的地方了。知道吗？鹈鹕还有个别名叫塘鹅。在我们国家有斑嘴鹈鹕和白鹈鹕。斑嘴鹈鹕就是我们刚才见到的那样，嘴上布满了蓝色的斑点，头上被覆粉红色的羽冠，上身为灰褐色，下身为白色；而白鹈鹕就像其名字一样，通体为雪白色。鹈鹕最醒目的标志是嘴下面的那个大皮囊，就是嘟嘟说的袋子，大皮囊是下嘴壳与皮肤相连接形成的，可以自由伸缩，是存储食物的地方，所以真的是有袋子的功用。"

嘟嘟拍着手喊："太有趣了。"

 如图⑥，放倒在桌上，将长三角拉起来形成图⑦。然后，如图⑧，在长三角上折出鹈鹕的头部。

 如图⑨，将纸的尾部向前翻折出鹈鹕的翅膀。

 如图⑩，给鹈鹕的嘴涂上黄色，这样一只可爱的大嘴巴鹈鹕就做好啦。

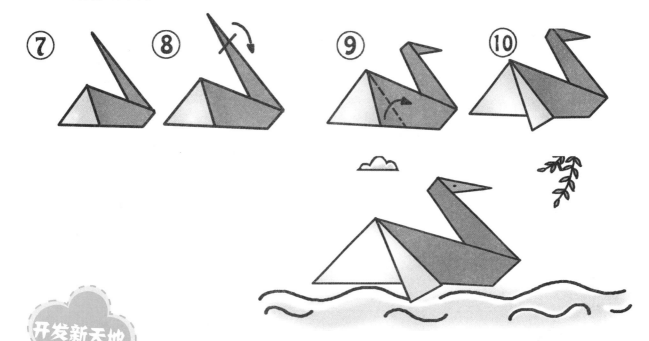

开发新天地

还有另一种制作方法，用剪刀剪下卷纸芯的一小段，捏一捏就可以做成鹈鹕的身子和头了，要记得把嘴捏得大大的哦！

憨憨的小胖熊

熊爸爸、熊妈妈和熊宝宝居住在森林里面。"铃",电话响了,熊姑姑说:"来我家吃午餐。""好的,我们会来的。"熊妈妈说。熊妈妈把炖菜摆好,准备当晚饭。然后,一家三口去熊姑姑的家。

嘟嘟逛着逛着,发现了熊的房子,并且没有敲门就走了进去。她试了三张椅子,找到一张合适的椅子坐下。谁知,嘟嘟坐下时发出啪的一声响,椅子腿断了。

快来露两手:

一张正方形彩纸 黑色水彩笔

 如图①,将正方形纸沿着对角线对折成三角形,如图②。

 如图③,将三角形再对折,然后展开。

 按虚线折叠,如图④、⑤、⑥。

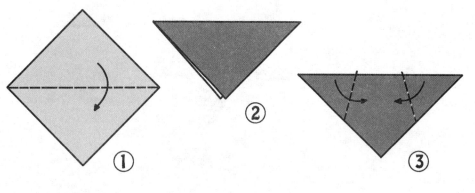

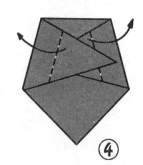

通过亲身体验折纸中的手脑的运用与剪贴合一,使得孩子的小肌肉得到了很好的锻炼,与此同时,孩子的创造能力和注意力也得到了发展提高。

嘟嘟看到了三碗炖菜，摸了摸温度，找到一碗合适的，狼吞虎咽地吃了下去。然后嘟嘟打了个哈欠，上楼来到了卧室，找到一张舒适的床，躺下睡着了。

熊一家回到家，熊爸爸叫道："有人坐过我们的椅子！现在它们全坏了！"熊宝宝看到了他的碗，哭道："有人吃过我的炖菜，把它吃完了！"当他们爬上卧室的楼梯，这三只熊咆哮了："有人睡过我们的床，她在这里！"

嘟嘟听到小熊的声音后醒了，想要逃跑，但是身体没有任何一个地方能动，嘟嘟被绑住了。"请原谅我。"嘟嘟哭着道歉。熊一家原谅了她。嘟嘟再也不偷偷溜进别人的家了。

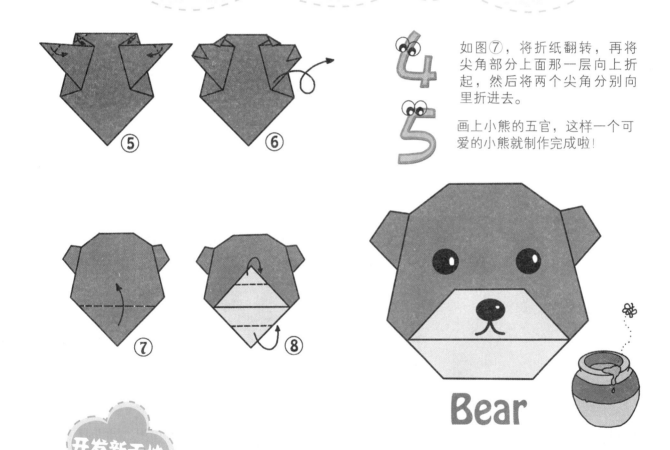

⑤ ⑥

4 如图⑦，将折纸翻转，再将尖角部分上面那一层向上折起，然后将两个尖角分别向里折进去。

5 画上小熊的五官，这样一个可爱的小熊就制作完成啦！

⑦ ⑧

Bear

开发新天地

再告诉小朋友一种简单的制作方法，在一个方形纸盒上画上小熊的形状，沿着画的形状剪下来，然后上色，是不是一个可爱的小熊就做好了呢！

翩翩起舞的蝴蝶

夏日里阳光温暖而灿烂，花丛中一只只美丽的蝴蝶仿佛一群小精灵，从这朵花飞向那朵花。

嘟嘟好喜欢小蝴蝶，就用手去扑。

小精灵制止了她："让蝴蝶自由地飞翔才美丽啊，不要伤害它们。"

快来露两手：

一张正方形的彩纸 剪刀

 如图①，将正方形彩纸对折。

 如图②，在彩纸上画半个蝴蝶图案。

 如图③，用剪刀剪下来。

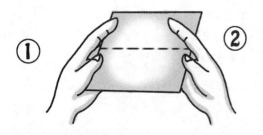

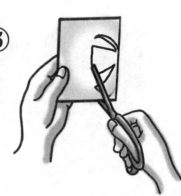

在剪蝴蝶的触角时不要剪得太细，小心剪断哦。

还有，在使用剪刀时要小心，不要弄伤小手哦。

"这样吧，我送给你一个纸做的小蝴蝶，一样漂亮。"

嘟嘟高兴地拍手："好啊好啊，快教我做纸做的小蝴蝶吧。"

小精灵对小朋友们说："今天，就来跟我和嘟嘟一起用纸做美丽飞舞的蝴蝶吧！小朋友们是不是觉得很新奇呢?那么现在我们赶紧动手制作吧!"

 如图④，用剪刀仔细修剪蝴蝶的边缘，特别是小蝴蝶的触角。

 一只漂亮的小蝴蝶就做好了。

④

开发新天地

制作小蝴蝶的方法还有好多种。在一张正方形彩纸上画上美丽的蝴蝶图案，画出触角、身体和翅膀，翅膀要注意对称哦，用剪刀剪下，修剪一下触角，漂亮的蝴蝶剪纸就做成啦。小朋友们，去发现更多小蝴蝶的制作方法吧。

摇摇摆摆的小鸭子

有一只小鸭子，黑亮亮的羽毛，扁扁的嘴巴，走起路来摇摇摆摆的，特别招人喜欢。

可是小鸭子从出生就没见过爸爸妈妈，它也从来没下过水。这天，它在奇乐谷里走，看到远处嘟嘟正在水里不断扑腾着喊："救命啊，救命啊……"

小精灵和聪聪在河边想各种办法救嘟嘟，拉，够不着；丢树枝，嘟嘟没接到。好心的小鸭子赶过来帮忙。

快来露两手：

正方形的白纸一张（或淡黄色、棕色的彩纸）水彩笔

 如图①，将正方形的纸沿对角线对折，打开，留下折痕，接着将左角和右角对折，留下折痕。

 如图②，再将顶角向中心点折，打开，在上半部分留下折痕。如图③，将底角折向顶角，形成图④。

如图⑤，翻过来，将左右两个底角向中间折。

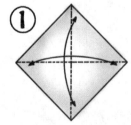 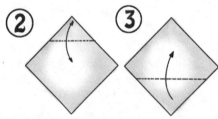 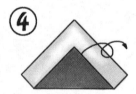 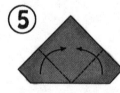

贴心告诉你

在折叠细小部分时要有耐心哦！只有耐心地折，才能亲手做出一只可爱的小鸭子哦！

小精灵说："小鸭子，你快点下水救嘟嘟上来吧。"小鸭子摇摇头："我不会游泳啊。"

小精灵鼓励小鸭子说："小鸭子，你试试看，你先把两个小翅膀打开，跳入水中，用脚掌在水中拨动。"

小鸭子照着小精灵说的做了，果然它在水里游起来，很快就把嘟嘟救上来了。

小鸭子说："我从来就没下过水，今天是第一次下去，没想到游泳这么容易。"

小精灵说："当然啦，那是鸭子家族的天性。因为鸭子的脚蹼像船桨，可以划水，羽毛又可以帮助你们漂在水面上，不会沉到水里去。所以说，小鸭子天生就会游泳。"

 如图⑥，接着将顶角向下折，注意折的幅度比较小。

 如图⑦，再将左右两个角向中间折如图⑧。

 如图⑨，翻过来，将中间向上的角向后轻轻翻折。

 如图⑩，同时将底角向后折。

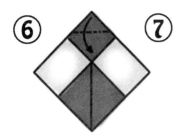

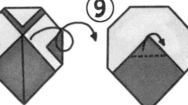
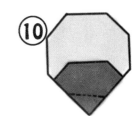

 最后用画笔画上小鸭子可爱的脸，简单的小鸭子就完成啦！

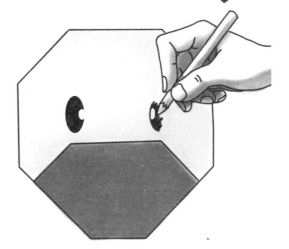

 开发新天地

你还可以用大白菜做鸭子的身子，一段弯曲的黄瓜做鸭脖子，蚕豆壳做鸭嘴巴。

肥肥的小绵羊

嘟嘟抱着小绵羊说:"小绵羊,你的毛好让人羡慕啊,白白的,像天上的云彩,软软的,抱着好舒服,我要是有你这样的毛就好了。"

快来露两手:

一张正方形白纸 水彩笔

1 如图①,将纸张左角向右边按三分之一的距离折,形成②。再如图③,翻过去,将顶角和底角两个角向中间折。

2 如图④,再将折纸左边的上下两个部分向中间折。将在中间对在一起的两个角分别向上下两个方向折,注意折痕所在的位置。

3 如图⑤,将上箭头所在的边向上折叠,而下箭头所在的边则向下折叠,如图⑥。

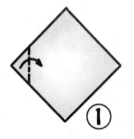 ①
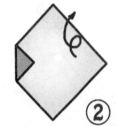 ②
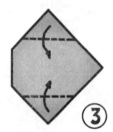 ③
 ④
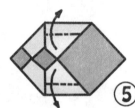 ⑤

4 如图⑦,再将折纸的上半部分向下对折,然后按照箭头所示,从侧面打开,按照黑色箭头所指的反向拉向右边,如图⑧。

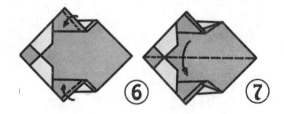 ⑥ ⑦

贴心告诉你

在折叠细小部分时要有耐心哦!只有耐心地折,才能亲手做出一只温柔的小绵羊哦!

如图⑨，将左边的正方形顶角向下折，同时将这个四边形的底角向内进行翻折。

 如图⑩，将左边四边形的左半部分向后折，用手指将折纸绵羊的头部向上拉起。

 如图⑪，将折纸的右边顶角向内压折，再将右边前后两个突出的角向内压折，如图⑫。再将右边底部的角向上从内部压折进去。

 用水彩笔画出绵羊的面部来，一只可爱的小绵羊就做好啦！

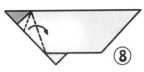 ⑧

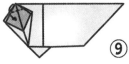 ⑨

 ⑩

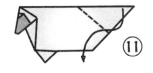 ⑪

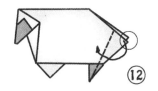 ⑫

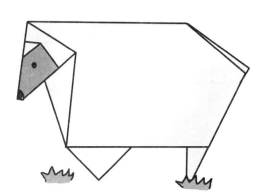

开发新天地

还有一种制作方法，在一个方形纸盒上画上一只绵羊的形状，沿着画的形状剪下来，然后上色，为小绵羊粘上棉花，是不是毛茸茸的，更像啊！

小马奔腾

嘟嘟和聪聪迷上了《西游记》。

聪聪骄傲地说："我就是孙悟空的后代啦。"

嘟嘟想了想："做猪八戒的后代也不错嘛，大师兄。"

聪聪高兴地拍拍嘟嘟："嘟嘟，真乖。"

快来露两手：

一张正方形彩纸 水彩笔

 将正方形纸沿着对角线对折，展开，留下折痕。接着将两边分别向中间折痕折。正方形另一端同样操作，如图②。

 再将叠在里面的正方形两个角从里抽出向右折，如图③，然后将折纸下半部分向后翻折，如图④。

 接着将左边的顶角以向右上方内压折，如图⑤。此时再将角向左边翻折下去，如图⑥。同时再将前面的这个角向上方内压折一些，使得这个角由尖角变成了平角。

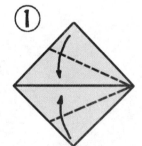

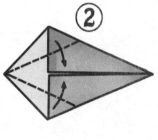

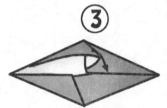

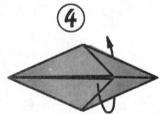

贴心告诉你

在折叠细小部分时要有耐心哦！只有耐心地折，才能亲手做出一只奔腾的小马哦！

小精灵在他们头顶的天空上飞来飞去，说："那我就做你们的师父好了。"

聪聪不高兴了："才不要，我们都是朋友，你怎么能做我师父呢，小精灵做沙僧，不，小精灵应该做白龙马。"

小精灵指着手中用纸折出的一匹白马，说："这才是白龙马呢，我现在骑着它啦，我就是你们的师父，今天师父教你们折小马。"

 如箭头所示，将前后两个在折纸两边的角向前翻折，如图⑦。

 如图⑧，将折纸的右角向下翻折，注意细节操作，是以套翻的形式完成的。

 如图⑨，将靠在左边的前后两个角分别向后小幅度地折。这个时候将马脖子位置的两个右边的角和边向内翻折，如图⑩。最后将马的后腿部分向上翻折一下，将尖角折成平角。

 最后再用水彩笔画上小马的眼睛，这样一匹小马就做好啦！

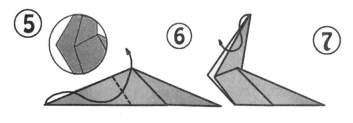

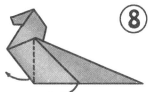

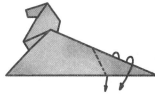

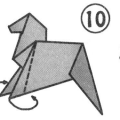

开发新天地

再告诉小朋友一种简单的制作方法，在硬纸板上剪下马头、马腿和马尾，用卷纸芯做马身子，把马头、马腿和马尾粘在身子上，一匹奔腾的小马就做好啦！

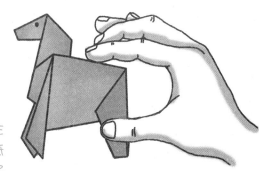

小老鼠吱吱叫

"小老鼠，上灯台；偷油吃，下不来；叽里咕噜滚下来。"嘟嘟边跳皮筋边唱歌，很开心的样子。小精灵问："嘟嘟，奇乐谷里的小动物都是我们的朋友，你怎么能这么唱呢？小老鼠一家听了该多伤心啊。"嘟嘟羞愧地低下头。小精灵问嘟嘟和聪聪："还记得料理鼠王的故事吗？"聪聪说："记得，就是一个小老鼠通过自己的努力，当上厨师的故事。"

快来露两手：

一张正方形彩纸 水彩笔

 如图①，将正方形纸沿着对角线对折，翻开，留下折痕，将两边向对角线折痕折。

 如图②，将四个角向中心点折，再次形成一个正方形，如图③。

 如图④，将折纸两边向后对折。把两个小角向外拉。

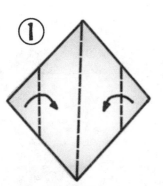

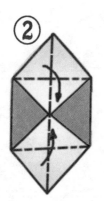

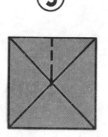

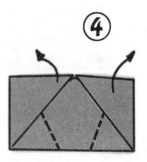

贴心告诉你

发掘孩子的折纸乐趣，让孩子天马行空地随意想象，可在无意识下培养孩子的注意力、创造力和思维能力。

如图⑤，将两个角沿虚线向外折。

如图⑥，给小老鼠画上眼睛，并粘上胡子，这样，一只可爱的小老鼠就做好啦。

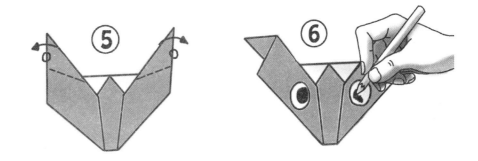

开发新天地

再告诉小朋友一种简单的制作方法，在硬纸板上画出小老鼠的身体、耳朵、四条腿和尾巴，然后剪下来。小老鼠的脸是尖的，所以把身体对折，然后把所有部分粘在身上，上色后就完成啦！

会爬行的毛毛虫

一天雨后，奇乐谷里汇集了大大小小的水洼，小精灵、嘟嘟和聪聪要赶着去对面，小精灵在天上指路，嘟嘟和聪聪只好挽着裤腿蹚过这大水洼。突然，一只毛毛虫掉在了嘟嘟的身上，嘟嘟吓得大叫起来。毛毛虫很真诚地说："你们好，能带我一起过去吗？"嘟嘟说："你为什么不自己过去？"毛毛虫说："嘟嘟，你真笨，这么深的水，都没过我的头了，我能自己过去吗？"

快来露两手：

多张正方形彩纸

 将正方形的四个角向正方形交叉的中心点折，形成一个小正方形，如图①。

 如图②，翻过来，将小正方形对折，形成一个长方形。长方形两面都是完整的。

如图③，将长方形左右对折，最后变成一个更小的正方形，如图④。同样的方法做出六个小正方形，编好号1、2、3、4、5、6。

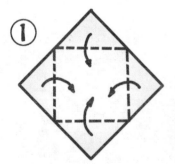

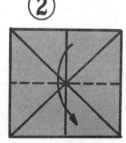

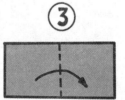

在弄清每一个小正方形时要有耐心哦！只有耐心地区分，才能不出错，做出爬行的毛毛虫哦！

小精灵问："毛毛虫是怎么走路的，你们观察过吗？"

嘟嘟说："我知道啦，是用肚皮贴着地，一蹭一蹭地向前进的。"聪聪说："才不是呢，毛毛虫有很多细小的脚，是靠它们走路的。"毛毛虫道："聪聪说得对，可是还是不够仔细。"小精灵说："如果你们仔细观察就会发现，它的三对前腿先往前走，把整个身子往前拉，等到拉直了，就赶紧再弯成弓形，然后把后面的腿放下。就这样，一直一弓地前进，所有毛毛虫走路的原理都是这样的。"

他们高高兴兴地蹚过了水洼，毛毛虫也高兴地回家了。

 将1、2、4号正方形开口的角向下摆好，3号正方形开口的角向左下方摆好，5、6号正方形开口的角向右摆好。

 在所有摆好的折纸右边贴上双面胶，将2号插入1号，3号插入2号，4号插入3号，5号插入4号，6号插入5号，粘好。

 这样一个会爬行的毛毛虫就做好啦，还可以活动呢。

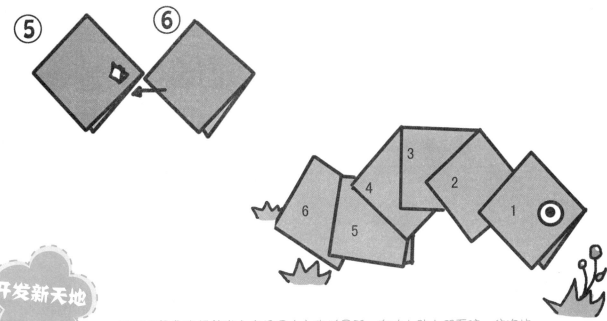

开发新天地

用不同颜色的纸剪出六个相同大小的椭圆形，在边上贴上双面胶，依次粘在一起，再剪出两个小触角，粘在第一个圆的两侧，毛毛虫就做好啦，还可以用笔画上它的脸。

呼呼噜噜小肥猪

嘟嘟决定坐热气球去环球旅行，奇乐谷里的小动物都来为她送行。大家希望嘟嘟在去旅行之前，做点东西留做纪念。

嘟嘟问："要做什么样的东西才是最好的纪念品呢？"小精灵说："当然是最能让大家记住你的东西，你好好想想！"嘟嘟没了主意，想来想去，突然看见那个经常抢自己巧克力吃的小白猪，于是嘟嘟有主意了。

快来露两手：

正方形彩纸一张

 将一张正方形彩纸两边对折，留下折痕。将两边向折痕折，形成一个长方形，如图①。

 如图②，将长方形的两个短边对折，再展开，留下折痕，将两个短边向折痕折。

 如图③，两侧向外拉开。

①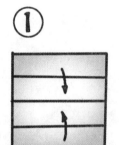

②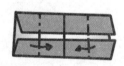

③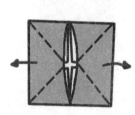

④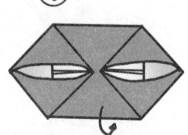

贴心告诉你

在折叠细小部分时要有耐心哦！只有耐心地折，才能亲手做出一只可爱小猪哦！

嘟嘟问小白猪："小白猪，我们是好朋友吗？"小白猪点点头。嘟嘟笑笑说："那你会想我吗？"小白猪说："当然哦，你是我的好朋友。"嘟嘟说："那好吧，我会留下你的影子给大家，让大家看到你的影子，就会想起我了。"

小白猪有点摸不着头脑，抓抓脑袋："啊？"嘟嘟赶紧凑到小精灵耳朵旁，悄悄地说："快告诉我，小猪怎么折啊？"小精灵立刻就明白了，刮一下嘟嘟的小鼻子，说："小坏蛋，我来教你吧。聪聪，你也来帮忙吧！"

于是，小精灵、嘟嘟和聪聪开始行动了。小白猪一脸茫然地看着他们。

 如图④，向后对折。

 如图⑤，头尾向里压折，前面两腿对边折，背面折法相同。

 再给小猪画上眼睛，一只可爱的小猪就做好啦。

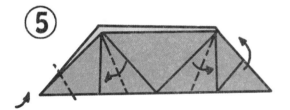

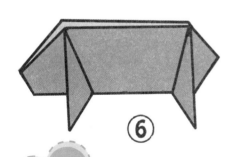

开发新天地

再来折一个小胖猪的大脑袋吧！将一张长方形的纸对折，然后把四个角折进去，把两个耳朵再翻折出来，为小猪画上嘴和眼睛，猪鼻子的部分用剪刀剪开上面的那层就可以凸出来啦。是不是很简单很可爱呢？

奇乐谷里的狮子王

嘟嘟和聪聪最近迷上了《狮子王》，那个小辛巴真是太可爱了。俩人为了看《狮子王》，连吃饭的时间都忘了，晚上很晚才睡。小精灵看到这样，都急坏了。突然小精灵想到了一个办法。

小精灵问聪聪和嘟嘟："你们真的喜欢可爱的辛巴吗？"嘟嘟和聪聪说："当然啦，小辛巴经过磨难和挫折，成长为一个合格的狮子王的故事，让我们觉得，它真伟大。"

快来露两手：

正方形彩纸一张

 如图①，将正方形沿着其中一条对角线对折，留下折痕后打开。再将彩纸左右两边的点到折痕的短边折向留下的折痕，然后如图②，沿折痕折向对角线。

 如图③，翻到纸的背面，把三角形的两个角向上翻折，翻折的角度要一致。再翻过来对折，如图④。再把左边的纸向上朝里翻折，如图⑤。

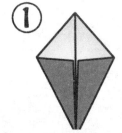 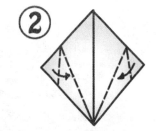 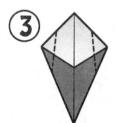 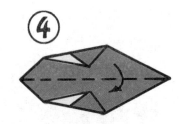

贴心告诉你

孩子折纸的兴趣持续不长，易被其他事物所转移。在玩的过程中，家长要注意培养孩子纸折的兴趣。

如图⑦，把上一步朝里折进去的朝自身的一面向右打开。

 如图⑧，把刚翻折过来的纸的上端向下翻折，再把翻下来的纸所对的那个角往里折，如图⑨。

 把右边一角翻折三次，依次朝左、右、左，小狮子的尾巴就做好了。

 用固体胶固定头部后，用黑色水笔把眼睛、鼻子和胡子画好，雄赳赳的小狮子就完成了。

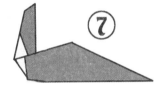 ⑦
 ⑧
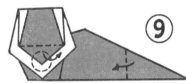 ⑨
 ⑩

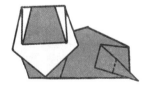 ⑪
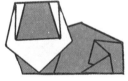 ⑫

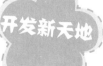 开发新天地

还有一个简单的制作方法哦，在纸上画出小狮子的脸，用剪刀剪下来，贴在纸盒上，然后再从硬纸板上剪下一段当尾巴，是不是也很可爱呢！

小青蛇溜得快

嘟嘟远远地看见小青蛇，赶忙跑过去跟他打招呼，谁知小青蛇看见嘟嘟跑过来，一溜烟地走了。

嘟嘟很纳闷，她来到小青蛇的家，问："小青蛇，你在家吗？你有什么不高兴的，可以跟我说啊。"

小青蛇委屈地说："我昨天不小心咬伤了小松鼠，大家都说我们蛇类是坏孩子，会咬大家，大家都不喜欢我了。"嘟嘟不知怎么办才好，就去找小精灵帮忙。

快来露两手：

绿色长方形彩纸一张

 如图①，把纸的一条边正对自己放置，将纸沿正方形的一条对角线对折，再展开，留下折痕。将纸的下边沿与左边沿分别向折痕上折，然后翻面。

 如图②，将纸的两半分别向中间对角线的折痕上折，将点A点B沿虚线折向对角线，如图③，然后将纸的上下两个角的第二层分别拉开来，右端盖在第一层之上，如图④⑤。

 如图⑥，将上下两半的外面一半分别向后折，再向后将其沿对角线对折，如图⑦，纸变成细细长长的形状。

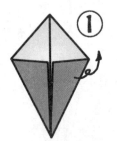 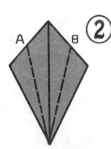     

在折叠细小部分时，要耐心、要细心哦！

小精灵告诉嘟嘟和小青蛇："其实，小青蛇通常是不会主动攻击的，只有在被惊扰的情况下才会伤害别人，所以有个成语叫作'打草惊蛇'。小青蛇，以后你要勇敢地告诉大家，蛇是一种善良、爱憎分明的动物，如果别人不伤害你，你是绝对不会伤害别人的。"小青蛇这才高兴起来。

后来，奇乐谷里的小动物都明白了，是小松鼠不小心踩到了小青蛇，小青蛇被惊吓到才咬了小松鼠。于是大家和小青蛇重新成为了好伙伴。

 如图⑧，将纸的右边一大半从中间向下折，再从中间向右折，如图⑨。蛇就出现了两道弯。

 按照上一步的方法再折出两道弯。根据需要可以重复这一步，使蛇看起来曲曲折折。

 折蛇的前部。将左边角的下面部分向上折，使边沿齐平，如图⑪。

 如图⑫，将左边一部分从中间向下折，使角向下弯。将角从中间向左折回去，如图⑬，一条青蛇就折好啦，再给蛇画上小眼睛吧！

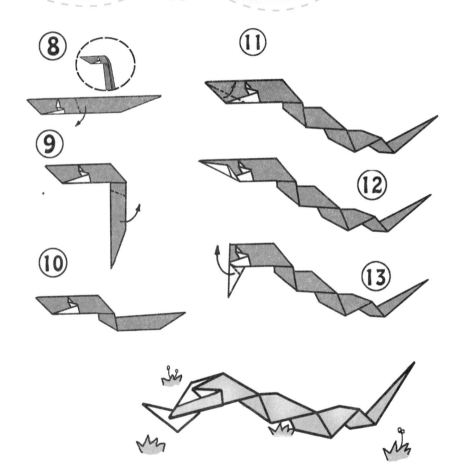

开发新天地

再告诉小朋友一种简单的制作方法，相信小朋友家里都有纸碟，先把纸碟涂成绿色，然后在上面画上螺旋图案，用剪刀剪开，给蛇头画上脸，就完成啦！

聪明的小狐狸

小精灵带着一卷彩纸去了嘟嘟家，聪聪正好也在嘟嘟家做客。他们问小精灵："小精灵，你拿着这卷彩纸来做什么？"

小精灵问聪聪和嘟嘟："先别说这个，还记得我曾经给你们讲过伊索寓言里《狐狸和葡萄》的故事吗？"

快来露两手：

正方形彩纸一张

 如图①，将正方形一边角对着自己，将上下对角对折，摊开留下对角线折痕，然后将左边的角折向右边。

 如图②，将上下两个角，向中线对齐，折合起来。

 如图③，将上半部分折向下，得到一个小的三角形。

 如图④，以直角顶点为轴点，将右面直角边上面两层折向左约30度。

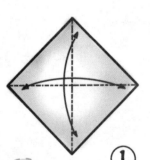 ①

 ②

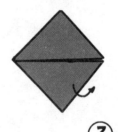 ③

 ④

贴心告诉你

要做出一只聪明的小狐狸，就要有足够耐心哦，一定要坚持啊！

如图⑤，把中间的三角部分从中间打开，将角压折下来，形成狐狸的头部，如图⑥。

如图⑦，将左面的角折向右，形成狐狸的腿，用铅笔画上狐狸的鼻子和眼睛，一只小狐狸就折好了！

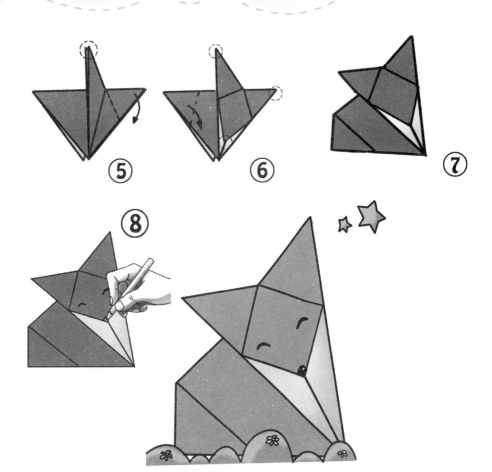

⑤ ⑥ ⑦ ⑧

开发新天地

再告诉小朋友一种简单的制作方法，在硬纸板上画好狐狸的脸，剪下，粘在卷纸芯上，再剪一条尾巴粘上，是不是也很像呢？

小青蛙大肚子

青蛙们最喜欢唱歌了，一到夏天，他们就在奇乐谷的小溪里一遍遍地彩排表演，合唱、独唱、联唱……现在又是夏天了，小精灵发现嘟嘟和聪聪躲在草丛中听青蛙唱歌。

小精灵问："你们干吗偷偷地听呢？"嘟嘟和聪聪说："嘘……小声点儿，你看！"原来，一只青蛙正在唱歌给自己喜欢的青蛙听，嘟嘟和聪聪看到，觉得他们好幸福啊。

快来露两手：

正方形彩纸一张

 如图①，将正方形纸对折，用刻刀裁开。留下半张即可，将短边对着自己，放在桌前。

 将右上端的角对齐左边，折下来，打开。另一个角也同样处理。这样，纸的上端有一个大的"X"字折痕，如图③。

 将纸翻过来，把交点上部分的"X"形状对齐下半部分，将点1与点2、点0重合，得到一个三角形。

①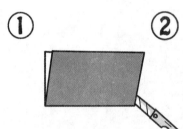

②

③

④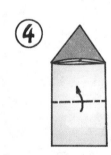

⑤

贴心告诉你

纸张挑硬一点的，折出来的跳蛙会跳得远。还有哦，在用刀裁纸的时候，一定要小心哦！

小精灵说："这样的音乐会门票可不是用钱能买得到的呢！所以小朋友，要保护生态环境，让青蛙们能繁衍更多的后代，唱出更美妙的歌曲！"

嘟嘟突发奇想："那我们是不是可以制作小青蛙啊？"小精灵道："嘟嘟真是太聪明了，当然可以啦。你会做吗？"嘟嘟摇摇头。小精灵说："我来教你。""太好了。可以做小青蛙啦，啦啦啦，啦啦啦……"嘟嘟高兴地唱起了歌。这时，只听青蛙的歌声更嘹亮了。真是一场不错的音乐会哦。

 如图④，把纸条的下半部分对齐三角形的下沿，对折。翻开右上的角，将右边的边线对齐中线，折过去。左边也同样处理，如图⑤。

⑥ ⑦

 如图⑥，将下边边线对齐三角形的下沿，对折。将折上去的两个角对齐底边，折下来，复原。将一边的角向外拉出，然后折向下，另一边也同样处理。之后得到这样的图形。

⑧

 折跳蛙的手和脚。如图⑦，把下面的角向外侧翻折一个角度，而上面的角都向上翻折一个角度。

 如图⑧，沿中点的水平线对折上去，再将翻折上去的矩形部分向下对折。画上跳蛙的眼睛。

开发新天地

再告诉小朋友一种简单的制作方法，在硬纸板上画出小青蛙的图形，剪下来，在青蛙图形中心剪下一个圆圈，在镂空的圆圈部分装上一团团呈圆团的纸，背部涂上绿色，肚子就是白色的，小青蛙就有了大肚子啊！

大板牙的松鼠

小松鼠每天都抱着一粒松子不停嗑啊嗑啊，还跳来跳去的。嘟嘟问小松鼠："松子好吃吗？送我一粒尝尝。"

小松鼠一蹦一跳地回家拿了一粒送给嘟嘟。嘟嘟丢到嘴里一咬，嘎巴，硌到了嘟嘟的牙，嘟嘟捂着嘴直嚷："根本就不能吃嘛，小松鼠骗人。"

快来露两手：

正方形纸一张

 如图①，把纸的一条边正对自己放置，沿竖直、水平两条中线分别对折再展开。将纸的上下两半分别向中线对折。

 如图②，将左右两半分别向中间的竖直折痕对折，然后展开。将四个角的正方形分别向中间对折，再展开。

如图③，将上面一层的四个角拉开来，分别向中间折成一个三角形，出现两个正方形图案。将左边的上下两半分别向水平中线对折，然后将折的部分折到纸的后面去，如图④。

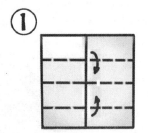

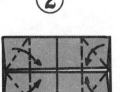

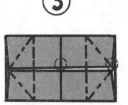

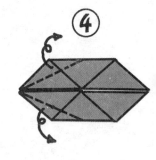

学龄前幼儿注意力保持时间不长。因此，成人不要让孩子太长时间地进行折纸游戏。

小松鼠拿过自己那粒，用牙一嗑，把果仁递给嘟嘟，嘟嘟这才不哭了，她尝了尝，说："小松鼠，还是你的大板牙厉害，为什么我没有呢？"小精灵笑笑说："嘟嘟，每个动物都会因为生存需求而产生自己的特性，小松鼠的牙齿天生就是为吃这些食物准备的，你的当然不行啦。"

 如图⑤，把左边上面一层的最右边的上下两个角的一小部分向左折，把纸的下面一半沿水平中线向后折上去。最后将整个折纸沿中线向后对折。

 如图⑥，将折纸右端沿虚线从里向上折起，把纸顺时针旋转90度，松鼠的手和足就已经成形了。将右下角的部分往两层纸中间折，使其美观，如图⑦。再将折纸的顶端从里向外朝下折，然后重复折一次，如图⑧。

 最后，画上眼睛，一只憨态可掬的小松鼠就出现啦。

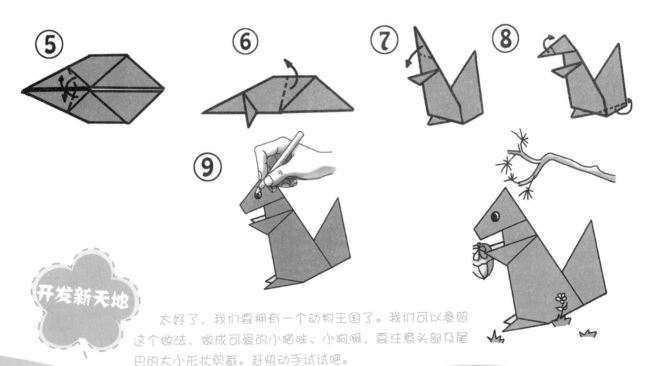

开发新天地

太好了，我们要拥有一个动物王国了。我们可以参照这个做法，做成可爱的小猫咪、小狗啊，要注意头部及尾巴的大小形状剪裁。赶快动手试试吧。

长腿驼鸟

奇乐谷里各种各样的鸟儿飞来飞去。小精灵问嘟嘟和聪聪："你们知道世界上最大的鸟是什么鸟吗？" 嘟嘟想了想说："是老鹰吗？鹰是百鸟之王。" 聪聪说："不对，百鸟之王应该是凤凰，它才是最大的鸟。"

小精灵笑笑说："你们都答错了，凤凰是古代传说中的神兽，是否存在并不清楚。而鹰是百鸟之王，却不是最大的鸟。"

快来露两手：

正方形纸一张

 如图①，沿着正方形其中一条对角线对折，留下折痕后打开。

 如图②，以对角线所在的角出发，以对角线为中线，把两个角向里翻折。

 如图④，在两个三角形公共边的二分之一处，把两条边往外翻折，直至翻至另外两个角，如图⑤。

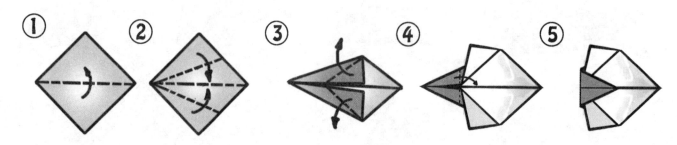

孩子手指动作能力较差，还不能协调地动作。因此，成人要手把手地教孩子，不能轻易下结论："太笨"、"太傻"，这都会打消孩子折纸的积极性。

嘟嘟和聪聪问："那是什么？"小精灵说："是鸵鸟。"嘟嘟和聪聪很诧异："鸵鸟，它比鹰还大吗？""对，等下我带你们去看看，你们不就知道了？"

小精灵告诉嘟嘟和聪聪："鸵鸟还是很特别的鸟，它虽然是鸟，但是它不会飞，却可以跑得飞快。"

嘟嘟和聪聪也觉得很神奇呢！

 如图⑥，将纸背向翻折，再将尖角往上翻折，使之与水平线形呈一个夹角。

 如图⑦，把另一边的纸翻开，往下折，折到另一个三角形的直角位置，这就是鸵鸟的脚。

 如图⑧，把另一端向下翻折，成为一个头状，再画上眼睛，小鸵鸟就完成了。

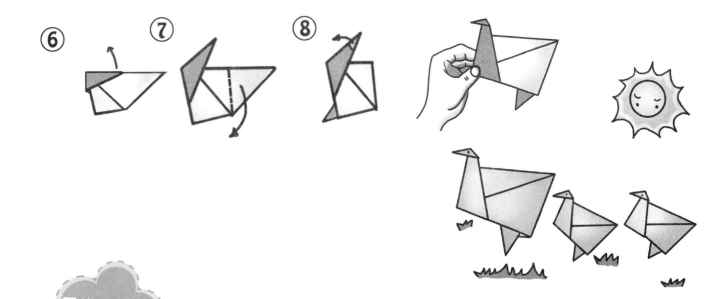

开发新天地

再告诉小朋友一种简单的制作方法，在硬纸板上画出鸵鸟的头和腿，它的腿很长，脚是双趾（在画的时候要注意），剪下；然后用废纸团做身子，并剪出尾巴，将头和双腿粘上，就完成啦！

第 2 章 魔法厨房

——捏出来的美味大餐

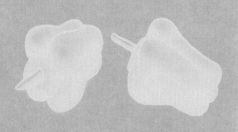

汉堡包顶呱呱

小精灵前几天去环游世界，回来就要给嘟嘟和聪聪做正宗的汉堡包吃。贪吃的嘟嘟高兴坏了。汉堡包很快就做好了，可是嘟嘟发现自己拿到的汉堡包和聪聪的不一样。

嘟嘟很奇怪地问小精灵："小精灵，聪聪的汉堡包好像比我的多了很多材料啊！"

小精灵告诉她："是啊，聪聪吃的那个才是正宗的汉堡包，而你的汉堡包里的材料藏在这个厨房的一个地方，你找到了，我就给你做一个完整的汉堡包！"

快来露两手：

橘红色和绿色橡皮泥

 用橘红色橡皮泥搓个圆球，捏成半圆。

 再用橘红色橡皮泥搓个圆球，捏扁些。

 再用橘红色橡皮泥搓两个圆球，把两个圆球都捏扁些。

绿色
橘红色

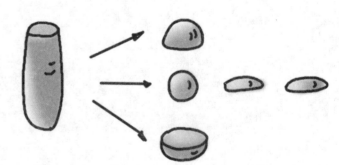
橘红色

贴心告诉你

橡皮泥不能食用，做完手工要将小手洗干净。
橡皮泥可塑性很高，所以捏坏啦也完全不用担心哦。

小精灵和聪聪边吃边聊起天来。小精灵说："知道汉堡包起源于哪个国家吗？"

在一旁找材料的嘟嘟说："这个我知道。"聪聪笑着说："一讲到吃，嘟嘟就都知道啦。"嘟嘟笑嘻嘻地说："汉堡包这个名字来自德国汉堡市。"

小精灵："嘟嘟，答对了啊，为了奖励你，让我来告诉你材料在哪里吧。"小精灵飞到厨房柜子的顶层拿出预备好的材料。嘟嘟噘着小嘴说："小精灵，你耍诈。"

小精灵说："嘟嘟，对不起，那就罚我给你做几个各种样式的汉堡包，让你大饱口福吧！"

嘟嘟说："啊，太好了，各地的风味我都要尝一尝。"

 用绿色橡皮泥搓个圆球，捏扁些，再捏成薄片。

绿色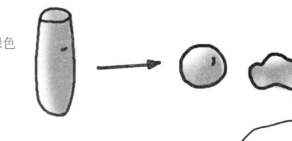

 安装完成，一个大大的汉堡包就做好啦。

开发新天地

继续开动脑筋思考，再给汉堡包加入不同的馅料啊，比如乳白色的沙拉酱怎么样呢？

心形小饼干

嘟嘟请小精灵和聪聪来她家品尝她储藏的一大罐饼干。当嘟嘟从柜子里把饼干拿出来，打开一看时，发现饼干竟然都碎成渣子了。嘟嘟看招待客人的饼干变成了这样，伤心极了。

小精灵说："没关系，不用抱歉，我们亲手来做一罐不是更棒吗？"

嘟嘟问："可是我们在家也可以做饼干吗？饼干不都是工厂加工的吗？"

小精灵说："当然可以在家做了，你们知道饼干的历史吗？"

快来露两手：

各色橡皮泥（一定要有淡黄色的）　画纸　剪刀　小刀

 在画纸上画出桃心的形状，用剪刀剪下来。

 将淡黄色的橡皮泥搓成一个大圆球，捏扁些。

 用塑料棍把橡皮泥擀平，擀成一张圆形的饼。

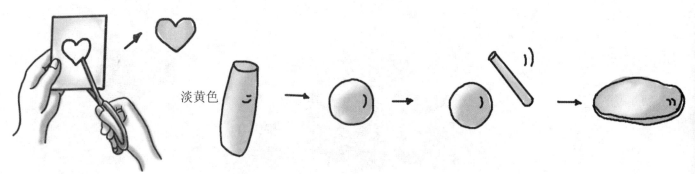

淡黄色

贴心告诉你

橡皮泥不能食用，做完手工要将小手洗干净。

聪聪笑嘻嘻地说："饼干是在埃及的古墓中被发现的，不过真正成型的饼干出现在波斯，那时制糖技术刚刚被开发出来。"

小精灵说："对了，那时并没有什么工厂，但是人们却做出了好吃的饼干，所以平时在家完全可以自己做饼干。"

看，嘟嘟都流口水了，她好想吃这些好吃的饼干啊，嘟嘟喊着："到底怎么做啊？"

小精灵说："那今天我们就先来做一个心形饼干吧。"

 把桃心放在按平的橡皮泥上，用刀顺着它的轮廓切出一块桃心形，用同样的方法再做几个桃心形。

 用各色橡皮泥搓成黄豆那么大小的小圆球。

 再将小圆球安在桃心上，每个小桃心上多放几个。一个好吃的饼干就做好啦。

开发新天地

在桃心上用火柴棍戳个洞，把铁丝穿在桃心上，装在小罐子里还可以变成好看的糖果装饰哦。

糖果屋

小精灵、聪聪和嘟嘟在做一个奇乐谷里所有的小动物一起聚会时吃的食物，一个巨大的糕点，可是做到一半的时候面粉没有了。

他们很着急，心想："这可怎么办呢？"小精灵想，"怎么样才可以让小动物们都吃到这美味的糕点呢？对了，我想到了。"小精灵说："嘟嘟、聪聪，你还记得我们小时候最喜欢吃的那种小吃吗？"

嘟嘟摸摸自己粉粉的蝴蝶结，得意地说："是糖果屋。"

"猜对了，我们今天就做糖果屋吧！"小精灵说。

快来露两手：

各色橡皮泥（一定要有淡黄色和白色）

 将淡黄色橡皮泥搓滚成粗的短棍状，把两头切掉。

 用手将橡皮泥按成方形的扁平状。

 用小刀将方形切成小屋的形状。

淡黄色　　　　　　　　　　白色

贴心告诉你

橡皮泥可塑性很高，所以完全不用担心捏坏哦。

大家开始制作起糖果屋。小精灵问："你们有没有听说糖果能够代表性格？"嘟嘟和聪聪摇摇头："没听过。"嘟嘟说："糖果只是好吃，吃进肚子里还能代表性格吗？"小精灵说："其实每种糖果都有独特的个性，在品尝它们的时候，要用心去感受一下哦，比如绿色糖果代表清新的爱情，或者代表清新的你，粉红糖果代表浪漫，紫色糖果代表神秘，还有好多，需要我们自己去发现去感受哦。"聪聪说："糖果的分类也很多哦，有麦芽糖、枫糖、粽子糖、桂花糖、淀粉糖、太妃糖等等。"

糖果屋很快做好啦，小动物们一定都迫不及待地想要尝尝这好吃的糖果屋啦。

 用白色橡皮泥捏成小条状和一些小圆球，随意摊在小屋上。

 用各色橡皮泥搓成黄豆那么大小的小圆球。

 为小屋做装饰。在屋顶上摆一颗小圆球，接着两颗，然后三颗……三角形的屋顶就完成了。房顶上的装饰小朋友可以根据自己的喜好选择不同颜色的橡皮泥。

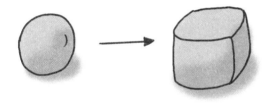

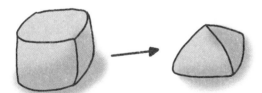

开发新天地

再用小圆球在小屋上装上门窗，两边是窗，中间是门，就变成一个可爱的脸了。还有，你可以把能想象到的糖果的样子都摆在小屋上，看看你的糖果小屋会变成什么样子吧！

三角奶酪

奇乐谷里的小老鼠奇奇刚从海上漂流回来，带回来一个三角形的糕点，远远就能闻到那三角形的糕点上散发着淡淡的奇特清香。

一天，奇奇惊慌地跑来找嘟嘟，"嘟嘟、聪聪，你们一定要帮我，我的奶酪被偷了。"

嘟嘟说："奶酪是什么东西啊？"聪聪说："就是奇奇带回来的那个很好吃的东西。"

小精灵解释说："奶酪源自西亚，是一种流传已久的美食。"

快来露两手：

柠檬黄、白色、褐石色、草绿和天蓝色的橡皮泥。

 先用塑料棍把柠檬黄、白色、褐石色橡皮泥擀平。

 用塑料刀把已经擀平的橡皮泥切成三角。

 把切好的三角橡皮泥组合在一起。

 把草绿和天蓝色橡皮泥搓成条，给奶酪做装饰。

 →  →

贴心告诉你

橡皮泥如果变硬，可以用水泡20分钟，之后把多余的水倒掉，再用手揉揉，橡皮泥就变软了。

小精灵问奇奇："奇奇，你的这块奶酪是从哪里运回来的，有什么特点吗？"奇奇告诉他们："我的奶酪是从内蒙古附近运过来的。"

嘟嘟问："奶酪不是外国的东西吗？内蒙古也有奶酪啊？"小精灵说："当然有啦，奶酪也是中国西北的蒙古族、哈萨克族等游牧民族的传统食品，在内蒙古称为'奶豆腐'，在新疆俗称乳饼，完全干透的干酪又叫'奶疙瘩'。"

小精灵用她灵敏的嗅觉辨别这款奶酪奇特的气味特点，很快找到了奇奇的奶酪，原来奇奇的妈妈怕奶酪受潮，将它放进了高高的壁橱里，虚惊一场。奇奇高兴地请大家一起品尝这美味的奶酪。

开发新天地

小朋友，请自己去了解一下不同品种的奶酪不同的样子，发挥自己的想象力，做不同的奶酪出来啊，比方做个干酪，试试看哟！

生日蛋糕层层高

生日是对每个人都很重要的日子。今天是聪聪的生日，他正在准备生日聚会，而嘟嘟和小精灵在制作生日蛋糕。

小精灵说："蛋糕是从国外流传过来的，你们知道蛋糕的传说吗？"

嘟嘟说："中古时期的欧洲，蛋糕曾经是很贵重的物品，只有国王才有资格拥有，而传到现在，大人小孩都可以拥有了。"

快来露两手：

各色橡皮泥五种或五种以上

 取出五种颜色的橡皮泥分别搓成圆球。

 把圆球状的橡皮泥分别压扁，将五个压扁的橡皮泥重叠在一起做成蛋糕。

3 再取出一种颜色的橡皮泥团成小球，用手把小球的一端捏尖后，用剪刀从上向下剪开，剪成十字形的花瓣。

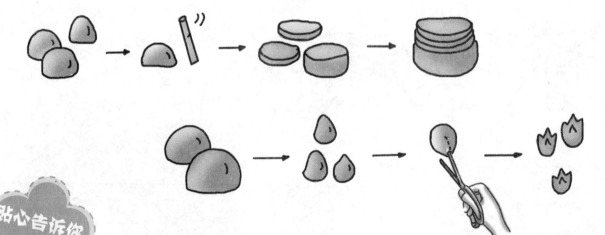

贴心告诉你

橡皮泥如果变硬，适当加点食用油，再加点水，那么效果就更好。

小精灵说："嗯，现在蛋糕不只是庆祝生日，还可以作为婚礼的祝福。"

他们边聊边做，很快根据蛋糕的做法做出了美味可口的慕斯蛋糕。嘟嘟说："快把蛋糕给聪聪送去吧，都怪你，光顾着聊天，聚会就要开始了。"小精灵和嘟嘟赶忙提着做好的蛋糕去参加聪聪的生日聚会，一个小石子不小心绊倒了嘟嘟，蛋糕掉在了地上，碎成一块块的了。嘟嘟哭着说："现在可怎么办啊？"小精灵说："别担心，我有办法。"小精灵和嘟嘟用果酱把一块块的蛋糕拼合起来，变成了一块很漂亮的色彩斑斓的慕斯果酱蛋糕啦，小动物们都很喜欢吃呢！

聪聪的宴会办得可成功了！

 生日蛋糕上还需要插蜡烛呢，在橡皮泥上揪下几小块滚成条状，用刀刻出斜条纹，粘在"蛋糕"顶上。

 加上些装饰的东西。把几块橡皮泥滚成条状，搓几个小圆球，一起粘在"蛋糕"边缘，"生日蛋糕"就大功告成了。哇，真是个既漂亮又"高级"的蛋糕啊，还是个五层的呢！

 如果有兴趣还可以把蛋糕做得更高哦。

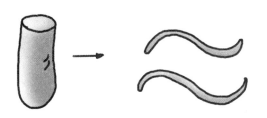

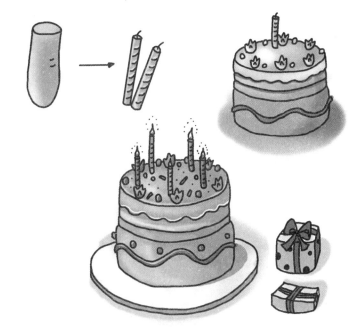

开发新天地

随着花色的变化，蛋糕的样式也多种多样，而小朋友知道了方法就可以自己创造更多种类更精美的蛋糕啦！

甜筒冰激凌

夏天天气炎热，聪聪为奇乐谷里的小动物们带来了一台冰激凌机，大家都争先恐后地来接冰激凌。

聪聪说："大家不要那么急，让冰激凌机休息一下。"但小动物们都很热，依旧争着去接冰激凌。

软软冰冰的冰激凌从冰激凌机中旋转着流出来，突然，咔嚓一声，冰激凌不流了，大家都给吓哭了。

聪聪说："大家不要哭，我尽快把它修好。"

经过聪聪一天一夜的抢修，冰激凌机终于修好了，小动物们又来排队接冰激凌了。

快来露两手：

一个小纸杯 各色橡皮泥

1 用橡皮泥球塞满整个纸杯。

2 将橡皮泥搓成细条。

3 再在上面绕圈。

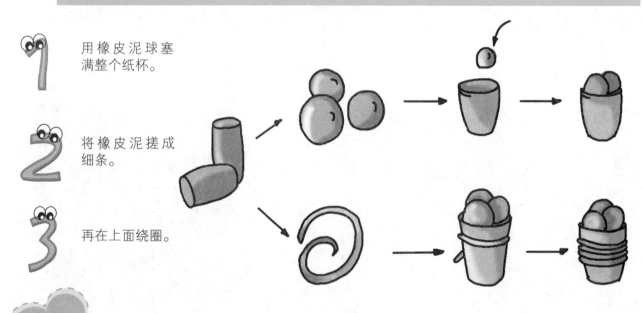

贴心告诉你

有些橡皮泥湿度较大，容易粘在手上，在使用前，可将橡皮泥放置空气中，这样更容易操作。

这时，小精灵就说了："从现在起，答对问题的可以先吃到冰激凌哦。首先，我要问，你们知道冰激凌起源于哪个国家吗？"

小松鼠自豪地说："冰激凌的起源是中国，是由马可·波罗从中国带去西方的。"小动物们都拍手喊："真的是很值得我们骄傲啊。"小松鼠就先去接冰激凌了。

小精灵又问："那你们知道冰激凌怎么分类吗？"嘟嘟笑嘻嘻地说："这个我最熟悉了，我吃到的冰激凌无非就是分为软硬两种，一种是软冰激凌，一种是硬冰激凌。"

于是小精灵的问题越来越简单，在小精灵有序的安排下，大家都吃到了解暑冰爽的冰激凌，冰激凌机也在合理的运作下没有再坏过。

还可以将两种颜色的橡皮泥搓成条绕圈做成双色冰激凌。

Cool!

开发新天地

还有一种制作冰激凌球的方法，将白色橡皮泥嵌在彩色橡皮泥中间，把橡皮泥团成球，用牙刷在橡皮泥上戳一戳，一个惟妙惟肖的冰激凌球就做好啦。

奶油冰棍

嘟嘟自己在家里创新了一种冰棍的做法，用一格一格的饼干盒，倒上水，插上棍，放在冰箱里冻好了，拿出来招待聪聪和小精灵。

小精灵吃了一口，喊道："哇，什么味都没有啊？嘟嘟，你是不是觉得冰棍和冰块一样呢？"

嘟嘟害羞地说："冰棍是不是有甜味的冰块呢？我是不是该加点糖？"

聪聪笑着说："它们是完全不一样的啦。冰棍是用奶和糖做成的。"

快来露两手：

白色橡皮泥　火柴棍

 把白色橡皮泥搓成圆球。

 然后把橡皮泥压扁，成为方形。

 再将边角捏圆，捏成长方体。

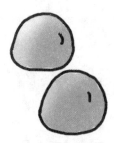   

 贴心告诉你

橡皮泥不能食用，做完手工要将小手洗干净。

捏六面体的时候，要认真哦！

小精灵对嘟嘟说："现在我们一起来做一盒冰棍吧。冰棍可以用鲜奶，也可以用奶粉兑水来做。"

在小精灵和聪聪的帮助下，嘟嘟很快学会了做冰棍。冰棍做好啦，嘟嘟尝了一口，果然是冰爽香甜，好吃极了！

嘟嘟高兴地说："我以后可以天天吃到这么美味的冰棍了。"

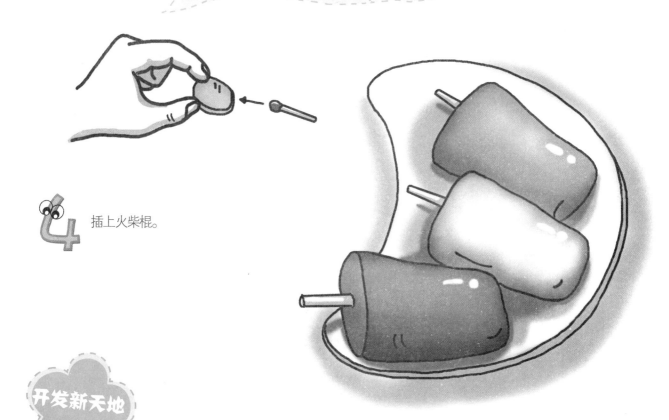

插上火柴棍。

开发新天地

冰棍有不同的口味，也有不同的颜色，小朋友学会了做奶油冰棍，还可以做苹果味的、蓝莓味的、菠萝味的冰棍，等等。它们有着不同的颜色，像苹果味的是绿色的，蓝莓味的是紫色的，菠萝味的是黄色的……

香喷喷的玉米

春天来了，奇乐谷里的饭店推出了美味的烤玉米，好多小动物都闻着香香的烤玉米味赶来了。

嘟嘟和聪聪也想去吃玉米了。小精灵说："就知道吃，你们知道玉米有什么营养吗？"

嘟嘟问："小精灵，是不是答上来了，就可以休息一下，去吃玉米呢？"小精灵点了点头。

嘟嘟笑嘻嘻地说："这个我知道。玉米含有淀粉，能够填饱肚子。"

聪聪说："玉米里还含有丰富的矿物质和维生素。"

快来露两手：

黄色和绿色橡皮泥

 把黄色橡皮泥搓成圆球。

 再搓长一些。搓成一头粗，一头细尖。

 再搓长些，一头稍细。

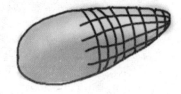

 贴心告诉你

在使用刀的时候，要小心哦，最好用刀背，这样不容易切断。

小精灵说："嘟嘟，你是不是很想吃一根烤玉米呢？玉米还可以制成好多种食物，像炒玉米粒，玉米粥，还有东北的大糙粥都是玉米做的。"嘟嘟说："哦，可是我现在就想去饭店吃一根烤玉米。"

聪聪说："昨天，我遇到奇乐谷里的小动物，他们正在烤玉米，正好遇到，我也和他们一起烤，大家烤完一起分享香喷喷的玉米，别提多高兴啦！看，今天就流行起来了。"

嘟嘟说："聪聪你别馋我了，我的口水都流下来了。"

小精灵也笑嘻嘻地说："我们还是快一起去吃玉米吧，要不然嘟嘟该哭了。"

 用刀压出横竖道。

 把绿色橡皮泥搓成圆球，同样搓长，一头搓细，并且压扁。

 同样做出四个玉米叶，给玉米贴上玉米叶。

 整理玉米叶，把玉米叶压弯，向外张开。

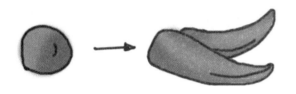

 一个大玉米就做好啦，是不是很像呢？

开发新天地

小朋友，做了好吃的玉米，我们再来做一些小玉米粒，来一盘松仁炒玉米，怎么样呢？

豌豆荚开口笑

清晨的奇乐谷里有各种声音，快听，一阵清脆的响声，是什么呢？小精灵、嘟嘟和聪聪跑过去一看，路上走来很多豌豆宝宝，豌豆宝宝在清晨的露水中湿透了身体，小小的，很可怜。

豌豆宝宝们排成长队，对着来往的小动物们问："你们见到我们的妈妈豌豆荚了吗？"

嘟嘟问："豌豆荚是什么样的？"

快来露两手：

黄色和绿色橡皮泥

 用绿色橡皮泥搓个圆球，搓长，再捏成薄片。

 用黄色橡皮泥搓几个圆球。

 把黄色圆球摆在薄片的下半边。

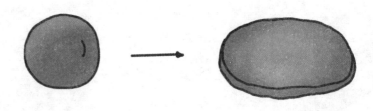

贴心告诉你

湿泥可随意黏接，干泥之间则不行。不过，湿泥因为重量的关系容易变形，所以，还是要适度晾干。

小精灵说："豌豆荚像一个小船一样，上面坐着豌豆宝宝，是不是很可爱呢？"豌豆宝宝们说："对，对，小精灵说得对，我们刚刚出生，就找不到妈妈了，小精灵，快帮我们找找吧。"善良的嘟嘟说："那我们快去帮豌豆宝宝们找妈妈吧！"

嘟嘟、聪聪和小精灵找遍了整个奇乐谷，也没有找到。豌豆宝宝们哭得更厉害了。终于，小精灵高兴地喊："我找到啦！"

原来生下了豌豆宝宝的豌豆荚妈妈开心得合不拢嘴，轻飘飘的身体被风吹到了树杈间。

豌豆宝宝和豌豆荚妈妈团圆了，他们笑得可开心了。

 上半边折过来捏上。 整理完成。

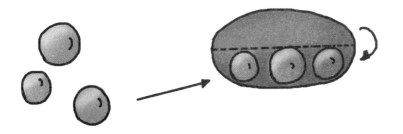

开发新天地

除了豌豆荚，还有什么豆类可以按这种方法制作呢？小朋友们想到了吗？比方毛豆、荷兰豆、豆角都可以这样制作哦！

胡萝卜营养高

一天，嘟嘟约了小白兔一起去玩，她们坐在草坪上，嘟嘟拿出很多好吃的，说："小白兔，我准备了很多好吃的，今天我们可以高高兴兴地吃个饱。"小白兔找了半天，嘟着嘴说："嘟嘟，你唯独忘了我最喜欢吃的胡萝卜了。"嘟嘟很懊悔，她怎么能忘了呢！

嘟嘟把她和小白兔的事告诉了小精灵和聪聪。嘟嘟多么想哄小白兔高兴啊。

小精灵说："那我们就做个胡萝卜给她吧。"

快来露两手：

黄色和绿色橡皮泥

 将黄色的橡皮泥搓成圆柱形，一端稍尖。

 用尺子压出纹路。

 将绿色的橡皮泥搓成三个小圆柱，一端稍尖。

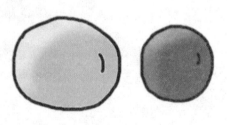

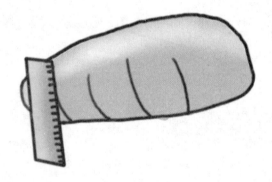

贴心告诉你

一般来说，泥完全干透需要6～8个小时。如果泥变干不好制作时，可以加少许水。

嘟嘟说："好哇，好哇，那可是小兔子最喜欢的食物了，做好了送给她。"

小精灵说："嘟嘟，小白兔那么喜欢胡萝卜，可你知道胡萝卜的故事吗？"嘟嘟摇了摇头。

聪聪笑着说："我曾经听过一个故事，航海途中，有一船人突然间乏力呕吐，大家都以为要葬身在这大海上了，一个偶然的情况，船员们吃了胡萝卜做的菜，就奇迹般地都好了，成功地驶到了对岸。"

小精灵说："这个故事里的船员得的是败血症，而胡萝卜里含有丰富的维生素A，能够治疗败血症，同时维生素A还能明目，所以胡萝卜不仅好吃而且营养哦。"

嘟嘟催促说："快做吧，做完我还要把它送给小兔做礼物呢。"

 把三个小圆柱拼成萝卜叶子的形状。

 安装完成，一个小胡萝卜就做好啦。

开发新天地

同样的方法，小朋友还可以发挥想象力，找出制作白萝卜等各类瓜果蔬菜的方法哦。

松软的小面包

奇乐谷里，小精灵、嘟嘟和聪聪正在采草莓。嘟嘟说："我要采很多很多的草莓，做成草莓酱，夹在面包里吃。"她边说边流着口水。聪聪笑着说："一提面包，我就想笑，因为有个很有趣的关于面包的故事。"

嘟嘟和小精灵都想听故事，聪聪就给他们讲起故事来："有一个专门为主人做饼的埃及奴隶，一天晚上，他没烤好饼就睡着了，炉子也灭了。夜里，生面饼开始发酵，膨大

快来露两手：

咖啡色、黄色的橡皮泥

 用咖啡色橡皮泥搓成圆球，压扁些，再擀成薄片。

 用黄色橡皮泥搓成一个圆球，包在薄片内。

 包完后搓成圆球，搓搓长，两头搓得细圆些。

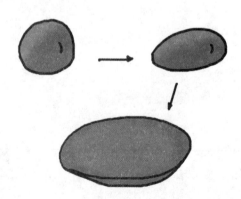

贴心告诉你

如果橡皮泥变干，用小毛笔蘸水刷在橡皮泥的表面，这样反复几次就可使橡皮泥恢复柔软。

了。等这个奴隶一觉醒来时，生面饼已经比昨晚大了一倍。他连忙把面饼塞回炉子里去，这样就不会有人知道他活还没干完就睡着了。生面饼烤好了，奴隶和主人都发现这东西比他们过去常吃的扁薄煎饼好多了，它又松又软。是因为生面饼里的面粉、水或甜味剂(或许就是蜂蜜)暴露在空气里的野生酵母菌或细菌下，经过了一段时间后，酵母菌生长并传遍了整个面饼。这就是面包的由来，是不是很有趣呢？"小精灵说："的确有趣极了。现在面包的种类可多了，有白面包、褐色面包、全麦面包、黑麦面包、酸酵面包、无发酵面包等等。"

嘟嘟说："原来还有这么多种面包呢，从明天开始，我要一样样尝个遍。"

 用刀切几下，整理完成。

 一个面包就做好啦。

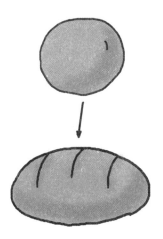

开发新天地

用这种方法再来做些夹心面包吧，奶油面包中间的夹心可以用白色橡皮泥做，草莓夹心就可以用红色橡皮泥做，让我们做更多更漂亮的面包吧！

三层夹心饼干

嘟嘟今天带了样好吃的给小精灵和聪聪，小精灵和聪聪都很好奇她又有什么新花样，期待地看着嘟嘟拿出的一个小盒子。嘟嘟把盒子一打开，小精灵和聪聪就笑了起来。原来嘟嘟做了夹心饼干给他们。这些夹心饼干中间夹的有奶油、草莓酱、芝士等等。那饼干却是前些日子他们三个一起做的那些。

快来露两手：

黄色、白色和咖啡色橡皮泥

 用黄色橡皮泥搓个圆球。

 用笔尖从中间扎个洞，用手指捏成圈。

 用咖啡色橡皮泥搓个圆球，捏扁些。

贴心告诉你

如果橡皮泥变干，在加水的时候应注意起先不要加太多水，而应先浸湿表面，再逐渐加水。

聪聪说："嘟嘟，你也太会投机取巧了。"小精灵说："聪聪，你也别这么说，嘟嘟是好意为我们做好吃的嘛。不过嘟嘟，你为什么要把不同形状的拼在一起呢，好不搭配啊！"再看嘟嘟的饼干，三角形和长方形搭在一起，圆形和正方形搭在一起……嘟嘟噘着嘴说："嘿嘿，因为我吃剩下的只有这些形状的了，只好随便搭配了。"小精灵叹了口气："唉，我们还是一起来重新做些夹心饼干吧，还可以做多层夹心的呢。"

嘟嘟笑嘻嘻地说："好哇，好哇，还等什么，我们赶快一起来做美味三层夹心饼干吧。好想吃哦。"

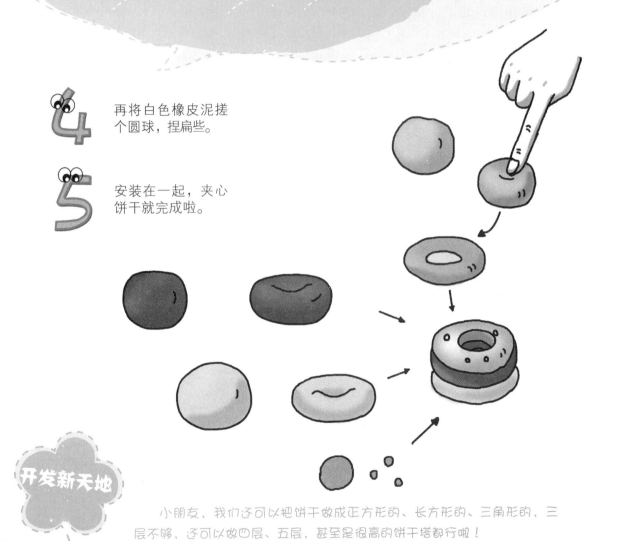

4 再将白色橡皮泥搓个圆球，捏扁些。

5 安装在一起，夹心饼干就完成啦。

开发新天地

小朋友，我们还可以把饼干做成正方形的、长方形的、三角形的，三层不够，还可以做四层、五层，甚至是很高的饼干塔都行啦！

肥肥美美胖青椒

奇乐谷里举行了一次"最不喜欢的食物"任务比赛。比赛的内容就是小动物们各自带上自己最不喜欢的食物，然后再找到愿意吃这种食物的小动物并让对方吃完食物，谁最快完成谁就胜利了。

小精灵、嘟嘟和聪聪来到比赛场上，看到了一大片一大片的青椒。"原来大家都不喜欢吃青椒啊。"

嘟嘟说："青椒怎么了，青椒很好吃啊。"

小精灵一听就知道糟糕了。果然，所有小动物都拿着青椒向嘟嘟跑来。

嘟嘟和小精灵一看这架势，吓了一跳。聪聪安慰他们说："别急，你们看……"

快来露两手：

绿色橡皮泥

 将绿色橡皮泥搓一个圆球，搓搓长，一头略搓细。

 同样方法搓出五个。

 中间一个，外圈四个。

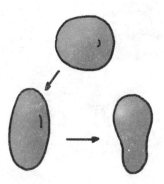

让发硬的橡皮泥变得柔软还有一个方法，就是用一块湿的毛巾罩在干的橡皮泥上，半天时间，橡皮泥就可重新使用了。

他们循声望去，原来小动物们闹哄哄的，你争我抢起来，都争着想先把自己的青椒给嘟嘟，却谁都给不了。小精灵看到这情景，很着急："你们有没有想过，可以自己克服自己不喜欢吃这种食物的毛病，自己吃掉它，这样就可以获得胜利了。"嘟嘟也说："青椒厚厚的肉，吃下去可有滋味了。你们再试试看啊！"小精灵又说了："你们知道吗？青椒是很有营养的蔬菜，能够解热，还能增加食欲、帮助消化、降脂减肥呢，应该多吃点！"小动物们听了，都忍着吃了下去，越吃越觉得好吃了。

举办这次比赛的猫头鹰老师很高兴，这才是她想得到的结果。

 再搓出一个小圆球，压扁，做成根部。

 再搓出一个更小的圆球，搓成条状，做成把状。

 安装完成。

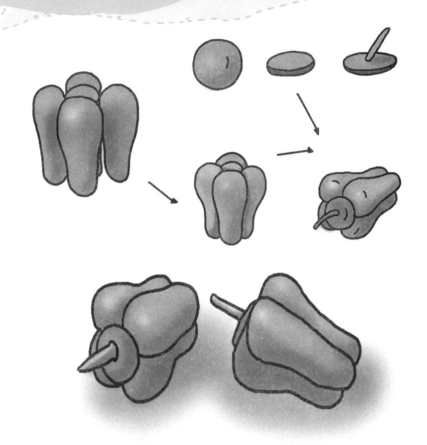

开发新天地

小朋友，想一想同样的方法还能做什么呢？你想到了吗？还能做南瓜、香瓜，是不是呢？

紫莹莹长茄子

聪聪觉得做茄子非常难，做好吃的茄子就更难了，如果茄子做得不好，吃起来会非常难吃，最难吃的部分就是茄子皮了。一天早晨，聪聪偷偷地把嘟嘟给他做的茄子扔掉时，被嘟嘟和小精灵看到了。

嘟嘟非常生气，说："我好心好意给你做吃的，你为什么要扔掉呢？"

聪聪理直气壮地说："因为你做的茄子实在是太难吃了。"

快来露两手：

紫色和绿色橡皮泥 剪刀

 搓个圆球。

 搓长些。

 一头搓得更细些。

 弄弯曲一些，使其更像茄子。

紫色

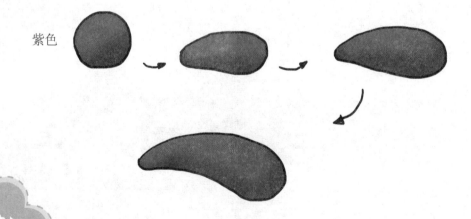

贴心告诉你

让橡皮泥变软的一个比较简易的方法就是：在桌子上铺一层塑料纸，把橡皮泥压成薄片，然后在上面洒上水。

嘟嘟激动地说："我知道。茄子瓤里富含维生素B，而茄子皮里含有丰富的维生素C，所以在吃茄子的时候建议不要去皮，维生素B和维生素C是一对好搭档，吃了会非常有营养。"聪聪听了很不好意思，刚才浪费了很有营养的东西。聪聪对嘟嘟说："嘟嘟，对不起啦！"

小精灵笑着说："其实，要吃到好吃的茄子并不难，茄子分为长茄、圆茄等几种，圆茄适合炒，而长茄适合蒸，凉拌茄子最利于保留茄子里面的营养。你们猜猜茄子还有什么做法呢？"

嘟嘟说："这个我知道，我最喜欢吃炸茄盒了。"小精灵说："哈哈，我也喜欢吃，我们一起去做茄子吧。"

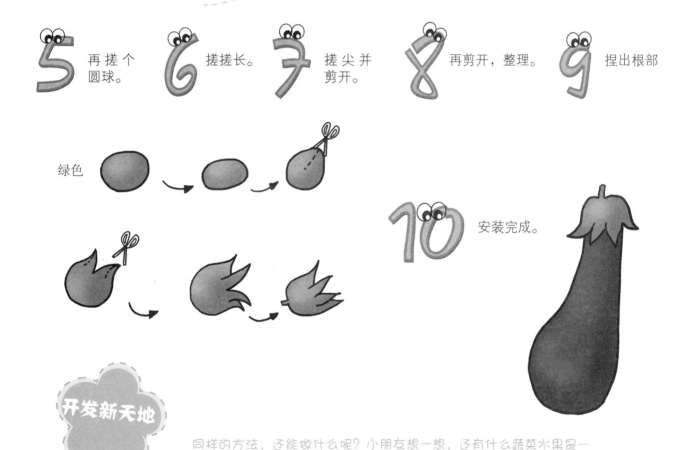

5 再搓个圆球。

6 搓搓长。

7 搓尖并剪开。

8 再剪开，整理。

9 捏出根部

绿色

10 安装完成。

开发新天地

同样的方法，还能做什么呢？小朋友想一想，还有什么蔬菜水果是一头粗一头细的呢，小朋友发挥想象力和动手能力自己来制作吧！

开胃糖葫芦

美丽的奇乐谷里，河马阿姨正在为她的饭店举办一次试吃聚会。这次试吃的都是串类食品，远远地嘟嘟就看见了红彤彤的一串串的糖葫芦，她开心地朝它们奔去。聪聪和小精灵也跟着她朝糖葫芦那边走去。嘟嘟已经塞得满嘴都是糖葫芦了。

小精灵说："嘟嘟，糖葫芦是不是特别好吃呢？"嘟嘟一个劲儿地点头。小精灵又问嘟嘟和聪聪："冰糖葫芦是中国传统美食，你们知道冰糖葫芦的传说吗？"

快来露两手：

红色、白色橡皮泥 牙签

 用红色橡皮泥搓出圆球。

 用白色橡皮泥搓个细长条，用刀切些小粒。

 把小粒粘在圆球上。

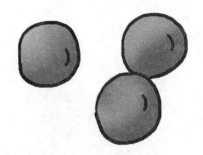

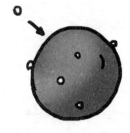

贴心告诉你

穿糖葫芦的时候，要小心哦！

聪聪笑着说："这个可难不倒我。有一个皇帝最宠爱的贵妃病了，病得面黄肌瘦，什么都吃不下。御医用了许多贵重药品，一点效果也没有。皇帝最后只好张榜求医。一位江湖郎中揭榜进宫，为贵妃诊脉后说：'只要用冰糖与山楂煎熬，每顿饭前吃五至十枚，不出半个月病就会好了。'这种吃法非常合贵妃口味，贵妃按此办法服后，病果然好了。皇帝自然很高兴啦。"

小精灵说："对，从此就出现了糖葫芦，而且变成了一种很多人都喜欢的小吃。人们将野果用竹签穿成串后蘸上麦芽糖稀，糖稀遇风迅速变硬。北方冬天常见的小吃，一般用山楂穿成，糖稀被冻硬，吃起来又酸又甜，还很冰。"

嘟嘟说："听着就好想吃哦，你们也赶快来穿一串这个让人开胃健脾的美味糖葫芦吧。"

 同样方法，做出多个圆球。

 用牙签把圆球由小到大穿在一起。

 安装完成，一串红彤彤的糖葫芦就做成啦。

开发新天地

想一想，还有什么是一串串的呢？同样的，小朋友，我们还可以做羊肉串、鱼丸串、街边的麻辣烫小吃，是不是很有趣呢？

蟠桃盛宴

今天，奇乐谷里迎来了一年一度的蟠桃盛宴，小动物们都好高兴，特别是聪聪，高兴得上蹿下跳的。

小精灵说："还记得《西游记》里大闹天宫的孙悟空吗？他大闹的就是王母娘娘的蟠桃宴。"

聪聪说："孙悟空是我的偶像呢！"小精灵笑着说："那你们知道蟠桃宴真正的典故吗？"

嘟嘟笑嘻嘻地说："这个就不要问我啦，这个要问聪聪啊。"

聪聪摇摇头："不就是王母娘娘举办的吗？"

快来露两手：

粉色、红色和绿色橡皮泥

 用粉色橡皮泥搓出大圆球。

 再用红色橡皮泥搓一个小圆球，和大圆球贴在一起。

 贴在一起后再搓成一个圆球，一头稍尖。

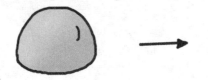

贴心告诉你

好好观察桃子的形状哦，再注意各种颜色的橡皮泥的搭配，这样才能揉得更好。

小精灵说："其实是西王母举办的。西王母是中国西方昆仑山居住的仙女，每年农历七月十八日为瑶池的西王母圣诞，在这天都会举办蟠桃宴。据说蟠桃能延年益寿，西王母曾与汉武帝相会，送给汉武帝四个蟠桃，汉武帝吃后就觉得浑身轻松，什么病痛都没有了。汉武帝把桃核留下，想自己栽种，王母娘娘告诉他是不可能种活的。其实，蟠桃又名水蜜桃，新疆就是水蜜桃的故乡了。"

嘟嘟说："走啦，我们赶紧参加蟠桃盛宴去吧。"

 用尺压出桃子上的印。

 用绿色橡皮泥搓出一个小圆球，搓长，两头搓尖。

 同样做三个，按在一起。

 安装完成。

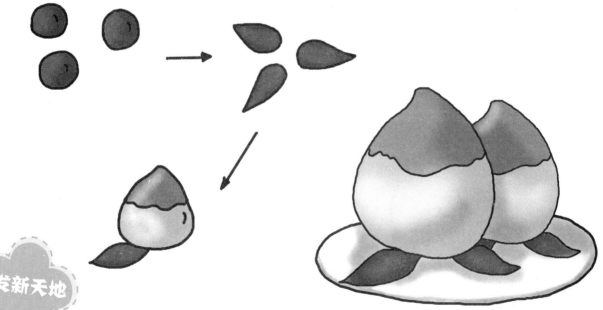

开发新天地

这顿蟠桃盛宴是不是很丰富呢，让我们想想还有什么水果可以这么做呢？

又香又甜面包圈

嘟嘟正在吃早餐，她今天的早餐是可爱的小面包。这时，聪聪就赶来敲门了。聪聪喊道："嘟嘟，快起来，奇乐谷的小饭店里出了一种新鲜的食品叫面包圈，我们一起去尝一尝吧。"

嘟嘟一听，立刻有了精神，放下手中的面包，心想，"我只吃过面包，还从来没见过面包圈呢！要不要去呢？"

嘟嘟还在犹豫，问道："不都是面包吗？那面包圈和面包的味道会不一样吗？"

快来露两手：

各色橡皮泥（一定要有橘红色）笔 刻刀

 用橘红色橡皮泥搓出圆球。

 用笔头从圆球中间扎个小洞。

 再用手指按成圈。

贴心告诉你

在使用刻刀切小圆粒时，一定要注意不要太用力，也不要太快。

小精灵也飞了过来，说："面包圈，顾名思义，是环状成圈的面包，属于半发酵点心面包。由于形状不同，在烘烤的时候，接触的面积也不同，所以味道当然会有差别啦。"

嘟嘟把面包放好，留着明天吃，就出了家门。嘟嘟笑嘻嘻地问："面包圈比面包好吃吗？"小精灵说："嘟嘟，这就要看个人口味了，不过对你来说，什么都好吃。面包圈有很多口味，像哈尔滨面包圈、贝果面包圈、美乃滋火腿面包圈等，制作方法多样，我们可以先去尝一尝嘛。"嘟嘟说："那还等什么，赶紧走吧。"

 用各色橡皮泥搓出圆球。

 搓成细长条，用刀切些小粒。

 粘上小圆粒，整理完成。

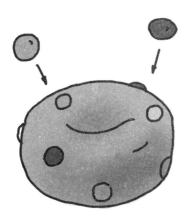

开发新天地

面包圈还可以有不同的花样，奶油面包圈、椰蓉面包圈，小朋友，你知道怎么做吗？

美味棒棒糖

看着奇乐谷商店里琳琅满目的棒棒糖，聪聪觉得很奇怪，就问："是谁想到了这种把糖插在一根棒棒上的创意呢？"小精灵说："这个人就是恩里克·伯纳特·丰利亚多萨。"

嘟嘟问："他发明的时候怎么知道一定会受人欢迎呢？"小精灵笑着说："这个他当然不能预料啦，我相信他是一个童心未泯的人，所以知道那些有童心的人一定会喜欢这个发明。"

快来露两手：

各色橡皮泥 火柴棍

 用一种颜色的橡皮泥搓出圆球，搓成长条状。

 用另一种颜色的橡皮泥搓出圆球，缠上长条。

 搓成圆球。

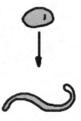

贴心告诉你

如果没有火柴棍，用牙签或者吸管代替也可以。

他在1958年首次推出这种带棍的糖果，结果使一家几乎经营不下去的糖果公司扭亏为盈。这种棒棒糖最初是针对儿童市场的。但是，在最近这些年里，棒棒糖的市场推广强调的与众不同的口味和不含脂肪的特征，也赢得了许多大人的青睐。对于一些人来说，在嘴里含着一颗糖果，糖果的棍从嘴唇间露出来，已经成为一种时髦的标志。嘟嘟，你是不是这么想的呢？"

聪聪笑看着嘟嘟："嘟嘟喜欢吃喜欢玩，这种又好吃又好玩的东西当然就会吸引她啦。"

嘟嘟笑嘻嘻地说："是啊，的确是又好吃又好玩，你看有的棒棒还能当口哨吹呢！我们能自己做个这么讨人喜欢的棒棒糖吗？"小精灵说："当然可以啦。"

 插入火柴棍。棒棒糖做好啦！

开发新天地

市场上还有各种各样的棒棒糖，有的棒棒糖不是圆形的，而是扁扁的，有娃娃形状的、动物形状的，还有螺旋形的，试着去做这些棒棒糖吧，其实很简单，只要把圆的变成扁的就行啦。

钙奶饼干

今天，大清早，嘟嘟就忙活开来，小精灵和聪聪来到嘟嘟家，嘟嘟根本没时间招呼他们，一直在研究一个奇怪的东西。

聪聪问嘟嘟："这是什么东西啊？"嘟嘟说："这是大象伯伯送给我的食物印模，听说印出过好多不一样的饼干呢！"

聪聪兴奋地喊："哇，真好，那以后做饼干的时候就不用为形状想破脑袋啦！"

快来露两手：

黄色橡皮泥　笔

 用黄色橡皮泥搓出一个圆球。

 压扁，将边角捏圆，呈长方体。

 再捏一个圆球，压扁些。

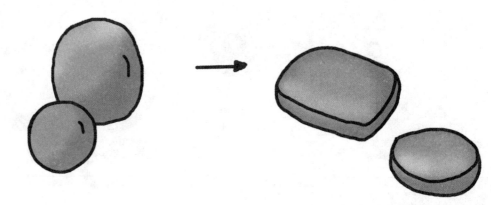

贴心告诉你

用笔尖在橡皮泥上扎坑的时候，注意不要扎透啊！

小精灵却说："怎么能只依赖器具呢，要靠我们的想象力来完成才有意义。"嘟嘟说："是啊，像今天，我就想到了一个做钙奶饼干的漂亮图形，不用依赖现成的器具，用一支笔就可以了。"

聪聪说："是吗，不错啊，嘟嘟什么时候这么有创意了呢！"嘟嘟说："我一直都是很聪明的，只是你们没发现而已。"

小精灵说："那还等什么，我们赶快一起来做吧！"

4 用笔杆在边缘压出波浪印。

5 用笔尖在表面扎坑。

开发新天地

做各种形状的钙奶饼干。小朋友，发挥你的想象力来创造吧，有方形的，有三角形的，有圆形的，再做个五角星形的，你看好看吗？

荷包蛋做早餐

奇乐谷厨房里，小精灵、嘟嘟和聪聪正在学习做荷包蛋。他们都希望自己做出来的荷包蛋形状是最漂亮的。小精灵说："你们知道吗？荷包蛋是鸡蛋的一种经典吃法，是将鸡蛋直接打在锅上煎制，特色为蛋黄保持圆形不散开，外形好像荷包一样，就有了这个有趣的名字。"

嘟嘟说："嗯，用荷包蛋做早餐尤其美味呢。"说着嘟嘟咂了咂嘴。

快来露两手：

蓝色、白色、黄色和橘红色的橡皮泥

 用白色橡皮泥搓成圆球，压扁些，呈饼状，做蛋白。

 用黄色橡皮泥搓成圆球，放在白色饼上，做蛋黄。

 再用橘红色橡皮泥搓个圆球，搓成圆锥形。胡萝卜就做好了。

贴心告诉你

如果有些色彩的橡皮泥没有，你还可以自己调制。你可根据橡皮泥色彩深浅，搭配无色泥和有色泥的混合比例。

小精灵还告诉嘟嘟和聪聪一个荷包蛋的有趣说法："其实荷包蛋是流传很久的了，只是从外观得名的，具体年代也已不可考了。传说宫廷中的厨师很会做这道菜，当时的御厨为了讨当时的皇上喜欢，按照水中的荷花形状做的，正宗的荷包蛋，外形像荷花一样，里面的蛋黄跟莲蓬也很像，外皮清脆并且很轻巧。后来随着御厨告老还乡，离开了宫廷，这道荷包蛋才广为流传开来。以后就进入寻常百姓家了，都叫这个为荷包蛋。"

嘟嘟说："我们做出来的这个营养美味的荷包蛋可以自己吃掉吗？"

小精灵和聪聪笑着说："当然可以啦，等给河马阿姨看过了，你就可以吞进你的肚子里去了。"

嘟嘟高兴地拍起手来。

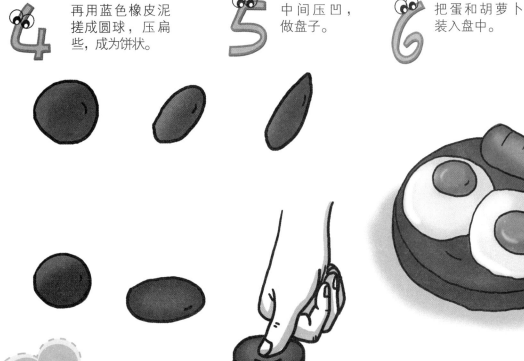

4 再用蓝色橡皮泥搓成圆球，压扁些，成为饼状。

5 中间压凹，做盘子。

6 把蛋和胡萝卜装入盘中。

开发新天地

小朋友，再给你的荷包蛋早餐加点料吧，几根新鲜的绿菜叶，一个面包……看，早餐多丰盛啊！

第 3 章　奇 幻 世 界
—— 拼拼凑凑变玩具

漂亮姑娘摇摆舞

一个天气晴朗的上午，嘟嘟在聪聪的家里玩，看到聪聪家的窗台上摆着一个漂亮的小姑娘，风吹过，小姑娘随风起舞，她摇着头，裙子也摆动着，活灵活现。

嘟嘟高兴地拍起手来："这个姑娘跳舞跳得真好看。"聪聪给嘟嘟出了个难题："那你知道她是怎么跳起舞来的吗？"

快来露两手：

一个砖形包装盒（牛奶或果汁盒）　一个一次性纸杯　一个乒乓球　一根长竹签（可以是毛线签）　几团毛线　透明胶带　彩笔或水粉颜料　小刀一把

 在乒乓球底部开一个比竹签粗的洞，再画上姑娘的五官。用毛线做成姑娘的头发。在纸杯上画上裙子的花纹。

 把长竹签从上面插入砖形的包装盒，不要刺穿底部，作为底座。

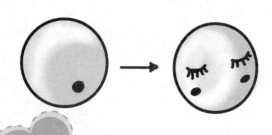   

贴心告诉你

在使用小刀和竹签的时候要小心，不要弄伤小手。

破损的乒乓球也很容易伤到小手，要注意哦。

嘟嘟噘着嘴，摇摇头，又问聪聪："那你知道吗？"聪聪神气地说："我想是因为她身体的材料很轻，风能吹动她。"小精灵飞过来，夸奖聪聪："聪聪，你很聪明！但是你只答对了一半，真正的原因在她身体的结构里哦。"嘟嘟和聪聪好奇地看着漂亮姑娘："她身体里有什么呢？"

小精灵笑着说："我们来做一个不就全明白了。"嘟嘟高兴地喊："小精灵，快点教我们做会跳舞的小姑娘吧。"

 在长竹签的中部裹上厚厚的几圈透明胶带。将纸杯穿过竹签，套在透明胶圈上方，纸杯就被透明胶圈卡住了。

 再把用乒乓球做好的姑娘的头插在长竹签顶部，穿裙子的漂亮姑娘就会随风起舞了，还会随风摇头呢。

 还可以将纸杯剪开呈螺旋状、流苏状，做姑娘的裙摆。

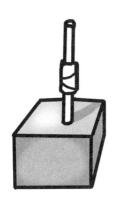

开发新天地

带盖子的半截塑料瓶、用白纸糊住一面的纸筒，都能代替纸杯，而圆柱形的小瓶盖、鸡蛋壳都可以代替乒乓球哦，可以用来制作的材料很多，小朋友一起去寻找发现吧。

纸人的运动天赋

嘟嘟高兴地拿着自己做出来的小纸人去向聪聪炫耀。聪聪看着只能躺在那里，站不起来，也动不了的纸人发呆。嘟嘟看着聪聪的样子，很伤心地哭了起来："难道我做的小纸人很差吗？"聪聪挠着小脑袋说："我在想，怎么才能让纸人像我一样能又蹦又跳呢？"嘟嘟不哭了，她也好想让自己做的小纸人可以活泼起来，可是到底怎么办呢？

快来露两手：

相对比较硬的彩色纸几张 剪刀 铅笔 水彩笔 双面胶 粗而结实的线 尺子 两根小棍（可以用冰棒棍、筷子等） 毛线几团

 将纸裁成条状，一条裁宽一些，一条裁窄一些。

 将其中一条较宽的纸折成风琴形状，另一条较窄的纸顺着风琴一层一层折上去。依照同样的方法折出身体的各部位，身躯宽一点；腿长一点；胳膊比腿短一点。

 用纸折出纸人的头部，画上纸人的眼睛、鼻子和嘴，用毛线做纸人的头发，或者用纸做顶小帽子也可以。

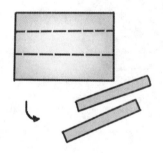

贴心告诉你

在使用剪刀时要小心，不要弄伤小手哦。双面胶也很容易粘在小手上哦。

他们大眼瞪小眼，怎么也想不到办法。聪聪摊开手，无奈地说："我们请小精灵来帮忙吧！"他们找到了小精灵："小精灵，你能帮我们让小纸人动起来吗？"小精灵想了想："我们来给他装上可以动的手脚吧。"

嘟嘟很好奇地问："什么样的手脚才能动呢？"小精灵神秘地说："跟着我做就知道啦。"

 用双面胶将纸人的各部分粘起来，双手双脚先不用粘起来，组装完毕。

 在棍子上绑上线，上面一根棍子的两根线固定在两脚上；下面一根棍子的三根线固定在两只手和头上。用双面胶将手脚和线一起粘起来，头部可以将线穿过打上结，这样线就不会掉啦。

 一个活泼好动的小纸人就做成了，放在桌上，轻轻用手下压，就能跳起来呢。用手中的线拉它，它就伸展开四肢，还可以做好多花样的动作呢。

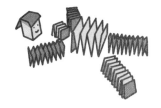

开发新天地

可以根据自己喜欢的颜色组装不同花样的小纸人，看谁搭配的纸人更漂亮哦。

彩虹风铃

雨后的奇乐谷里，空气好清新，小精灵在翩翩飞舞，嘟嘟和聪聪跟着她欢乐地奔跑着。

嘟嘟高兴地指着天空："天边的彩虹好美啊。"聪聪用手掩着耳朵倾听："你们听，树叶随风响起的沙沙声多动听啊。"小精灵说："是啊，大自然是那么多姿多彩。"嘟嘟对大自然的美妙充满了向往："好想把又好看又好听的大自然搬回家啊。"聪聪笑话她："你是大白天做梦呢！"

快来露两手：

九个透明的小玻璃瓶（可以用儿童口服液瓶子） 不同颜色的颜料 剪刀 小纸板 尺子 铅笔 针 毛线

 将七种颜色的颜料依次加水调和，分别倒入九个小瓶中，有两种颜色可以重复用。

 用针在瓶盖上穿上长短不一的毛线，把瓶盖盖回小瓶上。

 用剪刀将小纸板剪成圆形作为风铃的支撑板。

贴心告诉你

因为孩子手部肌肉发育不完善，动作不协调，因此，给孩子使用的剪刀要没有锋利的尖，这样才不会扎到孩子的手。

小精灵笑着说："聪聪，你别笑，我真有办法帮嘟嘟实现她的小小梦想呢！"

聪聪才不信呢："小精灵，我知道你很厉害，可是这是不可能的啊。你能把彩虹搬回家吗？你能让风为你奏起美妙的音乐吗？"小精灵高兴地笑了："聪聪，你说得太对了，真的有这种东西哦，那就是彩虹风铃。"嘟嘟和聪聪惊奇地齐声喊起来："彩虹风铃？"

小精灵笑着说："对，就是彩虹风铃。今天，我们就把彩虹风铃带回家吧。"

 用尺子和铅笔在纸板上画出对等的四条线。

 用针在打好的线上穿孔，将九个小瓶上的线穿过小孔绑好。

 用颜料或彩纸在小瓶上做出喜欢的图案。

 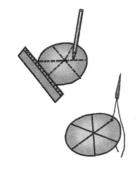 

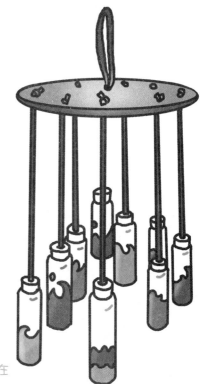

 风铃做好了，怎么样？又好看，又好听吧！透过阳光还能将七种颜色洒在地面上，就变成了七色彩虹了。

开发新天地

除了小瓶子，还可以用钥匙和光盘来做风铃，在阳光的照耀下光盘也可以投射出五颜六色，还能发出不一样的响声哦。

瓶盖奇兵

聪聪又跑来跟嘟嘟要瓶盖了。

最近不知道为什么聪聪养成了收集瓶盖的习惯，嘟嘟觉得非常奇怪。

嘟嘟问："聪聪，你要这么多瓶盖干什么啊？"

聪聪神秘兮兮地说："现在不能告诉你。"

嘟嘟又问："那什么时候才能告诉我啊？"

快来露两手：

33个大小不一的瓶盖　一条2米左右的细绳　一个钻头
直径两毫米的电钻剪刀

 收集并洗净所有的瓶盖。用小电钻把每个瓶盖都打出一个小孔。

 先用一根25厘米长的细绳，一头系好绳结，另一头穿过瓶盖。在胳膊和腿的部分，第一个穿起的瓶盖应该与其他瓶盖反向且开口相对，这样可以像奇兵的手和大兵鞋哦。穿上最后一个瓶盖后再系一个绳结，这时细绳应该留出7厘米左右，用来和身体相接。照同理做出两只胳膊和两条腿。

 设计出自己心中的奇兵形象，用瓶盖摆出奇兵的造型。记得为他加上大檐帽和大兵鞋哦。

在使用电钻剪刀时要格外小心，建议在父母的监督下进行制作。

为了避免造成伤害，穿过头部后剩余的绳子长度不能超过22厘米哦。

聪聪笑嘻嘻地说："到时候你就知道了。现在嘛，保密！"

嘟嘟很想知道聪聪的秘密，就跑去问小精灵。嘟嘟问："小精灵，你知道聪聪为什么收集瓶盖吗？"小精灵说："我也不知道，可能又在搞什么新发明了吧，我们一起去看看吧！"

 在肩部的瓶盖两侧各钻一个孔，用于与胳膊相连。身体部分最下面的瓶盖上，也要钻两个孔，用于与腿相连。连接好胳膊和腿之后系好绳结，绳子若还剩出很长，把多余的部分剪掉以免影响美观。

 这样瓶盖奇兵就做好啦，可以列队站好，拎起来晃两下，还能听到奇兵踏步的锵锵声呢。

 再用一根线，穿过身体部分最下部的瓶盖(与腿相连的瓶盖)，在一端打结之后，细绳最好还留有50厘米。接着依次把身体、肩部(与胳膊相连的瓶盖)、脖子和脑袋穿在一起，系好绳结。系紧一点儿，保持结构紧凑。

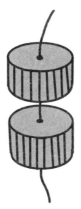

开发新天地

瓶盖奇兵还可以变成钥匙和书包的挂饰哦，听到它锵锵锵的踏步声，是不是更有精神了呢？

不倒卡通娃娃

小精灵为嘟嘟和聪聪带来一个可爱的不倒翁。嘟嘟用手轻轻一推，不倒翁就自己摇摆起来。

小精灵说："今天的题目就是'不倒翁的原理是什么'呢？"嘟嘟捧着小脸努力思考着，聪聪边摆弄桌上的不倒翁边想。

聪聪把不倒翁放在桌面上，压倒后松手，不倒翁立刻弹了起来。聪聪一拍脑袋："我知道了，是球形的身体产生的动力。"小精灵摇了摇头。嘟嘟想了好久，不确定地说："是不是不倒翁身体重的部分被抬高，一松手它就弹回来了呢？"

快来露两手：

乒乓球二只 弹球一只 毛线 彩色纸 白胶 水彩笔

 将一只乒乓球煮烫2分钟，待球体膨胀后取出。

 在球上开一个孔，将弹球放入乒乓球内。

 将两只乒乓球在开孔处粘在一起。

贴心告诉你

使用剪刀时不要横着剪，以免剪到左手或扎到身体其他部位。乒乓球选白色的，会更方便上色哦。

小精灵拍手叫好："答对了，嘟嘟。这叫作重力势能。当不倒翁倒下的时候，由于集中了大部分重心的底部被抬高，造成势能增加，所以不倒翁要回到原来的位置，就会弹上去了。"

小精灵又说："今天我们换一种方法，做一个不倒卡通娃娃。它和不倒翁是相似的原理，但不倒卡通娃娃的原理是聪聪说的动力，可是光有球形身体的动力还不够哦！"嘟嘟又问："那还需要什么呢？"

小精灵一边准备工具一边说："我们一起做，做完就明白了。"

 把毛线梳散粘于头部，可随意梳理成喜爱的发型。

 用彩色纸剪成眼、嘴及服饰，贴在相应的位置。

 最后，用水彩笔在乒乓球上画上小衣服或涂上颜色。好了，不倒卡通娃娃就做好了，把娃娃倒放在地上试试，是不是摇摇晃晃就是不倒呢？

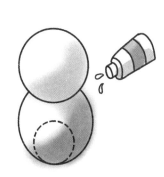

开发新天地

卡通娃娃的身体可以用更多的材料来做哦，可以用牙膏盒做个高个子，还可以用硬纸板剪出自己喜欢的形状、动作。剪个弯曲的手臂，是不是更像锻炼的样子呢？

万圣节的南瓜灯

小精灵今天给嘟嘟和聪聪讲的是万圣节的故事。

万圣节是外国一个很特别的节日，那天晚上有很多小幽灵出没，为了赶走这些小幽灵，大家就会用蔬菜瓜果做成灯吓他们，而其中最特别的标志物就诞生了，到底是什么呢？这就是小精灵给嘟嘟、聪聪出的问题了。

快来露两手：

南瓜一个（大小适中）保鲜膜（薄塑料袋也可以）白纸 小电筒 刻刀 小刀 勺子

 在南瓜的有小把的那端，用小刀将瓜面切除一块，以便伸手进去掏空瓜瓤，尽量切得平整。（切下来的南瓜把不要扔了哦）

 用勺子将瓜籽和瓜瓤小心地掏出来，选定准备进行雕刻的地方，将那块瓜皮刮薄至2.5厘米厚。

 比着选定地方的大小在纸上画出眼睛、鼻子、嘴的图形。

贴心告诉你

使用小刀和刻刀的时候要小心，不要弄伤小手哦。

聪聪举起手，在小精灵耳边说了一个答案。嘟嘟着急了，到底是什么呢？

小精灵笑着说："不卖关子了，对，就是南瓜灯了。嘟嘟，你猜南瓜灯是什么样子的呢？"嘟嘟摇摇头。小精灵鼓励嘟嘟："嘟嘟，你就照着你想象的样子做一个南瓜灯出来吧。聪聪，你也来哦。"

嘟嘟和聪聪高兴地准备去了。

 在选定处，粘上或者钉上画好的纸脸谱，注意钉在脸谱的虚线处，这样可以避免瓜面上出现小洞洞。

 沿纸脸谱的虚线边，用小刻刀在南瓜皮上描出脸谱。完成之后，撕下纸脸谱。

 用小刻刀点对点地再修正一番。将手电筒打开，裹上保鲜膜，放到南瓜里，再将切下的南瓜把放上去。关上灯一瞧，南瓜灯的效果出来啦。

开发新天地

学着大家过万圣节的样子，将蔬菜瓜果都拿来做成灯吧，像橘子皮小灯笼、西瓜太郎灯等等哦，小朋友还可以发挥想象力给它们塑造各种表情，和朋友玩的时候点一盏，特别生动有趣。

盒子小汽车

聪聪心爱的模型车坏了，他真的好难过。嘟嘟想让聪聪开心起来，就去找小精灵帮忙："小精灵，怎么办呢？我们再买一个送给聪聪吧。"

小精灵说："不如我们来做一个送他，那里面盛满我们的心意，聪聪一定会喜欢的。"

嘟嘟点点头："如果我们亲手做，聪聪收到一定会开心起来。可是怎么做呢？"

快来露两手：

两个方形盒（酸奶盒、饼干盒都可以）　瓶盖　双面胶
剪刀　水彩笔

 用水彩笔给盒子涂上自己喜欢的漂亮颜色。

 将一个方形盒立起来，一个方形盒横着摆，用双面胶将两个盒子粘在一起。盒底要对齐，这样车身就做好啦。

 将瓶盖涂成黑色。

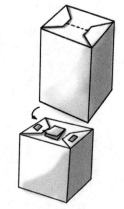

贴心告诉你

在使用剪刀的时候要把剪刀的尖朝前，从身体开始向前方剪，这样才不容易弄伤小手哦。

小精灵说："我们先去找材料吧。"嘟嘟问："可是什么材料可以用来做小汽车呢？"

小精灵说："其实在我们身边到处都是哦。"嘟嘟更加纳闷了。小精灵指指嘟嘟手边的盒子说："这个就可以啦。"嘟嘟睁大眼睛问："真的吗？"小精灵说："不信我们来做做看啊。"

第二天，嘟嘟拿着做好的小汽车去送给聪聪，聪聪高兴得蹦了起来呢。

 再将四个瓶盖粘在盒子底下。四个车轮的高度要统一，这样前后的车轮就做好啦。

 看，一辆小汽车就产生了。

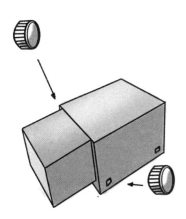

嘟嘟～

开发新天地

车轮可以用圆形的小盒子做，还可以用彩纸将方形盒包起来，小汽车就更漂亮了。再给小汽车画上窗户，怎么样，嘟嘟嘟开走，可以载乘客啦。

坐火车去旅行

小精灵、嘟嘟和聪聪正在讨论他们最近的愿望。小精灵说："我要吃新鲜出炉的蛋挞。"聪聪高兴地直拍手："我也这么想，是蜜桃味的好，还是香蕉味的好呢？"

小精灵和聪聪笑着闹起来："你比我还贪吃。"聪聪哈哈大笑："还有一个更贪吃的嘟嘟呢。"

小精灵问："对啊，嘟嘟，你最近的愿望是吃什么好吃的呢？"

快来露两手：

三个方形纸盒 圆纸筒 硬纸板 毛线 长竹签 剪刀 双面胶 水彩笔

 先用硬纸板剪出十二个圆形的轮子。

 然后开始上色，将圆纸筒、纸盒和剪好的车轮涂上自己喜欢的颜色，在盒子上画上车窗。

 将圆纸筒粘在其中一个盒子前面，这样就做成了火车车头啦。

贴心告诉你

在使用剪刀和竹签时动作要缓慢，以免弄伤小手。

嘟嘟想了想说："我想坐火车去旅行。"小精灵和聪聪都惊讶地睁大了眼睛："坐火车去旅行？"嘟嘟点点头："嗯，妈妈告诉我到各地去旅行可以吃到好多不同风味的好吃的。"

小精灵和聪聪愣了一下，跟着哈哈大笑，原来还是记挂着吃啊。

小精灵笑着直拍手："为了嘟嘟能吃到好吃的，旅行顺利，我们来做一辆小火车送给她，提前圆她的旅行梦吧。"

 然后将12个车轮用长竹签固定在3个盒子的两边，每个盒子上有4个车轮，竹签多余出的部分用剪刀剪掉。

 再将毛线穿过3个盒子的缝隙绑好，多余的毛线用剪刀剪掉。这样一个小火车就做好啦。

 最后，在每个盒子上贴上爸爸妈妈和你的小照片吧，全家就一起坐着火车去旅行啦。

开发新天地

圆纸筒还可以用圆罐子代替哦，像家里用的饼干罐子就行哦。

小丑的杂技表演

嘟嘟、聪聪一起去小精灵家参观她新做的小丑玩具，一进门，就看到一个小丑在来回摇晃。嘟嘟拉着它的手，被它带着一下一下摇晃起来。看，它大摇大摆的样子太有趣了。

嘟嘟羡慕地说："这个小丑可以和我一起玩呢，我也好想拥有一个这样的小丑啊。"小精灵说："先来看看它的杂技表演吧。"

快来露两手：

薄铁皮 粗细铁丝 吹塑纸 铆钉 螺丝 塑料弯管 小铁弹 画笔 颜料 胶带

 用薄铁皮做两个弧形片，再用薄铁皮做一块连接片，将两个弧形片连接为一体，荡船就做好啦。

 用粗铁丝完成支架，再用一根细铁丝做垂线，一头挂上螺丝做垂摆，另一头系在支架上，然后把支架用铆钉铆在连接片上，支架就完成了。

 用吹塑纸剪一个小丑模型，画上五官与服饰，把它粘在荡船上。

  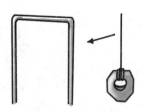 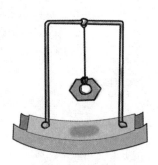

贴心告诉你

铁皮的侧面较易划破小手，在制作时一定要注意；如果粗铁丝孩子无法折弯，父母或老师可提供帮助。

小丑手中的球来回移动，看得嘟嘟和聪聪哈哈大笑，高兴得直为小丑叫好。

小精灵说："小丑是有灵性的，它在台下流了好多汗水才练出绝技的。"

嘟嘟说："是啊，小精灵做这个小丑一定花了很多心思，才有这样的成果。我一定要向小精灵学习，自己动手，也做一个小丑给我表演杂技，我一定会认真欣赏。"

小精灵笑着说："嘟嘟懂事了啊。"

 再将一段塑料弯管减去半边成为弯槽，用胶带粘在小丑手上。

 在槽内放入一粒小铁弹，这样小丑就开始表演好玩的荡荡板杂技啦。

开发新天地

把小丑换成小熊、小狮子、小小魔法师，让大家一起来表演杂技吧，组成一个杂技团！小朋友看了好开心啊！

风车转啊转

今天，小精灵和聪聪带来了一个风车，非常漂亮。一阵风吹来，风车呼呼地转起来，贴在风车上的小动物翩翩起舞，聪聪在春风中慢慢地跑着，风车把祝福的语言送给了春姑娘。

嘟嘟说："聪聪，我也想要一个漂亮的小风车。"

小精灵说："今天我就教你们做小风车吧。"

聪聪和嘟嘟高兴得手舞足蹈，都想自己动手做个与众不同的小风车。

快来露两手：

牙膏盒 彩色纸 吸管 图钉 剪刀 双面胶

 准备好一个牙膏盒和一张剪好的彩色纸。

 将彩色纸卷成锥体。

 吸管两头粘上剪好的方形彩色纸。

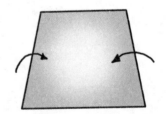

贴心告诉你

在使用剪刀和图钉时要小心，另外，家长也要防止小孩误吞图钉。

小精灵给聪聪和嘟嘟各准备了一些彩纸、剪刀、吸管、图钉。嘟嘟和聪聪看着这些材料都着急了，心里想，要怎么做呢？小精灵看出了他们很着急，就告诉他们："不要着急，跟着我一步一步地做！"

很快，嘟嘟和聪聪的风车都做好了。他们可高兴了，一起拿着风车到院子里玩，还比赛谁的风车转得快呢。

 用图钉穿透吸管中间，形成十字形，做成风叶。

 用彩色纸包好牙膏盒，用双面胶粘好。

 牙膏盒竖放，锥体粘到顶部。

 做好的风叶再用图钉钉到锥体上。

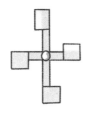

开发新天地

用圆纸筒来代替牙膏盒也可以哦，筷子、竹签可以代替吸管，再给小风车贴上漂亮的图案就更好看啦。

乒乓球比赛

今天，天气特别好，小精灵带着嘟嘟和聪聪来到一片大草坪上，大草坪上有一块非常大的空地，小精灵告诉嘟嘟和聪聪："今天我们来玩一个必须两个人才能玩的游戏，什么游戏一个人不能玩呢？"

聪聪翻了一个跟头，跳到小精灵跟前，说："跷跷板不能一个人玩。看我聪明吧！"

小精灵笑着说："聪明！还有呢？"

快来露两手：

长方形包装盒 工具刀 细铁丝 硬纸板 剪刀

 用一个长方形的包装纸盒，拆开纸盒使反面向外重叠一次，在盒盖两端各割一个横向小开口，并在纸盒两端的中心各打一个小孔。

 用细铁丝比着纸盒的长度弯成一根双曲轴，使曲轴的弯曲处对准两个小开口，曲轴的弯曲高度要小于纸盒厚度的一半，如果高度大了会摇不动的。

 用硬纸片剪两个执拍打球的人形，在人形底柱处穿一个小孔。

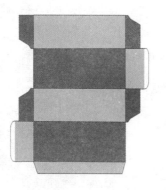

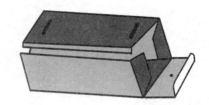

贴心告诉你

在使用工具刀、剪刀、细铁丝等危险用品时要小心，不要弄伤小手哦！

聪聪挠了挠小脑门，想了又想，还有什么呢？小精灵提示嘟嘟和聪聪："想一下比赛。"嘟嘟说："下棋。"小精灵说："也对，可是你们能猜到我们今天要进行什么比赛吗？"嘟嘟猜测说："羽毛球比赛？"小精灵笑着说："接近了。"并拿出一个小球递到聪聪和嘟嘟眼前，说："你们看这是什么？"聪聪哈哈一笑："我知道了，今天我们进行乒乓球比赛。"

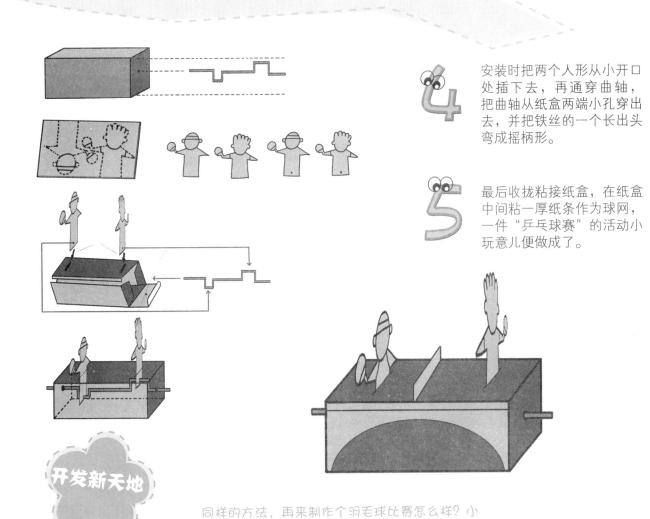

安装时把两个人形从小开口处插下去，再通穿曲轴，把曲轴从纸盒两端小孔穿出去，并把铁丝的一个长出头弯成摇柄形。

最后收拢粘接纸盒，在纸盒中间粘一厚纸条作为球网，一件"乒乓球赛"的活动小玩意儿便做成了。

开发新天地

同样的方法，再来制作个羽毛球比赛怎么样？小朋友，开动脑筋，做一个试试吧！

"长江七号" 运载火箭

聪聪拿着新做的小火箭去找嘟嘟，骄傲地对嘟嘟说："看看我们谁的飞得最高。"嘟嘟谦虚地回答："飞机怎么会有火箭飞得高呢？"聪聪说："我就知道你的飞机飞不高。"说着更加骄傲自满了。

嘟嘟说："飞机确实不如火箭飞得高，但是飞机是飞行用的，并不是用来比赛的。虽然它没有火箭飞得高，没有火箭飞得快，也不能离开地球，但是如果比谁飞得稳，你的火箭肯定比不上我的飞机。"

快来露两手：

塑铝板 万能胶 即时贴（白色、红色） 美工刀 砂纸

 将1厘米厚塑铝板切成40厘米×5厘米的长条，一共切5根。将宽的一面涂上万能胶，注意不要粘到手。重叠粘好。

 再将边角切得圆滑一些。用砂纸将它打磨得更圆滑些。火箭的主体就完成啦。

 按刚才的方法，再切9个10厘米×5厘米的小块，重叠粘起来，将它打磨成圆柱形，火箭头就做好啦。

 再按圆柱大小裁六个圆。两个两个粘在一起，并裁成圆锥形。

 将火箭主体、火箭头和圆锥体用即时贴包起来。注意尽量不要有气泡。

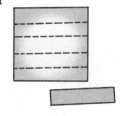

1

2

贴心告诉你

在涂万能胶时，注意不要粘到手。万一粘到手，可以用汽油洗。

聪聪一听生气了："我辛辛苦苦做出来的小火箭，你居然敢说不如你的飞机。"

小精灵这时急忙出来，说："它们各有长处。"聪聪听了，不好意思地说："是呀，在地球上旅游还要靠坐飞机呢。"嘟嘟谦虚地说："到太空旅游可就要靠你的火箭了。聪聪，以后你要做出真正的火箭，带我去太空啊。"聪聪说："好啊！总有一天，我要发射长江七号运载火箭前往其他星球，进行科学探测。还要在宇宙中遨游，跟外星人交朋友呢。"嘟嘟和聪聪遐想着，开心地笑了。

 裁掉多余的即时贴。

 将所有的部件粘在一起。

 然后按做火箭主体的方法做四个比火箭主体小的助推器。再写上"长江七号"的字样并贴上装饰，长江七号运载火箭准备发射啦。

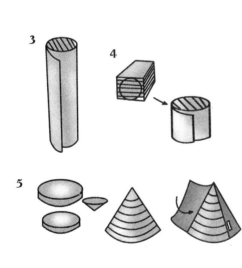

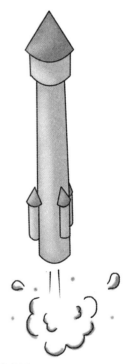

开发新天地

火箭、飞机等很多飞行工具的模型都可以靠这种方法来制作。

五彩转转车

一个雨后的下午，嘟嘟趴在书桌上睡着了。她梦到一幢美丽的小房子，被五颜六色的鲜花丛围绕着。小房子里住着许多漂亮而又活泼的彩色小娃娃。小娃娃那滴溜溜的小眼睛，望着高高的天花板。望着望着，他们有点儿累了，就一起打着大大的哈欠。从他们张大的小嘴里，飞出一股股热气，热气聚集在天花板上，变成了许多五颜六色的云朵。

那些云朵啊，好像奇妙的魔术师，从窗口飞了出去，飘上了天空，然后呢，就变成了彩色的小雨点，从天空落了下来。

快来露两手：

> 塑料瓶　废圆珠笔笔芯（去掉笔尖）　棉线绳40厘米
> 螺丝钉　雪糕棒　彩笔　锥子　剪刀

 按照自己的喜好，用彩笔在雪糕棒上涂画彩条图案。

 在塑料瓶底部与瓶盖的正中央及瓶身侧面的正中部位，用锥子各穿一个孔（孔的直径略大于笔芯的直径）。

 将笔芯插入瓶盖中央的孔中。

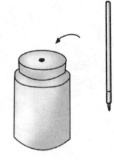

贴心告诉你

剪刀用完后，记得把剪刀收放好，而不要拿剪刀打闹玩耍，以免弄伤孩子。

早上，嘟嘟醒来，来到奇乐谷的院子里。五颜六色的小花告诉嘟嘟："嘟嘟，你昨天打的一个哈欠，变成了一朵五彩云，云儿又变成了一场五彩雨。小雨点呢，被吸收进一片片的绿叶里；绿叶丛中呢，又开出了一朵朵像我一样美丽的五彩花了。"嘟嘟听后笑了，笑得"咯咯"响。因为嘟嘟发规，那一片片的绿叶就像一张张的小嘴，而那一朵朵的花，就像绿叶打的一个个非常可爱的五彩哈欠。嘟嘟把这个发现告诉了小精灵和聪聪，忽然发现什么东西在阳光下闪着五彩的光芒。

原来是小精灵做的五彩转转车，给嘟嘟和小花带来了五彩的笑脸和五彩的梦。

 将棉线绳的一端系上一小段笔芯（可从整支笔芯中剪下），然后将另一端从瓶身侧面的小孔穿过去，由瓶口拉出并系在笔芯上，再将笔芯插入瓶底的孔中。

 盖好瓶盖，用合适的螺丝钉将雪糕棒和笔芯连接固定。

 转动笔芯将绳子绕在笔芯上，一手握住瓶身，一手握住绳子末端快速往外拉绳子，待绳子将要拉完时快速放松绳子，如此反复。由于惯性的力量，雪糕棒会不停地转动，转动时雪糕棒上会反复出现色彩的变化。

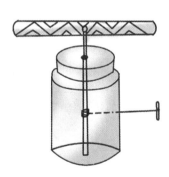
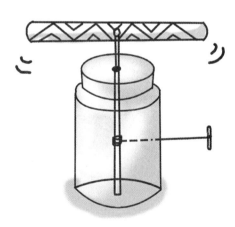

开发新天地

想象一下，生活中有没有过这样的景象呢？疾驰的汽车是不是给你的眼睛带来一条彩色的缎带，摩天轮是不是也像转转车一样，飞速旋转时会有多彩的变化，还有竹蜻蜓，给竹蜻蜓涂上五颜六色，是不是像飞舞的彩虹呢？

小女孩荡秋千

春日的阳光灿烂，小精灵、嘟嘟和聪聪在游乐园里荡秋千。

嘟嘟在秋千上高兴地荡来荡去，真是快乐极了。聪聪在嘟嘟身后恶作剧，把嘟嘟推到了半空中，很快放手，秋千落下来，再次升起，飞得更高了。嘟嘟高兴地喊着："我要飞到天空上去了，我看到仙女姐姐也来荡秋千啦！"聪聪捂着嘴呵呵地笑了起来。

小精灵抱着一个荡秋千的小姑娘停在那里："你说的是这个荡秋千的小姑娘吧！"

快来露两手：

几张彩纸 一小块硬纸板 一个牙膏盒 五根筷子 一些皱纹纸 几根彩绳 双面胶

 将4根筷子分两组粘贴在一起。

 用另一根筷子作为秋千的横杆，把它们绑好。

 插在牙膏盒上。

 在小纸板上穿好两根彩绳做成秋千的吊板。

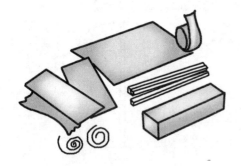
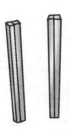

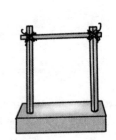

贴心告诉你

在粘双面胶时，记得要将所粘的东西擦干净，然后撕掉白纸，这样才能粘得更为牢固。

嘟嘟擦了擦眼睛，仔细看了看："对，对，就是这个仙女姐姐，原来仙女姐姐又是小精灵你做的啊。"小精灵说："错了，是荡秋千的仙女姐姐。"小精灵、嘟嘟和聪聪开心地笑起来。

嘟嘟说："我也想做一个荡秋千的小姑娘，每天帮她推动秋千，让她坐得美美的。"小精灵问："那你知道荡秋千的原理是什么吗？"嘟嘟摇了摇头。聪聪骄傲地说："我知道。秋千所荡到的高度与每一次加力是分不开的，任何一次偷懒都会降低你的高度，所以，动作虽然简单却依然要一丝不苟。"

小精灵、聪聪和嘟嘟高兴地荡起秋千来了。

 把皱纹纸剪成波浪形纸条，再将纸条搓成枝条状。

 用几种不同颜色的彩纸做成一个小女孩，并为她画上眼睛和嘴巴。

 接着，将小女孩粘贴在吊板上，然后把吊板绑在秋千的横杆上。

 最后，缠上绿枝条。荡秋千的女孩做好了，漂亮吗？

开发新天地

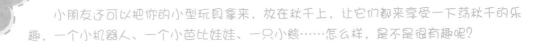

小朋友还可以把你的小型玩具拿来，放在秋千上，让它们都来享受一下荡秋千的乐趣，一个小机器人、一个小芭比娃娃、一只小熊……怎么样，是不是很有趣呢？

小小拨浪鼓

奇乐谷里来了一个奇怪的娃娃，它躺在地上一动不动的。小精灵、嘟嘟和聪聪好奇地走上前去看它，原来它只有一个很大的脑袋，没有身子啊！嘟嘟说："怪不得大头娃娃不能到处走，原来它没有身子啊，真可怜！"聪聪说："不如我们一起来帮它做一个身体怎么样？"嘟嘟赶紧表示同意。

可是聪聪和嘟嘟想来想去也不知道怎么做好。嘟嘟想，是做木头的还是做塑料的呢？聪聪想，怎么样才能让做出来的手脚动起来呢？他们没办法了，只好用求助的眼神望着小精灵。

快来露两手：

一个空鞋油盒 一根与铅笔差不多粗细的小木棍 两颗小螺母 一根比较结实的细线 一张白色图画纸 稍粗一点的铁钉一枚 榔头一个 剪刀一把 水彩笔一盒 胶水一瓶

 打开鞋油盖，用铁钉在鞋油盒的对边各砸一个小眼，大小以能穿过准备好的线为好。

 再在两个小眼中穿过一条线，并在线的两端分别系上一颗螺母。

 用铁钉在鞋油盒的下方(即刚砸好的两个小眼的下方中间)再砸一个小眼，大小只要能穿进准备好的小木棍就行了，然后把小木棍固定在眼上。

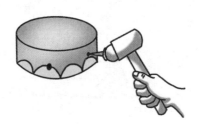

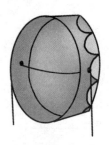

贴心告诉你

在使用榔头、螺母、铁钉等物品时要格外小心，最好在家长的陪护下进行制作，不要弄伤自己哦！

小精灵告诉他们："你们再仔细看看，它的两个鼓槌不就是它的手吗？"嘟嘟不好意思地说："我还以为那是娃娃的辫子呢！"小精灵说："其实，很简单，只要用一根木棍给娃娃做身体就行啦！"聪聪说："哪有娃娃的身体是木棍的？"小精灵说："当然有了，就是拨浪鼓娃娃啊。拨浪鼓娃娃不需要脚，它停在原地，是为了留在小朋友的手里，带给他们动听的声音，看着他们欢快的笑脸。"

嘟嘟找了一根小木棍给大头娃娃安上，大头娃娃开心得叮咚作响呢！

 用白色的图画纸，按照鞋油盒面的大小剪下两张圆形纸。

 在纸上画上自己喜欢的动物头像，用胶水贴在鞋油盒的两面。

 盖上鞋油盖，摇一摇，一个好玩又有趣的拨浪鼓就做好啦。

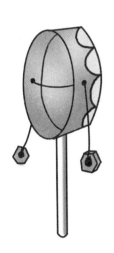

开发新天地

同样的方法，还可以用塑料制作，声音会不一样，小朋友也会有新奇的感受哦！

热气球升空

今天天气晴朗，和风阵阵，最适合热气球升空了。聪聪决定试试自己改良的热气球。

奇乐谷广播里通知，聪聪请整个奇乐谷的小动物观看热气球表演。小动物们听到这个消息都高兴地跑出去观看。聪聪把热气球和一些工具搬出来，先用鼓风机把热气球吹鼓起来。顿时，一个五颜六色的庞然大物出现了，把奇乐谷的天空遮了起来。

小动物们激动地欢呼起来："快看！热气球马上就要升天了！"

快来露两手：

纸 胶带 电吹风 橡皮泥 线

 首先我们用软纸裁出6~8个叶状的纸片。

 将它们对折并用胶水将它们的边粘在一起，做成一个气球。

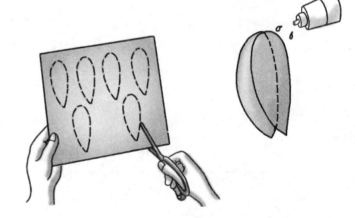

贴心告诉你

在使用电吹风的时候要格外小心，不要让小朋友触碰到电插头，防止他们触电。

嘟嘟站在热气球中，拍着手说："聪聪，快让热气球升空吧！"聪聪惊讶地问："嘟嘟，你怎么上去了？"

嘟嘟说："我也想和你一起试试乘坐热气球。"聪聪说："嘟嘟，你快下来，这个热气球改良了，我没有试过，不知道是不是安全，下次再带你去哦！"嘟嘟极不情愿地走了下来。

这时，一只小猴子不小心点燃了氢气，没等聪聪登上热气球，热气球就飞上了天空。

聪聪伤心地说："就差那么一点。"

小精灵飞过来安慰他："别难过了，我教你做一个热气球模型吧！"

 用胶带将四根连线粘到气球底部。用橡皮泥将线的另外一端固定在桌子上。

 尽量将电吹风的速度调得很慢。将吹风口向上对准底部的开口并且打开开关。气球会慢慢变大，拉紧细线并且离开桌面。小朋友可以把轻薄的小盒子绑在热气球下面做球仓。

开发新天地

家庭热气球怎么样啊？同样，还可以制作家庭风筝，将小型风筝的线绑在电风扇上，风筝就会随着风扇的风起飞，风的大小不同，飞的高度也不同哦！

小帆船海上漂

嘟嘟和聪聪来找小精灵玩，小精灵正在一个人落泪。嘟嘟担心地问："小精灵，你怎么哭了？"小精灵说："我被鲁滨孙的精神感动了。我也要向鲁滨孙学习。"

聪聪笑着说："你这么聪明还有魔法，为什么要去漂流啊？我和嘟嘟学习学习还差不多。"小精灵说："我是说学习鲁滨孙坚强面对困难，克服困难的精神。"聪聪摸摸头，不好意思地说："哦。"

嘟嘟说："你们说什么呢？谁是鲁滨孙？要去漂流吗，带上我一起啊！"

快来露两手：

空矿泉水瓶一个 筷子一根 两块长条形的硬纸板 几张厚纸片 一根彩绳 胶带 剪刀

 首先，把空瓶的瓶口剪去。

 将瓶身竖着剪开。

 接着，将两块硬纸板粘贴在瓶身的内侧。

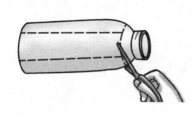

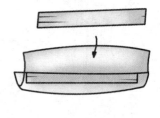

贴心告诉你

在制作的过程中，每个部分都必须粘贴牢固。彩绳一定要拉紧粘牢才能使船体平衡，否则，帆船很难立稳。

聪聪说："你连鲁滨孙都不知道，鲁滨孙就是《鲁滨孙漂流记》里面的一个英国人，是个探险家。有一次，他乘船出海，却遇上了暴风雨。结果船翻了，他被海水冲到一个无人岛上。在岛上他历经种种困难，一个人生活了二十多年。鲁滨孙是个生存力很强的人，他懂得很多求生的本领，知道许多书本上学不到的知识。"

嘟嘟说："哦，那他还要继续在岛上生活吗？我们要不要造个船去接他啊？"

小精灵笑了："嘟嘟的这个想法不错啊，不过已经有船只经过，把鲁滨孙带回故乡了。但我们今天可以做一个小帆船，来体验小帆船海上漂的滋味。"嘟嘟拍手叫好。

 将两块厚纸片的一边剪成斜边，然后粘贴在筷子上端为风帆。

 在筷子的顶端系好彩绳。

 将筷子的下端贴在硬纸板上。

 最后，把彩绳分别向瓶身的两端拉紧，并粘贴好。

开发新天地

根据船行驶的原理，小朋友还能想到其他种船的制作方法吗？很简单的哦，竹筷就是空心的管子制作成的，可以用吸管缠一个啊，试试看吧！

手套小象

一天，小精灵从城镇飞回奇乐谷里，他把外面的见闻讲给嘟嘟和聪聪听。小精灵告诉他们："你们知道吗？人有五根手指，而且很奇妙哦！"

嘟嘟看了看自己说："我没有五根，我每只手脚只有两个指头！果然很奇妙啊！"聪聪笑着说："那有什么奇妙的，我也有五根指头。"

嘟嘟看看聪聪的手说："真的啊，聪聪，为什么我们的手脚长得不一样呢？"

快来露两手：

蓝色旧手套一个 彩纸 剪刀 双面胶 针线 棉花
（纸巾填充物也可以哦）

 将手套除大拇指外的四根手指向内弯曲一小段，用针线缝上，做小象的四肢，最好一般长哦。

 将棉花或纸巾填充物塞进手套里。

 用针线将手套开口那部分折进去一部分，然后缝合，变成小象圆形的脑袋顶。

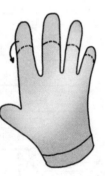

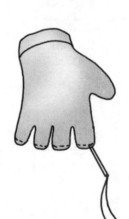

贴心告诉你

在使用剪刀、针、线时要格外小心，最好在家长的看护下进行这个制作！

小精灵说："嘟嘟、聪聪，你们知道吗，人类最奇怪的是还会在手上戴手套，手套也有五根指头，有的小朋友还用坏的手套做成动物的样子，你们看！这就是用手套做成的小象。"

嘟嘟拿起来一看："还真的跟小象哥哥很像呢！这是怎么做的呢？"

小精灵说："这个我也看到了，我来告诉你们吧！"

 用彩纸剪出小象的两只眼睛、两个耳朵、嘴、两颗小牙、四个爪子的形状，还有一个小尾巴。

 将各部分粘在手套上，一只可爱的小象就做好啦。

 为什么不用做鼻子呢？因为大拇指就是小象的鼻子啊。

开发新天地

同样的小手套还可以做好多动物呢，小章鱼、小恐龙、小金鱼、小熊、小兔子等等，试着自己做做看啊。

小猴爬树

小精灵拿着一个小玩具来找嘟嘟和聪聪。

嘟嘟和聪聪问："小精灵，你今天又有什么好玩的，给我们看看啊。"小精灵神秘地从身后拿出玩具，嘟嘟惊奇地发现这个玩具看着好眼熟。小精灵笑着提醒嘟嘟说："你看这个玩具像不像一个小聪聪在爬树呢？"

快来露两手：

塑料吸管一根 橡皮泥 塑料饮料瓶一只 铅画纸 薄白纸 石蜡 剪刀 锥子

 取一根内径约4毫米的吸管，将它的一端用小团橡皮泥塞住。

 用小锥子在它的前后两侧各钻一行小孔，孔与孔之间约5毫米。在钻孔时，将锥子向被塞橡皮泥那端倾斜一点，所有小孔都形成同一角度。

 将饮料瓶瓶盖取下，在瓶盖中心钻个比塑料吸管直径略小的圆孔，将吸管的另一端紧紧插进圆孔，管周用石蜡密封。

 用铅画纸做一个比吸管直径略粗，高约30毫米的纸管（可以将纸绕在比吸管略粗的筷子上，接头处用胶水粘好），套在吸管上。

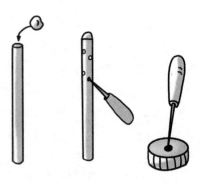

贴心告诉你

在使用锥子时，锥子要对准目标，另外不要用力过大，防止锥尖在加工表面打滑后伤手。

122

嘟嘟高兴地直拍手喊："像！像！真是太像了。"聪聪听了很不好意思地瞥了那玩具一眼，就要走。

小精灵说："聪聪，你先别恼，你看。"说着摆弄起玩具，小猴真的一格一格爬上了高树。小精灵说："聪聪最擅长爬树了！"聪聪听到小精灵的夸奖，也高兴地笑了，喜欢上了这个小玩偶，缠着小精灵想知道是怎么做的！

小精灵认真地教会了嘟嘟和聪聪这个小猴爬树的做法。

 再用一张轻纸，对折后画一只小猴，剪下后成为两只小猴，涂色后将两只小猴身体对贴，双腿分开粘到纸管上。

 用同样的方法，将铅画纸对折后，在上面画上树冠，沿轮廓线剪下，涂色后对粘在吸管上端，玩具就完成了。

 用双手挤压饮料瓶子，吸管两侧斜向上的小孔喷出的气流推动纸管上升。小猴也就随之上升。若手用适当的力连续快速挤压饮料瓶，小猴就缓缓上升了。

开发新天地

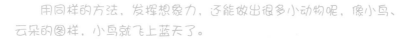
用同样的方法，发挥想象力，还能做出很多小动物呢，像小鸟、云朵的图样，小鸟就飞上蓝天了。

英勇的武士

聪聪有一个很漂亮的武士，是城镇里的男孩奇奇送给他的，他非常喜欢，就把它放在书桌上。这天，嘟嘟来聪聪家玩。在聪聪房间里玩时，看见了他的小武士，便问："聪聪，你的小武士能借我玩吗？"聪聪说："当然可以！"

嘟嘟听了便拿起来随便捣鼓，并让武士自己战斗起来。聪聪正在埋头看书，突然听到"哐当"一声，小武士摔在地上了。聪聪便问："嘟嘟，发生什么事了？"

嘟嘟可怜兮兮地说："我……我不小心把小武士掉在地上了。"

快来露两手：

一个小纸箱　一小块方形硬纸板　白纸　剪刀
水彩笔　双面胶

 打开小纸箱上面的盖子，把两个短小的部分露出来，再将长的部分插回去。
将两侧的纸箱壳中间三分之一剪开做武士的手。

 打开小纸箱底部的盖子，把短的部分剪掉，将长的部分从中剪开，再沿着边缘从两边、中间各剪开一段，一弯过来，用双面胶粘在一起，武士的脚就做好了。

将硬纸板剪成一个框框，用双面胶粘在武士的脸上。

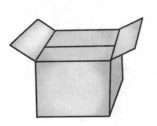

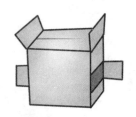

贴心告诉你

剪刀较为锋利，因此，拿材料的手一定要在剪刀刃的侧面或后面，不要在刀刃运动的方向上。

聪聪赶紧站起来去看。又听"啪"的一声，聪聪走路不注意又用脚踢了一下，小武士就全部散架了。

聪聪冲着嘟嘟大声嚷："你把小武士弄坏了，以后有什么好玩的都不给你玩了！"说完，聪聪把嘟嘟推到了门外。几天后，嘟嘟拿了一个小武士来找聪聪，她对聪聪说："我弄坏了你的小武士，这个小武士是我亲手制作送给你的。"聪聪说："那天是我太生气了，其实是我自己踩坏的，"嘟嘟坚定地说："要不是我不小心碰掉了你也不会踩到。"聪聪说："不开心的事就让它过去吧，我们还是好朋友。"小武士站在桌子上，成为他们友谊的守护神。

 用白纸剪出两个圆形做武士的眼睛，中间再添上黑色的一笔就是眼珠子了，将眼睛贴在框框里。

 开始为武士上色吧。

 最后，用白纸剪出一个条形，贴在武士手上，是不是就像一把武士刀了呢！

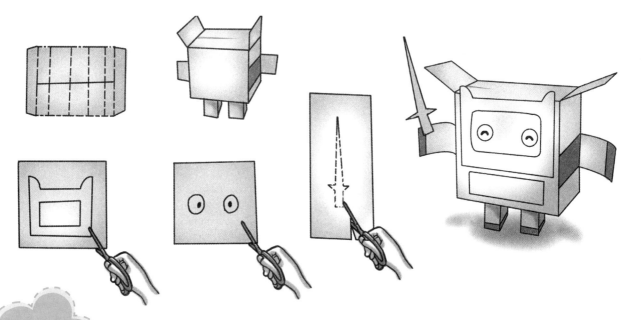

开发新天地

小纸箱能做的娃娃还真不少呢，最简单的就是将顶端的盖子短的部分露出来，将底部的盖子打开，短的部分是手臂，长条的部分中间三分之一剪掉，剩下的两边就是腿了，这样就是一个坐着的娃娃啦。

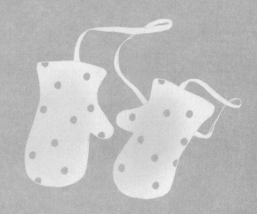

第 4 章　时尚造型

——琳琅满目的饰品店

豌豆公主

一天，嘟嘟问小精灵："小精灵，你说我可以变成公主吗？"

小精灵问嘟嘟："那你知道公主是什么样的吗？"嘟嘟说："公主很漂亮，而且有一颗善良的心，还有高贵的气质。"小精灵说："那你就猜错了，谁都不知道真正的公主什么样，但是有一种测试公主的方法，等我讲完故事你就明白了。"

从前有一位王子，他想找一位真正的公主结婚。王子走遍了全世界，想要寻到这样的一位公主。可是，找到好多自称公主的姑娘，王子却没有办法断定她们究竟是不是真正的公主。最后，王子垂头丧气地回了家。

快来露两手：

透明塑料软管一条　各种颜色的豆子（红豆、绿豆、黑豆等）
螺钉一枚

 依照手腕的粗细截取一段软管，要比手臂周长稍长几厘米。

 用螺钉塞住软管的一端，留出一半在外面。

 在管内装入各种颜色的豆豆。

贴心告诉你

螺钉的选择一定要大小适合插在管里，太小就不能固定，太大就塞不进去啦！

有一天晚上，来了一位姑娘，她说她是一位真正的公主。这位姑娘好像刚刚淋过雨，看起来很狼狈，皇后决定考查一下她。皇后走进一间卧房，命令人把所有的被褥都搬开，在床榻上放了一粒豌豆，并在上面放了二十床垫子和二十床鸭绒被，然后让这位自称是公主的姑娘睡在上面。

第二天早晨，大家问她睡得怎么样。"啊，不舒服极了！"公主说，"我差不多整夜没合上眼！天晓得我床上有什么东西，弄得我全身发青发紫，真吓人！"现在大家都看出来了，她是一位真正的公主，因为除了真正的公主，任何人都不会有这么嫩的皮肤的。王子就选她为妻子，而人们也就称她为豌豆公主了。

小精灵又说："豌豆已经是公主的象征了，豌豆公主代表真正的公主哦。今天就教你们做豌豆手镯吧！"

 将螺钉留出的那部分插入另一侧的软管，塞紧。

 一个漂亮的圆形豌豆手镯就做好啦。

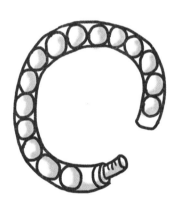

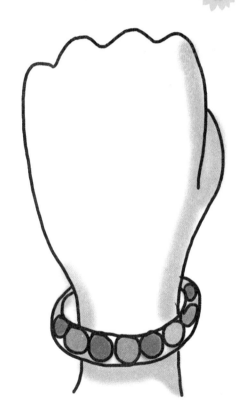

开发新天地

还可以在管子里加入各种颜色的珠珠，甚至是自己折的纸星星，会有不同的漂亮效果哦！

挂历变新潮手链

最近，嘟嘟不知道为什么爱上挂历了，聪聪积攒了好几年的挂历都快被她用光了。这不，嘟嘟今天又跑来跟聪聪要挂历了，聪聪觉得好奇怪哦。

聪聪问："嘟嘟，你要这么多挂历干什么啊？"嘟嘟神秘兮兮地说："现在不能告诉你。"聪聪问："那什么时候才能告诉我啊？"嘟嘟笑嘻嘻地说："到时候你就知道了。"

聪聪很想知道嘟嘟的秘密，就跑去问小精灵。聪聪问："小精灵，你知道嘟嘟为什么要那么多挂历吗？你跟嘟嘟那么要好，一定知道的。"小精灵说："我也不知道，我们一起去看看吧。"

快来露两手：

废旧挂历 固体胶 线

 将废旧挂历纸剪成若干条长三角形，并在表面涂满固体胶。

 将挂历纸用力地卷起来，注意要紧一点。

贴心告诉你

在穿线的时候，要小心不要弄散了挂历，挂历要用固体胶粘好。

聪聪和小精灵把小精灵家的挂历也全拿到了嘟嘟家，他们问嘟嘟，嘟嘟却伸出手让小精灵和聪聪看看有什么不同。聪聪看了半天也没看出来。小精灵却一眼就看出来了："嘟嘟，原来你把挂历都戴在手上啦！"聪聪问："哪里？哪里？"嘟嘟摇了摇手上的手链说："这就是用挂历做的，我现在在做耳环、项链，准备做一整套呢！"

　　小精灵把挂历送给了嘟嘟，嘟嘟高兴得两眼发光。小精灵说："嘟嘟，你还可以用旧报纸做，会很有西部片的风范呢！"嘟嘟高兴地说："是啊，我要快快去设计啦。"

3 这些是卷好的半成品哦。

4 自由搭配一些可爱的小珠子，手链完成。

开发新天地

　　喜欢这款手链吗，还可以做成珠子形状的呢！把挂历纸裁成长条形，刷上胶水，然后卷起来，再用刀子切割成相同大小的小块纸，就做成了。

　　最后把这些珠子按照你喜欢的颜色穿起来，一款独具个性的纸手链就制作完成了！

棒球小子

嘟嘟很爱打棒球，可是她又打不好，于是她天天缠着聪聪教她打棒球，聪聪被缠得什么事都做不了，而嘟嘟却又没有任何进步。假期，聪聪终于逃脱了嘟嘟的纠缠，因为他参加了班上组织的夏令营，而教嘟嘟打棒球的重任就落在了小精灵的身上。小精灵不像聪聪那么顽皮，很耐心地教嘟嘟打棒球，还带嘟嘟去理发，吃冰激凌。

一天，小精灵病了，嘟嘟赶去看望，"小精灵，你也会生病吗？那你的病怎么治呢？"

快来露两手：

一个废长方形纸盒或者是喝完的牛奶盒　一个手提袋
剪刀　订书机　还有一个红色的鞋箱

 把长方形纸盒四个折角处剪开。

 红色的鞋箱剪成和每个长方形纸盒相同大小的四个。

 再剪一个和两个长方形纸盒大小的一个半圆。

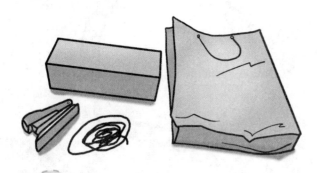

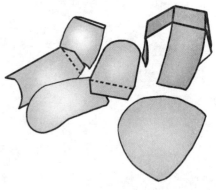

贴心告诉你

在使用订书机时，要避免自己的手指放在订书机下压的方位，以免弄伤小手！

小精灵告诉嘟嘟："你很喜欢打棒球，如果我能看到你把棒球打好，我一开心，病就会好了。"于是嘟嘟很用功地练棒球，练完就去照顾小精灵。

聪聪夏令营回来了，嘟嘟又缠着他打棒球。聪聪说："这是最后一次了，如果你输了，就不能再缠着我非要练棒球了。"嘟嘟嘻嘻一笑说："好。"没想到，嘟嘟竟然战胜了聪聪。聪聪很纳闷："我去夏令营没用多长时间啊，为什么突然进步飞速呢？"小精灵说："因为嘟嘟是个善良的孩子，善良的孩子都会得到上天赠送的礼物的。"嘟嘟开心地跑向小精灵："小精灵，你的病好了吗？"聪聪纳闷地问："小精灵，你病了吗？"小精灵对嘟嘟说："这是我们的秘密哦！"

 把红色鞋箱剪下来的四片分别插入长方形纸盒各角，用订书机装订起来或者用针线封起来，最好的效果是用双面胶粘起来，就看不到接口了。

 然后把半圆也装订上去，OK了，一个简单的帽子就做好了。

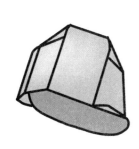

开发新天地

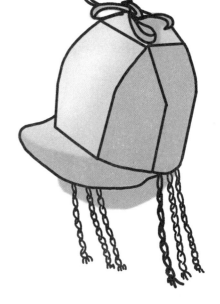

当然也可以做得更细致一些，加上不同的漂亮饰物，效果会更酷的！

魔法套装

　　小精灵知道自己可以很容易地就变出一屋子的东西，可是她不愿意轻易使用魔法。她觉得靠双手去创造才更有乐趣。有一天，小精灵给了嘟嘟和聪聪一元钱，对他们说："你们能不能用这一块钱买到可以装满整个屋子的东西呢？"嘟嘟和聪聪很发愁，因为只有一块钱，不管买什么都不会装满整个屋子的。

　　嘟嘟说："也许屋子本身就是满的，因为屋里充满了空气。"这句话提醒了聪聪，聪聪说："我们去买根火柴和稻草，烧着稻草让屋子里充满烟，不就装满了。"

快来露两手：

铅笔 双面胶 剪刀 马克笔 胶棒 金银色卡纸 报纸 硬纸板 白色和彩色卡纸

 做魔术帽，首先我们在金色卡纸上画出扇形，并剪下来。

 剪好以后，在一边粘贴上双面胶，连接。在做好的帽子上用各种颜色的彩色卡纸进行装饰。

 接下来用银色卡纸画出魔法棒的小星星并剪下来，粘贴在硬卡纸上，中间挖空。

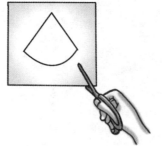

贴心告诉你

剪薄纸时，要用剪刀的尖部；剪厚纸板时，要用剪刀的根部，这样剪起来更有力量。

在一个摊档前，他们看见了火柴和稻草，可是火柴就要一块钱。嘟嘟和聪聪泄了气，漫无目的地继续走着。这时，一个人对旁边的同伴说："你看阳光总是这么好，可以普照整个大地。"聪聪高兴地对嘟嘟说："嘟嘟，我想到了，是光，我们可以用光装满整个房间。"于是聪聪和嘟嘟决定买下那盒火柴，老板却说："火柴只剩一根了，不如这样，我把蜡烛卖给你们吧。"聪聪说："那你要帮我们把蜡烛点燃，我们就买。"于是，老板帮他们把蜡烛点燃，然后，嘟嘟和聪聪拿着点燃的蜡烛回去，摆放在小屋里，告诉小精灵："我们用蜡烛的亮光装满了整个屋子。"小精灵很高兴，因为聪聪和嘟嘟动了脑筋，于是，小精灵送给他们各一套魔法套装，代表他们魔法学习成绩合格啦！

 然后我们将彩色的卡纸对折，用剪刀剪成宽窄一样的条状。

 我们把最上面留一部分，粘贴在星星下面。

 我们将报纸用彩色的卡纸包起来。将报纸和做好的小星星连接在一起。这样我们的魔术帽和魔术棒就做好了。

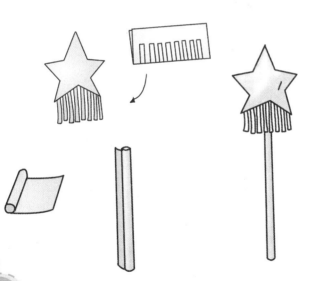

开发新天地

当然也可以做得更细致一些，加上不同的漂亮饰物，效果会更酷的！例如给小魔法帽加上一团团毛线，是不是更漂亮了？再用彩带装饰魔法棒，是不是像在施魔法呢？

树叶做王冠

嘟嘟最爱漂亮了，她有一屋子的首饰，首饰中最漂亮的当数她那顶璀璨的宝石王冠，那是彩虹姐姐送她的，那个王冠会发出七彩的光芒。

一天，奇乐谷里开办小舞会，嘟嘟决定戴上这顶美丽的王冠，让奇乐谷里的小动物们看看，她是一位美丽的小公主。可是，当她把王冠拿下来的时候才发现，王冠挂了太久，上面蒙了一层厚厚的灰尘。嘟嘟去找溪水姐姐："溪水姐姐，帮我把小王冠洗干净吧！"溪水姐姐说："好啊！"溪水姐姐努力地冲刷，终于把灰尘都冲干净了，可是在冲刷的过程中，一颗宝石被冲掉了，跟着溪水姐姐流走，找不到了。

快来露两手：

许多秋叶 薄纸板 铅笔 剪刀

 采集许多形状有趣和颜色漂亮的大树叶。在这里，我们用比较结实的秋叶或者是压制了一两个星期的小树叶。

 在一张薄纸板上将干叶片设计成一个王冠形状。我们拿一片大树叶放在中央。

 用一支铅笔轻轻地沿着树叶画下它们的轮廓，这样你就知道它们覆盖的纸板有多大了。

贴心告诉你

在使用剪刀时，较小的孩子应使用圆头剪刀，把剪刀递给别人时，要剪柄向前。

嘟嘟伤心地哭了起来。溪水姐姐也很内疚，难过地掉下了眼泪。小花喊："溪水姐姐，你别哭了，你一哭，我们就要被淹死了。"小精灵从花丛中飞过，听到小花的话和溪水姐姐的哭声，赶忙赶来。

听大家讲了刚才的事，小精灵想了想，便问大树爷爷："大树爷爷，你能借些树叶给我用用吗？"大树爷爷笑呵呵说："好哇，孩子，你自己来拿吧。"小精灵飞上大树的枝头，取下叶子，不一会儿就变出了一个树叶王冠，虽然不及宝石璀璨，但是在阳光的照耀下，小叶子们笑了，王冠也显得更加动人。

溪水姐姐和小花们拍手称赞："这个王冠真漂亮，如果嘟嘟戴上的话一定会是舞会上最漂亮的。"嘟嘟戴上树叶王冠，也高兴地笑了，笑容在王冠的映衬下更加漂亮了。

 将纸板上的叶片取走，沿着铅笔画下的痕迹，我们将形状剪下来，这样树叶就可以将纸板彻底地遮盖住了。

 用胶水将树叶粘贴在纸板上，将较小的树叶放在较大树叶的上面。如果你还有一些有长叶茎的树叶，不妨拿来粘贴在上面做额外的装饰。

 剪下一条约2.5厘米宽的薄纸板。将这个纸条缠在自己的头上，用胶带将首尾两端粘贴在一起。你可能需要大人的帮忙。将头带粘贴在王冠上，我们还可以用小树叶来装饰一下这个头带。

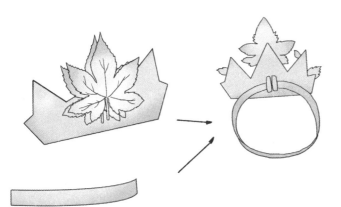

开发新天地

同样的方法，还可以做花冠、草冠，甚至用农田里的麦穗做王冠都行，一定会更富有乐趣的！

甜美布头花

嘟嘟、聪聪和小精灵在奇乐谷玩耍。嘟嘟拾起了草丛中掉落的一朵小花，小花已经不能再回到枝叶上了，于是嘟嘟把它戴在头上。

小精灵高兴地说："好漂亮啊，清新、简单、雅致，是天然的漂亮头花。"于是，小精灵也捡了一朵戴在头上。

小精灵说："嘟嘟，你知道吗？用布做，也可以做出这么像真花的头花哦。我看你最适合粉色的头花了。"

快来露两手：

16片圆布片 边缘用花边剪刀剪出花边 一小块不织布
布料最好选择纱（棉绸 绸缎 真丝）针线

 将圆布片对折再对折。

 将折叠好的布片固定在织布上，4块缝一块平面上。

3 布花风格头花在缝第2层时布片要压在上一层的缝隙上。

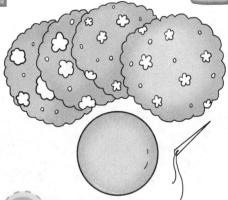

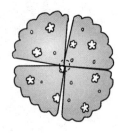

贴心告诉你

在使用针线的时候一定要小心，最好在家长的看护下进行！

嘟嘟一听要打扮漂亮立马就来了精神，拍着手直跳："好哇，好哇，我要学，我要学。"聪聪不乐意地转身要走："不跟你们学，光学些女孩子的东西！"

这时，白云姐姐在空中喊："聪聪，我还有工作要忙，不能去学，你能做一个送给我吗？"聪聪听到白云姐姐的话立马来了精神，说："没问题，白云姐姐，我一定让你变成一朵最漂亮的彩云。"

黄昏时，聪聪拿着做好的头花去送给白云姐姐，那天的天边，真的像镀了一层五彩一样，美丽极了！

 这样再缝两层就可以了，做得越大，层数就要越多。在后面缝上皮筋就可以当头花。

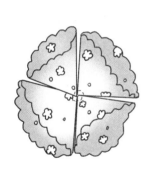 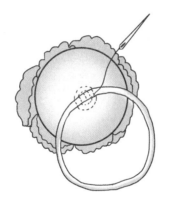 

 **开发新天地**

多样的布料，还可以有更多的拼接方法，小朋友开动脑筋去试试吧！看你能不能设计更多花样、更漂亮的小头花出来！男孩子可以做来送给妈妈哦！

幸运三叶草发卡

一天，天气晴朗，空气里还有潮湿的气息，刚下过雨，草地上的青草更加嫩绿鲜艳了！

嘟嘟、聪聪和小精灵一起在奇乐谷里玩耍，忽然嘟嘟被一个特殊形状的草吸引，停下了脚步。

嘟嘟问："这是草还是花呢，怎么长得像花瓣一样，颜色却是草的绿色呢？"小精灵兴奋地说："嘟嘟，这是四瓣的三叶草啊，也就是四叶草，但人们都叫它幸运草。因为在传说中，找到四叶草的人都会得到幸福。"嘟嘟高兴地喊："我会得到幸福的。"

快来露两手：

绿色的不织布 剪刀 针 线 发夹

 先用纸画出三叶草的形状，剪出三叶草的形状，每一个三叶草要剪两片。

 确定一下发夹在三叶草上的位置，做记号，剪个小洞。

 把原来的纸模剪掉一圈。剪出一个小的三叶草。

贴心告诉你

在使用针线时，注意不要太快，以免扎到手。

这时，聪聪也赶忙跑过来看，却没想到被一个大坑绊倒，把膝盖都摔破了，聪聪捂着膝盖喊："好疼啊！"嘟嘟轻轻地摘下四叶草，递给聪聪说："聪聪，你看你老是摔倒，我把四叶草送给你，希望你以后都可以很幸福，不用再摔倒了。"

聪聪的腿立刻不疼了，聪聪感动地看着嘟嘟。

小精灵说："嘟嘟做得对，四叶草代表的幸福是要与他人分享的，而不是自私的，它还代表了最真诚的祝福和爱！"

 把小三叶草放到大的三叶草上面。

 把它们缝起来。

 把两片大的三叶草缝一起，把发夹包在里面。

 幸运三叶草布艺发卡大功告成了，还不错吧？

开发新天地

可以在上面加一些点缀，用针缝一些你喜欢的图案。

儿童卡通手套

奇乐谷里的冬天来了，聪聪早起帮小松鼠去送粮食，小松鼠要储备很多很多的粮食。

天寒地冻的，聪聪的手很快就冻得通红。小松鼠看见了，亲切地对聪聪说："拿去吧，这手套给你戴。"聪聪接过手套，小松鼠说："聪聪，你快戴上吧，不然等会儿你会更冷的。"小松鼠说完，聪聪便将手套戴上了。过了一会儿，聪聪发现小松鼠的手已经冻得红彤彤的了，聪聪说："小松鼠，你还是把手套拿去戴上吧。"

快来露两手：

表布四块 里布四块（大小约15厘米*20厘米） 薄纸 铺棉

 用纸型剪出四块铺棉。

 在布料的背面用纸型画线，表布与里布各需要画两片就可以。

 表布正面相对，缝合。手套的口不需要缝。依次完成两只手的表布缝合。

贴心告诉你

在使用熨斗和缝纫机时要特别小心，也可以用热水装在矿泉水瓶中代替熨斗，用针代替缝纫机来做缝合。

小松鼠说："不用给我，我手暖和着呢！一会儿我就到家了，你还要在回家路上走很久呢。"

聪聪的心感到无比温暖。搬运完粮食，聪聪回家了。路上，聪聪遇到了正回家的嘟嘟，他看见嘟嘟的手也冻得红红的，聪聪急忙跑过去把手套取下来对嘟嘟说："嘟嘟！快把手套戴上，这样会暖和一些。"说完，聪聪帮嘟嘟把手套戴上了。一副小手套其实是充满了爱和温暖的，懂得关心别人，就可以将爱和温暖传递下去。

 烫好铺棉的表布翻至正面，如图套进里布中，再把准备好的绳子夹在中间，缝合手腕位置。

 把里布塞进表布中，整理一下就完成了！同样的方法做另一只手套。

开发新天地

小朋友，你学会了吗？还可以直接画出五指手套的样子，照着做一个五指手套哦！

星星徽章

小精灵送给了聪聪一个礼物，是聪聪梦寐以求的徽章机。回到家后，聪聪迫不及待地拆开包装就要动手做。只见里面有好多配件：圆形的薄膜、3厘米的圆形彩色纸片、圆形的徽章上下盖等。

聪聪看着这么多配件不知该如何下手，只好打开说明书，按照上面的步骤做。

首先聪聪找到一片圆形的薄膜和圆形彩色纸片，再拿来一套徽章盖。忽然聪聪发现了一个奇怪的现象，里面所有的配件基本上都是圆形的，只是大小不一样。聪聪问小精灵："这些大小不一样的圆形，该怎么测量呀？是拿尺子量的吗？盒子上的3厘米到底是指哪个配件的尺寸呀？"

快来露两手：

白纸一张 铅笔 剪刀 大头针 彩色毛毡布
带锯齿的剪刀 缝衣针 线 大号别针

 在白纸上把星形图案画出来，然后剪下来。

 把星形图案用大头针别在毛毡布上，然后沿图案的边缘整齐地剪下来。

 用圆盖子在毛毡布上画个圈，然后剪下来，再用玻璃杯在其他颜色的毛毡布上画个大一点的圈，用带锯齿的剪刀剪下来。

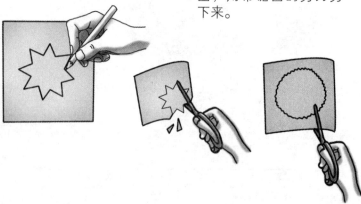

贴心告诉你

在使用剪刀、大头针、带锯齿的剪刀、缝衣针、别针时，要小心，不要弄伤小手哦。

小精灵却说："有问题了，首先要自己想办法来解决。"聪聪神气地回答："没问题，瞧我的。"聪聪连忙取来了尺子。左量右量发现没有一个配件正好是3厘米，这是怎么回事呢？聪聪转念一想，应该是做好以后的成品是3厘米。聪聪把想法告诉了小精灵，小精灵却说："你就不能把问题搞得明白？"听了小精灵的话，聪聪打开数学书寻找答案。在书里，聪聪查到了关于圆的很多知识，比如：半径、直径、圆周率等等。于是聪聪按照步骤成功地做了一个漂亮的徽章，然后用尺子正确地量了一下，果然这个徽章的直径正好是3厘米，收获真大呀。

 用缝衣针把一枚大号别针缝在带锯齿的圆形毛毡布上。

 把三块毛毡布按大小顺序叠在一起，然后用缝衣针穿透毛毡布，在圆心处缝个十字花。

 星星徽章就做好啦，看它多神气。

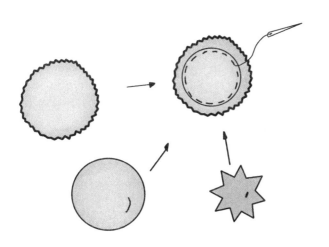

开发新天地

还想做什么样的小徽章呢？做个花的，做个小草的，做一个太阳的，总之小朋友能想到的，都可以按照这个方法做，只要先学会画你想要的图形就行了！

可爱的小衣服挂饰

嘟嘟家里有一个可爱的小黑桃，它是一个可爱的玩具娃娃。它长着一双又大又圆的眼睛，眼睛好像在眼眶里来回转动。小黑桃穿着一件黑色的小毛衣，中间有一个大大的心形图案，但是它的衣服和其他娃娃的不同，是可以脱下来的。

有一天，小黑桃对嘟嘟说："我不喜欢这个名字，也不喜欢这件衣服了。"嘟嘟问："那你喜欢什么样的衣服，喜欢什么名字呢？"小黑桃摇摇头，说："我就是不喜欢这个名字，你帮我想几个，我来选吧。"

快来露两手：

纸 笔 针线 剪刀 pp棉 挂绳 不织布

 在纸上先画好自己想要的图案，怎么样，这个简单吧！

 把图样剪下来，在不织布上描出轮廓，按照轮廓剪下布片。

 开始缝啦，这个叫贴布绣，就是贴着布绣，针脚密一点，就会显得很整齐。针要和布垂直还有个窍门，如果怕缝歪了，可以先用一点胶水把图案粘在布上，也可以用别针固定住。

贴心告诉你

用完剪刀和其他工具后，要记得把它们收好，同时也要将那些碎纸片、碎布打扫。

嘟嘟想了很久也没想好，于是去找小精灵帮忙。小精灵问："小黑桃，你喜欢什么颜色呢？"小黑桃说："我喜欢白色。"这时，聪聪拿着一根羽毛跑来找嘟嘟玩。小黑桃看见了，拍手说："好漂亮的羽毛。"小精灵说："把小黑桃改名叫小白羽吧，给你做一件白色羽毛衣，你喜欢吗？"小黑桃说："是不是像天使一样？"小精灵说："是啊。"小黑桃高兴极了："我喜欢。"

小黑桃的衣服很快做好了，黑色桃心的衣服也换了下来。嘟嘟正准备扔了它，小精灵说："别扔了，我来教你用这娃娃的小衣服做手机链吧。"嘟嘟说："好哇，真有趣！"

 收针的时候不用打结，把线从不织布里穿出来就行，因为不织布比较密，不会开线的！

 缝好之后，锁边。快锁完边的时候记得留个口，好把pp棉塞进去。

 塞pp棉。

 缝上挂绳，完成啦！小T恤挂件！可爱吧？

开发新天地

这是一种非常常用的制作衣服手机链的做法，非常实用，同样的方法，可以按照自己喜欢的颜色任意搭配，做出各种漂亮衣服背包小挂件哦！

小蘑菇钥匙链

一天，天气晴朗，空气里还有潮湿的气息，刚下过雨，草地上的青草更加嫩绿鲜艳了！大树的底部长出了一个个像小屋顶一样的东西，圆圆的很可爱。嘟嘟、聪聪和小精灵在奇乐谷玩耍。嘟嘟首先发现了树下的这个小东西，赶紧叫小精灵和聪聪一起来看。小精灵高兴地说："雨后，总是会长出这么多小蘑菇，一个个真是太可爱了。"嘟嘟纳闷地看着这一朵朵小屋顶一样的蘑菇说："我以前吃的蘑菇和这个长得不一样啊。"

快来露两手：

剪刀 不织布 珠链 PP棉 针线

 先画好要做的样子，剪出形状。

 把每片上的装饰缝上，并做出一个装珠链的。

 把两边缝上，缝到最后留一小口塞进PP棉。

贴心告诉你

在使用剪刀和针线时要小心，不要弄伤小手哦。

小精灵告诉嘟嘟："因为小蘑菇属于菌类，菌类有好多种类，样子都不同，所以这里长的和我们吃的就不一样啦。"嘟嘟拿起一个小蘑菇说："那我多采点回去做菜吃。"小精灵赶紧阻止她："这个蘑菇是不能吃的，有毒素。"嘟嘟惊讶地跳了起来："啊，这么可爱的小蘑菇居然有毒！"嘟嘟好失望。

这时，小精灵说："不要难过，虽然它们不能吃，但是它们的确是很可爱的啊，我们可以照着它们的样子来做一些小饰品，把它们的可爱带到自己的生活中，你说不好吗？"嘟嘟一听要打扮漂亮，立马就来了精神，拍着手直跳："好哇，好哇，我要学，我要学！"

 塞入PP棉，可用废旧的笔芯帮助塞进去。

 缝合完成。

 装上珠链，完成。

开发新天地

学会了吗？同样的方法，还可以做小苹果啊、小香蕉啊、小菠萝啊……总之，你能想到的，会画的水果蔬菜都可以做成可爱的钥匙链，快来做吧！

冰糕棍公主手镯

嘟嘟最近遇到了一件非常苦恼的事情，她的好朋友滴滴买了一个非常漂亮的手镯，嘟嘟非常喜欢。"这个滴滴明明什么都不如自己，怎么可以拥有这么漂亮的公主手镯呢？只有像我这么漂亮的人，才可以拥有。"嘟嘟感到心里极为不平衡，她当时决定把它偷回来。于是，嘟嘟就去找滴滴玩。滴滴很热情地招待她，并且给她看自己漂亮的公主手镯。嘟嘟趁滴滴不注意，将手镯偷走了，并且戴在自己的手上。但是嘟嘟的手腕比滴滴的要粗一点，这个手镯太紧了，怎么也拿不下来。怎么办呢？

这时，嘟嘟看到了桌子上的剪刀，悄悄拿过来，准备剪断。

快来露两手：

冰糕棍 圆形杯子 刻刀

 将冰糕棍按圆形的杯子的形状弯曲放入杯底，千万不要折断哦！

 经过一段时间的固定以后，取出，看，是不是像手镯的形状了！

 最后用刻刀刻出凹凸不平的花边，为手镯涂上你喜欢的图案，就做好啦！

贴心告诉你

使用刻刀时，扶料的手要在刀刃运动方向的后面或侧面。此外，用力不要太大，以防刻刀滑开。

"嘟嘟！"突然传来了滴滴的声音，把嘟嘟吓了一大跳，剪刀也不小心掉到脚上，嘟嘟的脚被戳伤了，痛得直哭。滴滴见状，找来药帮嘟嘟包扎，同时也明白了嘟嘟的意图，对嘟嘟说："这个手镯就送给你吧。"嘟嘟有点不好意思了，忙低下头，向滴滴道歉："对不起，滴滴。我不该这么自私。我不能要你的东西。"滴滴笑笑说："没关系。好东西就应该和朋友一起分享的。我们是好朋友啊。"嘟嘟拍拍脑袋说："我最近学了一个简单的手镯的做法，我也为你做一个，向你道歉。""好啊！"滴滴高兴地说。

　　好朋友又手拉手地做起漂亮的手镯了，一起加入她们吧。

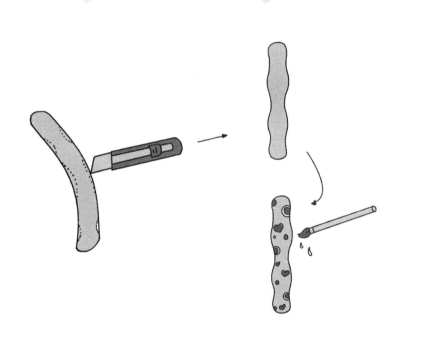

开发新天地

将冰糕棍穿起来还可以变成腰带和项链，也是很不错的哦。

水滴耳环

嘟嘟很聪明，也很善良，大家都很喜欢她。有一天，嘟嘟去奇乐谷打水，突然她看到一股泉水，这里是谁也没来过，谁也不知道的。嘟嘟记得以前来奇乐谷时没有这股泉水，很好奇，便走了过去。泉边有一位老人，还有三个水桶。老人说话了："你能帮我把三个水桶都装满水吗？"

"可以。"嘟嘟很乐意地说。

说完，嘟嘟便开始舀水。三个水桶都装满了水，自己的水桶也装满了水。

快来露两手：

粗铁丝 钳子 细铁丝 耳钩 串珠

 首先用钳子剪下两段一样大小的粗铁丝出来，然后将铁丝弯成一个水滴状的样式，其两端要制作出两个圆形的小扣。

 接下来就是需要我们认真地穿铁丝和穿珠了。首先取出一段比较长的细铁丝，然后将一端缠绕到粗铁丝的上面，从铁丝的一端穿一个珠进去，然后将铁丝拉紧，将其绑在另外一端的粗铁丝上面，将铁丝多缠绕几圈。

 按照同样的手法，再穿进去两个珠，其走势是"之"字形的，慢慢一层层下去。

贴心告诉你

在使用粗铁丝、钳子、细铁丝时要小心，不要弄伤小手哦。

"谢谢你，善良的孩子。我给你一件东西。"说着，老人从口袋里拿出一对小水滴一样的耳环："这是送给你的。"说完，老人就离开了。泉水他也不要了。耳环却戴在嘟嘟的耳朵上了。

嘟嘟很喜欢这漂亮的水滴耳环。她想她一定是遇到神仙了。嘟嘟把这经历告诉了小精灵。

小精灵说："说不定这个耳环真是有魔力的，那个老人没有跟你说什么吗？"

嘟嘟摇摇头说："不记得了。"

善良的嘟嘟从来不贪心，所以那个耳环就一直这么戴在嘟嘟的耳朵上，很漂亮。

 等到缠绕好了以后，耳饰坠就出现在我们的眼前了，接下来就是将耳钩挂上去了。

 将一个耳钩挂在上面的两个圆扣当中。然后按照同样的手法制作出另外一个耳饰来。这样我们所需要的两个耳饰就制作出来了，为了使两个耳饰重量一样，不管是珠子还是细铁丝都是需要一样的长度的。

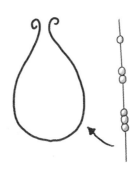

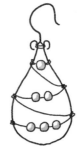
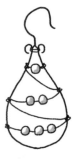

 开发新天地

还可以把细铁丝弯成你喜欢的样子，可以是花形、星星形、圆形，发挥你的想象力，用同样的方法，做更多不同样式的漂亮耳环吧。

桃心戒指

嘟嘟打开抽屉，一个狗尾巴草编的小戒指静静地躺在那里，原来碧绿的叶子如今已变得枯黄、易碎。这个狗尾巴草戒指还有一个难忘的故事。

嘟嘟和小白兔妹妹是好朋友，从没有吵过一次架，在嘟嘟的印象中，她是乐观坚强的，长得很可爱，圆圆的小脸蛋，嘴边总是挂着笑。

快来露两手：

纸 彩笔

 用纸剪出一个方形纸片，折成八等份。

 离自己最近的一份再对折，折两次。

 翻过来(现在是6份的大小)，两边向中线对折，尖头向后。

 两侧打开，压紧，再折回。

①

②

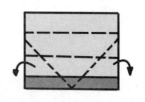

③

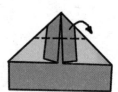

④

贴心告诉你

折的时候要细心，细小的部分要小心地折哦！

154

那时候，嘟嘟很喜欢和小白兔一起去草原上玩，小白兔还教会了嘟嘟做狗尾巴草戒指，说："嘟嘟，我们以后一直都这么要好，我们要编一样的戒指戴着，你戴着这个戒指就会一直记得我了。"可惜这个狗尾巴草戒指太容易枯黄了。

于是，嘟嘟决定送给小白兔一个不会变黄的戒指，她去找小精灵帮忙。小精灵说："我就教你一种桃心戒指的做法吧。"嘟嘟很认真地学会了戒指的做法，于是她做了一对桃心戒指，一个自己留着，一个送给了小白兔，小白兔高兴地说："这样，戒指就永远都不会变色，我好高兴哦。"

嘟嘟和小白兔手拉着手，戴着戒指去草原上玩了！

5 中间的尖头折平。

6 下面宽大的部分向上对折两次(背面)。

7 卷起来形成戒指，戒指完成。

8 红心部分用彩笔上色，完成！

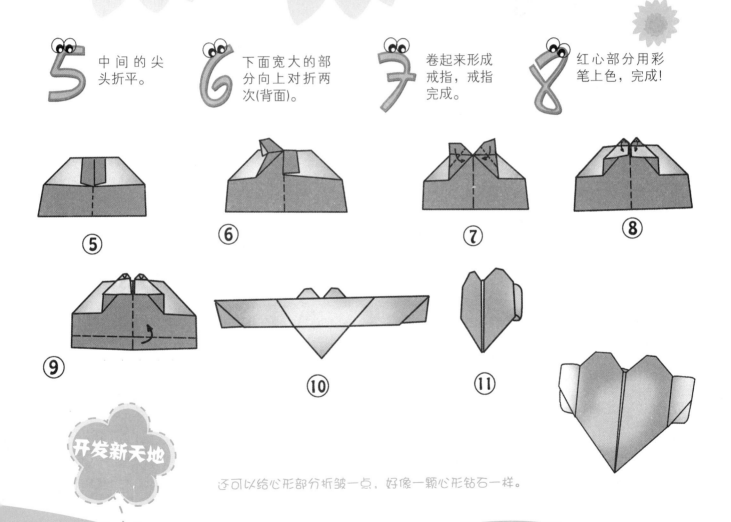

⑤ ⑥ ⑦ ⑧

⑨ ⑩ ⑪

开发新天地

还可以给心形部分折皱一点，好像一颗心形钻石一样。

榆钱儿香囊

农历五月初五是端午节，端午节这天，嘟嘟早早地起来了，拿出鸭蛋和粽子，放在锅里煮。嘟嘟站在灶台边上，看着锅里的鸭蛋，有青绿色的、玉白色的，煞是可爱。

不一会儿，聪聪闻到一阵粽叶的清香。聪聪迫不及待地问："煮好了吗？"嘟嘟回答："好了，好了！"于是，他们取出一个煮熟的粽子，剥去粽叶，菱形、白胖胖、软黏黏的粽子好吃极了。小精灵说："嘟嘟、聪聪，你们想做一个小粽子一样的小香囊吗？"

嘟嘟和聪聪高兴地边吃边喊："好哇，好哇。"

快来露两手：

布 棉花 香料 剪刀 针线

 把布剪成长条，里面放上棉花和香料。

 用线沿一侧缝合。

 缝好以后，把线拉紧，这是关键呀！

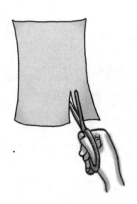

贴心告诉你

在使用剪刀的时候，剪刀的上下刀刃和水平面垂直，大拇指朝上，小拇指抵住把柄。

吃完粽子后，嘟嘟和聪聪的嘴上都粘着好多粽子粒，可爱极了。

小精灵就教嘟嘟和聪聪用剩下的粽子叶洗干净做香囊。玲珑小巧的香囊又香又美，嘟嘟和聪聪都好喜欢。小精灵告诉他们："小孩子戴上香囊和五彩绳可以祛疾病，保安康。"

小精灵、聪聪和嘟嘟唱着端午的歌谣：五月五，是端阳，门插艾，香满堂。吃粽子，撒白糖，龙舟下水喜洋洋……

他们开心地笑了。

 在对口的地方加上装饰用的红线，一个可爱的香囊就做好啦！

开发新天地

端午节的香囊样子可多可丰富了，榆钱样的，还有八角样的，大家来发挥想象力，缝制各种各样的香囊吧！

塑料花毛衣链

流水的声音忽远，忽近。一个个美丽的花朵浸没在水中，若隐若现。嘟嘟穿着一件漂亮的新毛衣向河边走着。嘟嘟看到水中的小花，很是喜欢，走到水旁，轻轻撩动河水，溅开一朵朵灵动的水花。剔透的水珠轻轻划过嘟嘟的毛衣。

小精灵看着嘟嘟的新毛衣说："嘟嘟，你不觉得你的新毛衣缺少点儿东西点缀吗？"嘟嘟说："是啊是啊，可是什么东西才能将毛衣点缀得更加漂亮呢？"

快来露两手：

饮料瓶或矿泉水瓶 剪刀 美工刀 卡纸或硬质纸张 彩色的纽扣 油漆 胶水

 如图所示切下瓶底，你不觉得它很像花朵吗？

 将瓶底上色，粘上彩色的纽扣，这样是不是更像了。

 穿洞，穿绳。

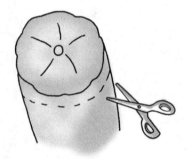

贴心告诉你

孩子在传递剪刀时，应该把剪刀合拢，手要握住合拢的刀尖，剪刀柄对着他人。

小精灵说："你看那水中晶莹剔透的花朵，如果用它来点缀你的毛衣，一定会很漂亮。"嘟嘟说："可是，那样会弄湿我的毛衣的。"

小精灵说："那我们就做一个像水中花朵那么漂亮的毛衣链吧。"嘟嘟高兴地问："怎么做呢？"小精灵想了一想说："塑料就可以做，因为塑料是一种透明的东西，做出来的花朵，一定会像水中的花朵那么晶莹！"

嘟嘟说："好哇，好哇，快教我做漂亮的塑料花吧！"

开发新天地

用剪刀将花朵剪开，还可以做出不一样的花形哦！

戴领带装小大人

一天,嘟嘟独自在奇乐谷里无聊地走来走去。

忽然, 一阵亮光闪了一下, 嘟嘟的视线马上被吸引住了, 原来是大象伯伯的领带挂在树梢上晾晒。它静静地躺在一片阳光中, 闪烁着缕缕银光, 好美啊! 嘟嘟想起了以前剪过的一种丝, 也是银光闪闪的, 怎么剪它也剪不断, 大象伯伯的领带也是用这种丝做的吗? 嘟嘟想知道, 领带是否能剪得开?

于是, 嘟嘟怀着好奇的心情拿着剪刀, 一剪, 啊, 没想到领带上出现了一个小口子。

快来露两手:

硬卡纸

 沿实线朝箭头方向对折。

 先沿折线向后折, 再沿虚线向上折。

 沿虚线和折线朝箭头方向压折。

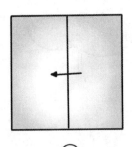

①

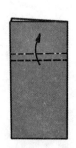

②

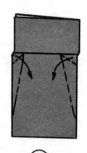

③

④

贴心告诉你

在折细微的地方时要细心哦, 那样才能做出一个很好看的领带, 戴在脖子上像真的一样。

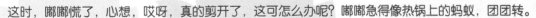

这时，嘟嘟慌了，心想，哎呀，真的剪开了，这可怎么办呢？嘟嘟急得像热锅上的蚂蚁，团团转。

忽然，嘟嘟灵机一动：用胶水把口子粘起来，不就没事了吗？嘟嘟得意扬扬地拿出一瓶胶水，用力粘了起来……可是，粘来粘去粘不上，反倒把领带弄得黏糊糊的，事情越搞越糟。嘟嘟垂头丧气，想不出别的挽救的办法了。嘟嘟只好向小精灵求助。小精灵说："嘟嘟，你怎么可以随便毁坏别人的东西呢，弄坏了还不主动向大象伯伯承认错误，还要用这种方法掩盖，这可不是好孩子哦！"嘟嘟垂着头说："小精灵，我知道错了，我想赔一个领带给大象伯伯，向大象伯伯道歉。"小精灵说："嗯，知道认错就是好孩子。我来教你做领带，自己动手做个领带还给大象伯伯吧！"

 沿虚线朝箭头方向折。

 沿虚线朝箭头方向折，然后翻到背面。

 沿折线朝箭头方向向后折。

 用细绳穿过，就可以戴在脖子上了。

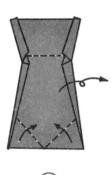

⑤

⑥

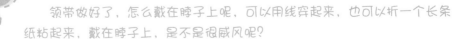

开发新天地

领带做好了，怎么戴在脖子上呢，可以用线穿起来，也可以折一个长条纸粘起来，戴在脖子上，是不是很威风呢？

美丽小拖鞋

嘟嘟喊着："累死人了！跳了一上午的舞，脚都抬不起来了。"嘟嘟回到家，穿上自己喜爱的拖鞋，在地上走，多舒服啊！再说了，拖鞋拖在地上的声音，多好听，多有节奏感啊！嘟嘟想："终于可以休息一下我的小脚丫了。"便不由自主地演奏起了"拖鞋交响乐"，可是谁想得到，就是因为这么一拖一拖，拖鞋就裂开了线，嘟嘟的小脚好疼，也没有小拖鞋穿了，好伤心啊。

快来露两手：

硬卡纸 碎布条 剪刀 胶水

 将硬卡纸剪出两个鞋底的样子。

 把碎布条编成小辫，用胶水把小布条粘在鞋底上，一直粘满整个鞋底。

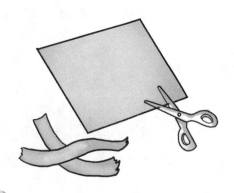

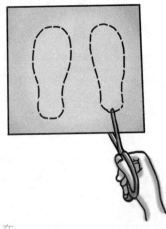

贴心告诉你

在孩子使用剪刀的时候，家长一定要陪伴在孩子身边，一来指导孩子使用剪刀，二来能够避免意外发生。

小精灵飞来，见到嘟嘟坐在地上，一脸难过的样子。小精灵问："嘟嘟，你怎么了？怎么坐在地上？"嘟嘟说："没有小拖鞋，我不想站起来，不想走路了。"小精灵笑着说："我来帮你，我们一起做一双漂亮的小拖鞋，这样，你的小脚丫就可以舒服起来啦！"嘟嘟抬起小脸问："拖鞋也可以自己做吗？"小精灵说："当然可以啦！"嘟嘟高兴地说："好哇，我们自己动手做小拖鞋。"

把两个小辫交叉粘在鞋的上部，再做一些小装饰粘在鞋帮上。好啦！试试吧，很舒服呢！

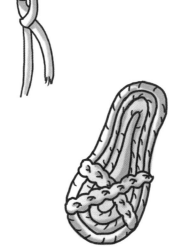

开发新天地

小拖鞋有多种花样，看小朋友喜欢什么颜色的布，喜欢什么样式的花，可以随心所欲地改变小拖鞋的样子哦！

串珠吊坠

嘟嘟、聪聪和小精灵在奇乐谷里玩耍。突然听到一阵叮叮咚咚的响声，有一些小亮点在草丛中和花朵间闪闪发光。嘟嘟走上前一看，原来是一颗颗小小的珠子，有棱有角的，反射了阳光。

这时，漂亮的人鱼姐姐在河中焦急地喊着："有没有人可以帮帮我，我项链上的串珠不见了，谁来帮我找找啊！"嘟嘟拿着一颗小珠子走到人鱼姐姐面前问："人鱼姐姐，这是你的串珠吗？"人鱼姐姐说："对，就是这种珠子，可是我的串珠原来是一串，现在散了，珠子又落得到处都是，这可怎么办呢？这个串珠是妈妈送给我的，我不能弄丢的！"嘟嘟说："没事，我们来帮你找。"

快来露两手：

珠 钓鱼线

 剪出一条长约60厘米的钓鱼线，在中间穿过4个猫眼石串珠，并在第4个珠上使线交叉。

 重复2次，分别在两侧钓鱼线各加1个猫眼石串珠，之后再加穿1个猫眼石串珠并使线交叉，接着再分别将两侧钓鱼线各加穿1个猫眼石串珠。

 穿过起点的第1个猫眼石串珠，并使线交叉，形成环状。

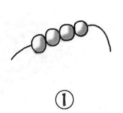

①

②

③

贴心告诉你

这是一个很精细的手工制作，所以小朋友要认真穿哦！千万不要乱！

聪聪说："嘟嘟，小精灵，我们来比赛怎么样？比赛谁找到的珠子多？"

在聪聪提议比赛的激励下，很快小珠子就都找齐了。大家也没工夫数到底谁找到的最多，就赶紧给人鱼姐姐送去。人鱼姐姐说："可是原来是一串珠子，那种串珠的样式很独特，我不会穿啊！"小精灵说："没关系的，人鱼姐姐。你把串珠原来的样子画下来，我们一起想办法穿好它。"人鱼姐姐把图案画了下来，大家照着图案左思右想，终于穿好了。人鱼姐姐说："太谢谢你们了。"嘟嘟说："这个串珠太漂亮了，我知道方法了，以后我也自己穿一个来戴。"

大家都高兴地笑了。人鱼姐姐向他们告别，回到河里去了。

 将钓鱼线拉紧，将单边的钓鱼线穿过周围的串珠，并保持能够打结的状态，打结后记得将结头做处理。

 一个漂亮的珠链就做好啦。

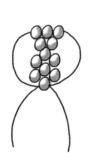

④

开发新天地

不同颜色的珠子可以戴出不同的效果，紫色是高贵的，粉红色多甜美啊，绿色多清新啊，这多种多样的变化可以丰富小朋友们的生活，装点美丽哦！

彩珠纸项链

奇乐谷里新开了一家饰品店，吸引了很多很多爱漂亮的小动物，嘟嘟就是其中一个，店内琳琅满目的商品深深吸引着她。嘟嘟在饰品店里转来转去，每一件小饰品都让她爱不释手，嘟嘟都不知道该买哪件了。突然，嘟嘟眼睛被密封在玻璃里的模特吸引住了，模特脖子上的一串珍珠项链熠熠生辉。嘟嘟对河马老板说："我想要那串项链。"河马老板打开玻璃门取下了模特脖子上的项链递给了嘟嘟，笑着对她说："这串项链很适合你。"说着把项链给嘟嘟戴上了。

快来露两手：

绘图纸（墙纸或杂志画页等厚一点的纸）圆杆牙签或细钉子 胶水 线绳 亮漆 水彩笔或马克笔

 把纸裁成方形和三角形的长条。这些纸条的长度、宽度和形状，将影响到你做出的项链珠的大小和形状。所以，在正式开始之前，你最好先做几种不一样的珠子试试，看自己喜欢哪种。

 在纸条的一面涂上胶水，把牙签或细钉子纵向放在纸条一端。

 接下来，拿一根线绳紧挨牙签或细钉子摆好，方向与牙签或细钉子平行。把纸条绕着牙签或细钉子缠紧，成为珠子形状。

贴心告诉你

小心！不要被钉子扎到手哦！同时，也要注意不要让胶水粘到手。

嘟嘟对小精灵说："我买下这串项链吧。你觉得怎么样？"小精灵仔细看了看，对河马老板说："这个项链是纸做的，怎么能拿出来卖呢？"嘟嘟一听原来这项链是纸做的，就生气了："老板，你怎么可以骗人呢！"河马老板很凶地说："我怎么骗人了？你说要买，又没问是什么做的！"小精灵说："那现在我们不买了，这种项链我们自己也会做！"说着，小精灵拉着嘟嘟走出店门。

嘟嘟恋恋不舍地看着那串项链，问小精灵："小精灵，你真的会做这种项链吗？"小精灵说："如果你喜欢，我就会做。"嘟嘟说："我喜欢！"小精灵说："那我们就回家自己做一个来戴吧！"嘟嘟高兴地欢呼起来。

 趁胶水还未干透，拔出中间的牙签或细钉子，只剩线绳在里面。珠子干透之后，就可以用水彩笔或马克笔给它着色。

 最后涂上一层亮漆（它能使珠子的颜色更鲜亮）。

 另外取一张纸条，按上面的步骤在这条线绳上再加一颗珠子，然后继续……慢慢地，一条纸项链就成形了。

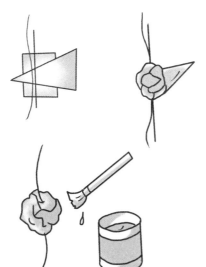

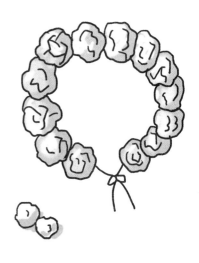

开发新天地

发挥你的想象力，设计出你的独特款式！手工项链可以作为一份很别致的礼物送给朋友。朋友聚会的时候，戴着它也格外有新意。

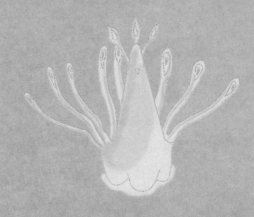

第 5 章 **我爱我家**

——制作实用的装饰品

吉祥挂件

小精灵给嘟嘟带回了一个吉祥挂件，是特地为嘟嘟做的！嘟嘟可喜欢了。

小精灵告诉嘟嘟："吉祥挂件是中国的传统手工，放在家里可以保佑人们吉祥健康。我希望嘟嘟可以健康快乐地长大，所以就学来做了一个给你。"嘟嘟高兴极了："那只有我有，聪聪没有怎么可以呢？"小精灵说："嘟嘟果然是大孩子了，懂得为小伙伴着想，所以，我希望嘟嘟可以自己做一个送给聪聪啊。"嘟嘟噘着嘴说："可是我不会做。"小精灵说："我教你啊！"嘟嘟高兴极了。

快来露两手：

金色纸（也可用其他彩色纸代替） 中国结 KT吹塑板（也可用彩色卡纸代替） 细木条 细线 双面胶 裁纸刀 剪刀

 将8根细木条用双面胶粘成一个木架，这是挂件的基础，同样的木架要做两个。

 把两个木架摆成菱形，用细线连接，在下端木架的底部系上一个中国结。

 以木架的边长（除突出部分）为边长，用KT吹塑板裁四个正方形。

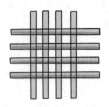

贴心告诉你

在使用剪刀、裁纸刀时要小心，不要弄伤小手哦。

很快，吉祥挂件做好了，嘟嘟拿着自己亲手做的吉祥挂件去送给聪聪，聪聪好高兴，也要做一个送给小松鼠。

这个吉祥挂件就这么一传十，十传百，整个奇乐谷里的小动物都学会做了，都做了一个送给朋友，吉祥就这么一点点传递着。整个奇乐谷里都挂起了吉祥挂件。

新年的时候，在一串串红红的吉祥挂件下面，大家高兴地载歌载舞！

 用双面胶把裁好的KT吹塑板粘在木架的两边，只露出木条的突出部分。

 用金色纸剪"祝福"两个字或其他吉祥语，注意大小应适合KT吹塑板。

 将金字呈菱形摆放分别粘在两个木架的中间，吉祥挂件就完成了。

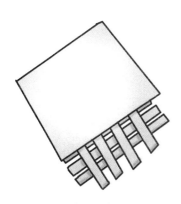

开发新天地

吉祥挂件还有好多种做法呢！其中鱼也是中华文明中的吉祥物之一，小朋友可以把中国结和鱼穿在一起做成，可以用平时用的红线包在一个用纸做的鱼外围，也是一个漂亮的吉祥鱼挂件哦！

格子收纳盒

储物盒在很多人的眼里算不了什么，但是，在嘟嘟的心中，储物盒是一件可以盛放美好回忆的宝贝。

嘟嘟有一个漂亮的储物盒，粉红色的外衣，爱心桃的形状，印着一只可爱的卡通人物，手上托着一颗银光闪闪的钻石，好像在说："美丽的童年就在这里面！"这个储物盒分成三层。第一层是放项链和戒指等嘟嘟臭美的饰品的。第二层分成了一些小格子，嘟嘟在里面放了一些小袜子，一双小手套，一些丝巾。第三

快来露两手：

瓦楞纸 剪刀 尺 压边工具等

 裁剪一个长28.5厘米、宽21.5厘米的长方形，在四周分别留两个宽5厘米的边。

 分别裁剪两个长27.6厘米、宽8厘米的长方形；三个长20厘米，宽8厘米的长方形。将宽对折，长三等分后，剪好固定用的凹边。

 将它们折在一起，一个耐用简洁的自制格子收纳盒就做好了。

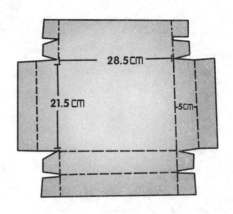

28.5cm

21.5 CM

5cm

贴心告诉你

如果不小心被剪刀这样尖锐的物品扎伤，一定要赶快报告老师、家长，找医生及时治疗。

层是放一些纪念品的，底部是用粉红色的丝绸铺起来的，摸起来十分舒服。

可是嘟嘟的东西很多，很快储物盒就装不下了。因此，嘟嘟决定要自己学着做一个储物盒！这样以后不管需要多少，都可以动手做出来啦！

嘟嘟原以为储物盒就是一普通盒子，可后来才发现，说起来容易做起来难啊。于是，小精灵又来帮忙啦，就连聪聪都来了，他们一起开心地做着储物盒，因为他们都有很多东西需要储物盒帮忙储存啊！

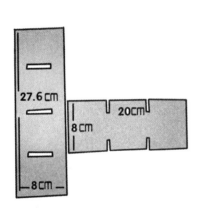

储物盒有很多种，有简单的，有格子的，有带小抽屉的，以后小朋友可以慢慢学习制作。而格子收纳盒的包装小朋友却可以自己设计，来为小储物盒设计一个漂亮的外观吧！

盆栽大变身

今天，嘟嘟去聪聪家看她种的小番茄发芽没有，刚一进门，聪聪就兴奋地告诉嘟嘟："嘟嘟，小番茄发芽了！"嘟嘟高兴极了，连忙跑过去，看看发芽的小番茄到底是什么样子。

哎呀，嘟嘟惊奇地发现，种下的五颗种子，已经有四颗小种子破土而出。它们像四个小兄弟一样高低不等。

嘟嘟和聪聪按个子高低来编号，老大长得最高，两片叶儿嫩嫩的，像直升机的螺旋桨。

快来露两手：

包装纸 丝巾一块（彩带一条）小盆栽一盆 铁丝

 用长方形纸包住盆栽。

 右边多余纸折至左边。

 左边折至右边，左右交叉。

贴心告诉你

在用铁丝时要小心，不要扎到手！

老二和老三挨得很近，像是双胞胎兄弟。老四露出了一点儿头，身子还在泥土里。老五呢，怎么找不到？原来，它还在泥土妈妈的肚子里睡大觉呢。

嘟嘟再三嘱咐聪聪："别忘了每天给它晒晒太阳，浇浇水，要轻拿轻放，别碰到它们，让它们快快长大，结出一个个小番茄。"

小精灵飞过来说："你们想不想给小番茄创造一个漂亮的家呢？"嘟嘟和聪聪都说想。小精灵说："那我们现在就来给它们的花盆变变身吧。"

 中间系上铁丝，再以丝巾装饰。

看，盆栽大变身了！

开发新天地

小朋友，你们的妈妈有多少漂亮的丝巾呢？除了丝巾还有什么可以为花盆变身呢？可以用餐巾纸浸下染料，染上色，为小花盆围起来，是不是也很漂亮呢？画上五官，就更有趣了，好像花盆宝宝一样！

孔雀开屏

小精灵问嘟嘟和聪聪："你们见过孔雀开屏吗？"嘟嘟说："当然见过啦，前几天，还去孔雀哥哥家里玩，他开屏开得好美呢！"

聪聪说："对啊，可是孔雀姐姐却很害羞，不愿意开屏给我们看，小姑娘就是扭捏。"小精灵笑着说："不是这样的！我来告诉你们吧，孔雀姐姐她不会开屏哦！能够自然开屏的只能是雄孔雀。"聪聪不好意思地说："哦，原来我错怪孔雀姐姐了。"

快来露两手：

大塑料瓶（最好是大雪碧的瓶子） 剪刀 白纸 水彩笔

 剪下一个大雪碧瓶子的下半部分，在这部分雪碧瓶上开始创作吧。

 先剪出一个大三角形，三角底端大概占整个瓶底的四分之一。

3 然后依次剪出八个以上的细条状，中间相隔相等的距离。

贴心告诉你

使用完剪刀后，要及时盖上剪刀安全帽，然后及时放回工具盒里，而不要拿剪刀对别人比画。

小精灵说："孔雀哥哥开屏是为了吸引孔雀姐姐注意，另外还有防御的作用，给同类以警示。"嘟嘟说："哦，那以后如果孔雀姐姐不在，想看孔雀哥哥开屏，我们就吓唬他。"

小精灵说："嘟嘟，你这样就不对啦。不过，我们可以做一种手工制作，把孔雀开屏的美景留在家里，并且还能做储物盒用哦。"

 将多余的部分剪去。

 在纸上画出一定数量的孔雀尾形状的图案，绿色长条上有椭圆形绿色中心、红色外边的顶端。

 将图案从纸上剪下，粘在瓶子上。其中取出三个，去掉绿色长条部分，粘在孔雀头，作为孔雀冠。看，孔雀开屏了。

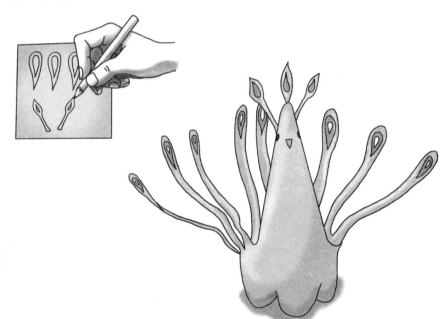

开发新天地

同样的方法还能做章鱼哦，是不是可以剪出许多的章鱼腿呢，快去发现吧。

竹筷花盆

今天，嘟嘟买了棵小月季花，却忘记了买花盆，她只好再到街上去一趟。

走到街上，嘟嘟左看看，右瞧瞧，终于，发现了一家花店，急急忙忙地跑了进去。

一走进去，嘟嘟好像走进了花的世界，花的海洋。嘟嘟认真地寻找需要的花盆，有家乡的瓦罐，景德镇的陶瓷……但是，那些花盆不是太大，就是太小，始终不如意。嘟嘟失望地回了家。

快来露两手：

免洗竹筷 塑胶瓶一个 棉绳 木头

 取一个塑胶瓶，将瓶口锯掉，保留底部备用。

 将竹筷裁切成比塑胶皿高的长度，并用棉绳以8字形绕法，缠绕固定。

 每绕完一圈，便再次套入竹筷，反复绕到需要的长度为止。

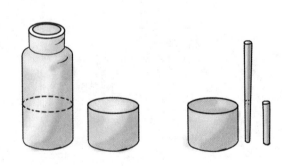

贴心告诉你

在用器具截取瓶子和筷子时要小心，不要弄伤小手！

回家的路上，碰到了小精灵，小精灵看到嘟嘟手里捧着小月季花，却一点笑容也没有，就上前问："嘟嘟，怎么买了这么漂亮的花还不高兴呢？"

嘟嘟说："因为没能给小月季花买到合适的花盆，小月季花很可怜的，没有家了。"

小精灵笑着说："这还不容易，我们自己做一个，想做多大都可以。"

嘟嘟问："怎么做啊，用什么做呢？"小精灵笑着说："用吃饭的筷子就行啦！"

嘟嘟高兴地说："好好好，我要做，小月季花乖哦，给你做个小花盆，你就有家了。"

 竹筷上下两端均以同样的方法缠绕，直到足够围绕塑胶皿外围的长度为止，然后将它粘贴固定，最后可再加上一圆形木块做底座，增加美感。

 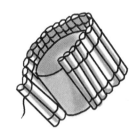 

 开发新天地

同样的方法，还可以编很多东西，比方竹垫等等。小朋友，要学会从生活中发现哦！

抽纸桶

家里如果不时常清理，就会有很多灰尘，这些灰尘就会像小恶魔一样蒙在家里的各种物品上。

嘟嘟是个爱干净的孩子，所以她把家里的东西都整理好，装在大大小小的盒子里。可是，还有一卷卫生纸不知道放在哪里好。放在盒子里，用起来很不方便，这可怎么办呢？小精灵来给嘟嘟出主意了。

快来露两手：

硬纸板 多种颜色的布 扣子 剪刀 圆规 直尺 针线等

 用圆规在纸板和布上分别画4个半径6厘米的圆和长37.68厘米、宽13厘米的长方形。

 将剪裁过的两块布中间夹两个硬纸板，然后锁边缝合。

 选择两片图纸片和两片圆布片，在中心圆处开一个半径为2厘米的圆，做出纸口，用另一种颜色的布做一个空心圆为装饰。

小精灵说："我们做个抽纸桶不就行了，既可以防灰尘，抽用的时候又很方便。"嘟嘟问："抽纸桶怎么做呢？"

小精灵说："很简单啊，就像盒子上有个洞一样简单，不过要记住纸卷是圆的，所以抽纸桶也要是圆的哦！"

嘟嘟很快就明白了，很认真地做起抽纸桶来。

 将包好的长方形纸片和圆片缝合，把扣子钉在纸桶边上做搭扣。

 将剪好的心形图案贴在抽纸桶上，一个漂亮实用的抽纸桶做好了。你会了吗？

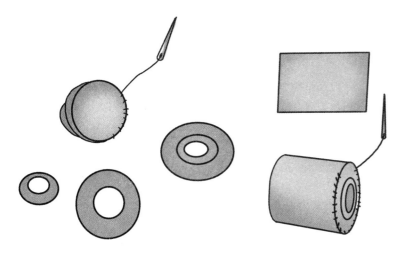

开发新天地

现在再来做一个抽纸巾的盒子吧，这个是不是更简单，小朋友想到了吗？
就是找一个长方形的盒子，在上层开一个长条形的开口，就做好啦！

漂亮装饰盒

一年一度的奇乐谷小学聚会就要举行啦。在这样喜庆的一天，小动物们都会互相赠送礼物。聪聪和嘟嘟的礼物早就准备好了。

这天，嘟嘟、聪聪和小精灵聚在一起，互相欣赏对方的礼物，嘟嘟和聪聪都觉得自己的礼物更好，争执起来。

快来露两手：

盒子 水彩 花朵 树叶 胶水 清漆（指甲油）

 我们在一个巧克力盒子内侧涂上一种颜色，然后再用另外一种颜色涂在外侧。等其变干。

 在盒子顶上，我们可以将花朵和树叶排列成一种图案。

 当你对一种图案设计满意以后，在每朵花、每片树叶后面涂上一点胶水，轻轻地将其粘贴在盒子上。

贴心告诉你

用刷子在盒子上刷一层透明的清漆，花瓣和树叶就不容易破碎了。

嘟嘟说："你看我的项链多漂亮。"聪聪说："你看我的火箭多厉害。"小精灵说："你们的礼物都很好，可是你们忽略了一点哦！"嘟嘟和聪聪问："忽略了什么？"聪聪说："难道这还不够好吗？"小精灵说："已经很好了，可是要是有个精美的包装不就更好了。"嘟嘟想了想："小精灵说的对哦！"小精灵继续说："其实做这个包装盒很简单哦。我们大家自己动手做吧！"嘟嘟和聪聪说："好哇，好哇，我们自己来做。"

于是，嘟嘟和聪聪就开始做礼品包装盒了。小精灵看着他们的样子很欣慰。

当胶水晾干以后，用刷子在盒子上刷一层透明的清漆，这样不但看上去闪闪发光，而且花瓣和树叶也不会破碎了。如果盒子比较小的话，用透明的指甲油就可以了。

开发新天地

还可以用彩色的纸来包装盒子，将丝巾剪成条状也能装饰漂亮的礼品盒哦！

红色玫瑰花

一天，嘟嘟遇到了一朵走失的玫瑰花。玫瑰花告诉嘟嘟："我跟同伴走失了，一个人好孤单啊！"嘟嘟很想帮助玫瑰花，于是就陪着玫瑰花一起找她的同伴。她们翻山越岭，找了很久也没有找到。

玫瑰花难过地哭了起来。嘟嘟忽然想起，自己学过一种玫瑰花的做法，她想，不如帮玫瑰花做些同伴吧。于是嘟嘟开始做玫瑰花了，很快便做好了很多。嘟嘟把做好的玫瑰花撒在地上，玫瑰花看到，走过去，高兴地喊："嘟嘟，嘟嘟，我找到同伴啦！"

快来露两手：

红色卡纸 胶带 剪刀 笔

 在红色卡纸上用笔在上面画一个大概的圈圈，然后剪下，如图所示。

 顺着你所画的印迹用剪刀剪开，可以剪得稍微随意些。

3 从外圈开始按照图中所示样式进行卷折，直到再不能卷为止。

贴心告诉你

剪刀不使用时，一定要放在安全的地方，同时剪刀头应朝里。

玫瑰花问嘟嘟做的玫瑰花："你们到哪去了，害我找了这么久！"嘟嘟做的玫瑰花当然不能回答她了。玫瑰花很伤心，她找到了同伴，同伴也不理她。嘟嘟知道这样也没办法帮助玫瑰花，她也很难过。

这时，又有几朵玫瑰花走来："看，我们又找到了一群同伴。"玫瑰花们高兴地结伴走了。

 将下面用胶带固定好，简单而又美丽的红玫瑰花就做好了啦。

 颜色和纸张大小都可以随意选择，这样制作出来的纸玫瑰花效果将会是异彩纷呈，最后将它们粘连在枝条上。

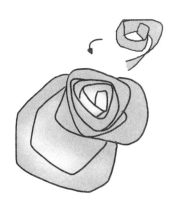

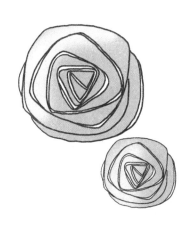

开发新天地

除了玫瑰花，还有好多花也可以这样制作哦，比方康乃馨，只要为玫瑰剪出一些锯齿，就是康乃馨的样子了！

熊猫书签

聪聪是个爱学习的孩子，可是他比较健忘，今天看书看到哪页，第二天就不记得了，于是聪聪想，要是做个小书签就好了。

聪聪收集了很多材料，找嘟嘟和小精灵帮他一起做书签。可是书签怎么做呢？聪聪用剪刀东剪剪，西剪剪，做出来的还是什么都不像，聪聪很伤心。

快来露两手：

黑色 黄色卡纸 剪刀

 用黄色卡纸剪一个长13厘米宽8厘米的长方形，如图，中间剪开三边，制作一个用来夹书的纸片。

 用黑色卡纸剪一对耳朵、眼睛和一个小鼻子（在眼睛那挖一个长方形的小口子）。

 将耳朵、眼睛、鼻子粘在黄色卡纸上。

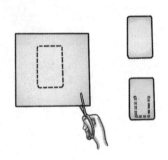

贴心告诉你

手里拿着剪刀时，不要四处奔跑，以免碰伤别人，同时也可避免不慎跌倒，使剪刀伤害到自己。

这时，小精灵给聪聪出主意了。

小精灵说："聪聪哦，你看，书签要有两只脚，这样一脚在外，一脚在内，才能很容易找到看到的那一页。"

听了小精灵的提示，聪聪很快做出了一个漂亮的小书签了。

 一个可爱实用的熊
猫书签就完成啦。

 开发新天地

还可以给书签涂上别的颜色，做出各种动物小书签哦！

满满的储钱罐

小精灵告诉嘟嘟和聪聪："从小就要学习做一个节俭的好孩子哦！"嘟嘟和聪聪说："我们从来都很节俭的。"

小精灵说："嘟嘟，聪聪有一个储钱罐，里面装满了小硬币，你有吗？"嘟嘟嘟着嘴说："没有储钱罐也可以储钱啊，我用盒子装硬币不就行了？"

快来露两手：

废旧塑料片 卡纸 剪刀 双面胶等

 将卡纸剪一个长10厘米、宽5.5厘米的长方形，在长方形的四周留出长3.5厘米的部分（根据个人喜好剪出形状），并留粘贴面，长方形正中开一个长2.5厘米、宽1厘米的小口。

 在塑料片上剪一个长32厘米、宽6厘米的长方形，将其分成6厘米、10厘米、6厘米、10厘米，从左到右的第二部分向上延伸一个长10厘米、宽6厘米的长方形，其余三个部分各留适当粘贴面。

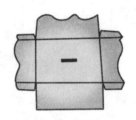

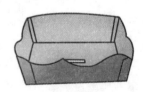

贴心告诉你

对于剪刀这类相对较危险的物品，不仅要选用安全性设计的剪刀，此外，还应再加一个保护套。

聪聪说："可是那样你随时都可以把钱拿出来花掉，就不能省下来了。"小精灵说："聪聪说的对哦，所以嘟嘟你也要拥有一个储钱罐才行。"嘟嘟说："好吧。"小精灵："聪聪，我们现在就陪嘟嘟一起做一个储钱罐，让大家都养成良好的习惯，怎么样？"

嘟嘟和聪聪都拍手赞成。

 一个自制储钱罐就做好了。
（为了好看，我们将储钱罐的盖子剪成了波浪形，大家可以根据自己的喜好添加其他装饰）。
将一个自己动手制作的小储钱罐放在桌面上，是不是既方便又可爱呢？

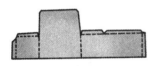

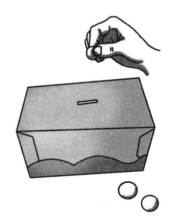

储钱罐的做法学会了吧，做储钱罐的材料还有不少呢！像盒子、矿泉水瓶、足球和篮球，也可以用来做储钱罐哦！

星星挂画

奇乐谷的夜晚最美了，漫天的星星在天空上闪耀，眼睛一眨一眨的，特别可爱。

嘟嘟、聪聪和小精灵在大草原上看夜空的星星，别提多自在了！

聪聪说："要是我能把星星都摘回家就好了。"嘟嘟说："那怎么可能呢！"

小精灵说："你们知道大自然中有一种精灵很像星星吗？"

快来露两手：

硬纸板 水粉颜料 画笔 铅笔 豆子 乳胶 清漆

 将裁好的纸板涂上白色水粉颜料。

 在纸板的一面画上一个简单的图形，不同的豆子分类放置。

 将豆子粘到你画的图形上，注意细微处需要单独固定。

贴心告诉你

水粉颜料容易干，但是如果每次画完后，在抹布上洒点水，然后把抹布盖在颜料盒上，这样就能用很久。

聪聪说："知道，是萤火虫。可是近看就知道不是星星了。"小精灵问："你真的很想拥有漂亮的小星星吗？"聪聪使劲点点头。

小精灵说："那我们来做星星挂画吧，就每天都可以对着挂画，看星星的模样了。"嘟嘟和聪聪很高兴地说："好哇，好哇，就做星星挂画。"

聪聪说："我要让我的屋子里布满了小星星。"

 大面积填空的地方可以先把胶挤在上面，把豆子撒在上面，然后用手指把它们压实。

 待胶干后刷上清漆，一幅漂亮的豆豆镶嵌画就完成了，快动手吧。

开发新天地

除了做星星挂画，还可以用豆豆做很多漂亮的立体画哦，画上任何东西都可以用豆豆拼出来，这样的拼画可以帮助盲人辨认画中的物品，让他们也能欣赏到美丽的图画。

精致的山羊杯垫

聪聪来嘟嘟家里玩，嘟嘟为聪聪倒了一杯滚烫的热水喝，摆在桌上的山羊图画上。聪聪一看，那山羊图画是用纸做的，就问嘟嘟："难道你这山羊伯伯不怕烫吗？"嘟嘟说："当然了，你没看见上面那层透明的塑料布吗？"

快来露两手：

卡纸 剪刀 胶水 水彩笔 圆盖

 取张卡纸，剪成比圆盖稍大一点的偏圆的方形。

 剪出一对羊角和一对羊脚。

 将羊的各部位粘好。

贴心告诉你

幼儿使用的剪刀其刀身应为不锈钢材质，手柄应采用高级、无毒、耐用的胶制成。

聪聪仔细一看，果然有一层透明的塑料布，聪聪又拿起来翻过来看了看，原来山羊伯伯被夹在两块圆形的塑料布中间啊。

聪聪说："嘟嘟，你真聪明，用这个方法就可以做一个漂亮的杯垫了，不怕被热水烫坏桌子了。"

嘟嘟笑笑说："我还要做好多呢，我们一起来做吧。"

 画好羊嘴和眼睛。

 圆盖用双面胶粘到羊的面部。

 完成品。可以将茶杯放上去，感觉这个山羊杯垫是很实用的哦。

开发新天地

嘟嘟的制作方法也不错哦，可以用塑料布剪出两个圆形，把各种小动物或花草的图案放在圆形塑料布中间，用热水装在杯子里熨烫塑料布，塑料布就粘在一起啦！

浪漫彩蜡

圣诞节到了，奇乐谷里要举行盛大的圣诞晚会。聪聪决定做一件非常独特的礼物，让圣诞节晚会上的所有朋友欢呼，他仿佛已经听到人人都呼唤着他的名字，"聪聪！聪聪！聪聪！"

聪聪的小眼珠转了转，有了主意。在圣诞节晚会上最不可缺少的就是漂亮的蜡烛了，如果能做出美丽的蜡烛，一定会在圣诞晚会上大放光彩的。可是外面卖的蜡烛都很普通，聪聪决定自己做一个，把各种颜色的蜡烛混在一起，用杯子等各种形状的器皿固定出不同的样式。

快来露两手：

彩色蜡笔　蜡烛　饮料桶

 找一个罐装的饮料桶，倒空饮料，整齐地去掉盖，把蜡和蜡笔削入桶中。

 把桶放入热水中，并搅拌里面的蜡和蜡笔，使之熔化。如水不够热，可以加热。

 把熔化的液体倒入一个形状好看的容器中。当然了，你要先在容器中放入作为蜡烛芯的线。

贴心告诉你

在熔化蜡烛时要小心，不要让蜡液烫到哦！

一个难题摆在了聪聪面前，蜡烛是固体，捣碎了，就捏不到一起啦，怎么办呢？聪聪去问小精灵，小精灵拿出一根蜡烛，点燃，很快蜡烛便滴出蜡油来。

小精灵问聪聪："你看到了什么呢？"聪聪说："小精灵，你是说用火烧熔蜡烛，然后将其混合在一起就行了，是吧？"小精灵说："其实蜡烛的熔点很低，却又很容易凝固，所以，不用火烧也能让它熔化，用热水试试吧。"

聪聪很高兴地告别小精灵，回家做他那特别的彩蜡去了。

蜡液冷却后，再倒入别的颜色的蜡，这样把不同颜色的蜡一层层加上去，好看的蜡烛就做成了。

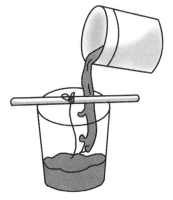

开发新天地

这个手工制作是不是很简单呢？只要发挥你的想象力，会有很多不同样子的小蜡烛哦！

小书架，用处大

聪聪是个爱学习的孩子，可是书总是平放着，看久了眼睛会很累，于是聪聪想自己做个小书架。

聪聪收集了很多材料，找嘟嘟和小精灵帮他一起做书架。可是书架怎么做呢？

聪聪用钳子东扭扭，西捏捏，做出来的还是什么都不像，聪聪很伤心。

快来露两手：

一根铁丝 细塑料管 老虎钳

 将铁丝穿进塑料管，防止书本沾上铁锈。

 用老虎钳把铁丝弯成书架，中间弯成凹形，正好可放书脊。

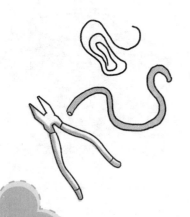

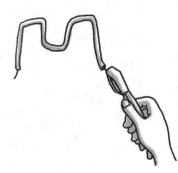

贴心告诉你

老虎钳能帮助弯曲或切断材料，但不能受力过大，以免弄坏钳子。

这时，小精灵给聪聪出主意了。

小精灵说："聪聪，你看，书要立起来，小书架也要能立起来才行哦，先让小书架有个底座吧。"

听了小精灵的提示，聪聪很快做出了一个漂亮的小书架了。

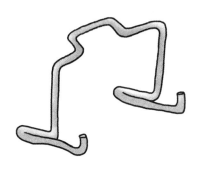 

开发新天地

抄写生字和课文，得一面看书，一面抄写，书本只好平放在桌上，看起来多不方便呀!要是有个小书架，书本能斜着放在上面，看起来就省力了。只要动动手，一个小书架就做成了。

蜜蜂钟

为了帮助贪睡的嘟嘟改掉起得晚、总迟到的坏毛病，小精灵送给了嘟嘟一个可爱的闹钟。

可是贪睡的嘟嘟还是叫不醒，为了提醒嘟嘟时间的重要性，小精灵准备让嘟嘟自己制作一个小闹钟出来。聪聪觉得小闹钟是个有趣的机械制造，于是也很想知道到底是怎么做成的。

在小精灵和聪聪的监督下，嘟嘟开始了漫长的研究过程，她把小精灵送给她的闹钟拆了装，装了拆，也没弄明白到底是怎么做的，最后研究得昏昏欲睡。

快来露两手：

一个石英钟芯（电子配件市场可以买到）
一个装CD的透明塑料盒 一些不织布和小铁丝

 将CD盒的夹层掀起，在盒底中央钻一个1厘米的圆孔。

 分别用绿色、白色、黄色的不织布裁剪成底布、花瓣和花蕊。花瓣要裁12片，每片在钟上代表1小时。

 分别在底布和花蕊的中心剪出一个1厘米的洞。

贴心告诉你

在穿凿和使用铁丝的时候要小心，不要弄伤小手哦！

于是，嘟嘟向小精灵求饶："小精灵，不做了行不行，以后我一定按时起床，你看现在有你送给我的这个小闹钟就行了。"

小精灵不理她。聪聪笑嘻嘻地说："我都已经看出是怎么做的了！"嘟嘟问："怎么做的？"小精灵说："你自己想。"

终于在聪聪的提示下，嘟嘟弄明白了，做出了一个小闹钟，并且嘟嘟也明白了时间的重要性。

 把底布和花瓣排放在CD盒中（注意，每片花瓣都尽量准确地指向某一个时钟刻度），并固定。

 把石英钟芯从CD盒底部穿入，并锁上螺丝帽。将剪了孔的花蕊套在石英钟芯的螺帽上。

 将已拔除中间突起部分的夹层合上，装上时针。用不织布片和铁丝做出小蜜蜂。

开发新天地

知道做法以后，你还可以创造出许多不同的小时钟图案呢！

礼品花带

奇乐谷小学创办纪念日就要举行啦。在这样喜庆的一天，小动物们都会赠送礼物给他们心爱的奇乐谷小学。这天，嘟嘟、聪聪和小精灵聚在一起，互相欣赏对方的礼物，嘟嘟和聪聪都觉得自己的礼物更好，争执起来。

嘟嘟说："你看我的丝巾更美观大方。"聪聪说："你看我的飞船多有创意。"小精灵说："你们的礼物都很好，可是你们忽略了一点哦！"

快来露两手：

缎带 铝线 剪刀

用长240厘米的缎带绕成10厘米的环，四角各剪30度的斜角，中间应留有0.5厘米宽。

将两端向圈内重叠，0.5厘米宽成为中间点，再系上铝线。

用食指由环圈内部轻轻向外钩出花瓣。

贴心告诉你

在系上铝线时，要注意系紧，这样可避免花瓣捆绑不紧而松垮。

嘟嘟和聪聪问："忽略了什么？难道这还不够好吗？"小精灵说："已经很好了，可是要是有个精美的包装不就更好了。精美的包装当然不能缺了礼花啦。"

小精灵拿出一个漂亮的礼花给他们看，聪聪和嘟嘟都抢着要。可是只有一个，怎么分呢？小精灵说："这个礼花不能给你们，你们要自己做。"嘟嘟和聪聪说："好吧，我们知道了。"

于是，乖孩子嘟嘟和聪聪就开始为奇乐谷小学的礼物做礼花了。小精灵看着他们的样子很欣慰。

 一左一右，直到花瓣全部拉出，调整角度。

 完成品。

开发新天地

一个漂亮的礼花是送礼时必备的，所以这个手工制作很实用哦，同时小朋友还可以折别的花样，试试看哦！

环保台灯

一天，嘟嘟不知道自己到了什么地方，这里到处黑乎乎的，一点光亮都没有。嘟嘟害怕极了，惊恐地喊："聪聪！小精灵！聪聪！小精灵！你们在哪儿啊？这是哪儿啊？"

这时，亮起了微弱的光，嘟嘟看到小精灵手里正举着一个发光的东西。嘟嘟很纳闷："怎么回事？"小精灵说："这是一个山洞，看来我们是迷路了。"聪聪说："幸亏，我前一天刚制作了这个小灯，要不然就麻烦了。"

快来露两手：

大冰激凌盒 玻璃瓶 灯组 布料 色砂 石膏 AB胶

 按 1：3 的比例调和石膏粉和水，即可将玻璃瓶淋成白色，并且产生特殊的质感。

 淋好石膏后，将灯组插入瓶口处，并用 AB胶固定。

贴心告诉你

调和石膏粉的时候，一定要记得戴手套哦！

有了小灯的帮助，嘟嘟、聪聪和小精灵很快找到了出路。回家的路上，嘟嘟问聪聪："聪聪，你这是什么灯啊？为什么都是用纸盒子堆出来的？"聪聪说："你不懂，这叫环保。用一些废旧的东西就可以做出这么一盏照亮的灯来，你说我厉不厉害呢？"小精灵夸奖说："聪聪就是厉害。"

聪聪很高兴地跟大家一起分享这个环保台灯的制作方法。嘟嘟和小精灵认真地听着，虽然聪聪是在炫耀，可是他真的做得很棒哦！

用玻璃瓶、纸杯、废纸等回收物透光的特性，可以做灯罩，组合上灯座零件。灯罩以大型冰激凌盒包上布料装饰，而灯座部分，则以玻璃瓶来制作，用淋石膏、装色砂等来装饰，再将灯泡等零件组合置于瓶口处即可。

开发新天地

瓶内的色彩，是倒入色砂后所呈现出来的渐变感，可以根据自己的喜好，倒入各色的色砂，以达到视觉的美感。

狐狸笔筒

小狐狸特别喜欢照着自己的样子做东西，这两天他的笔筒坏了，他就想做一个和自己长得一样的笔筒，可是他想来想去都不知道怎么做。

于是他去找聪聪帮忙。聪聪是奇乐谷里的小小发明家，小狐狸觉得他一定知道该怎么做。

快来露两手：

彩色纸　彩色卡纸　剪刀　胶水　记号笔　卷纸芯筒

 取一张长方形的彩色纸对折。

 再将纸如图折好。

 卡纸剪成三角形并与上步折好的形状组合好，粘到卷纸芯上。

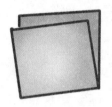

贴心告诉你

一般而言，胶水是没有毒的，如果孩子误食胶水，那么多喝点水即可。

聪聪想了想，找出一个矿泉水瓶，剪掉上半部分，把小狐狸的相片粘在上面，就完成了。聪聪说："做好啦，你看怎么样？"小狐狸摇摇头说："我没这么胖，这样看起来，好难看啊，如果包上一层纸可能会好看一点。"

这时小精灵来了，他说："你们为什么不试试用卷纸芯做呢。"

两个人听小精灵这么一说，决定试试，果然，一个漂亮又苗条的小狐狸笔筒就做出来啦。

 用记号笔画上眼睛。

 卡纸剪出狐狸尾粘到卷纸芯上。

 瞧！狐狸笔筒完成了。

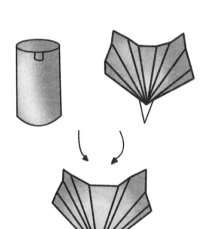

开发新天地

聪聪的办法也很好哦，如果小朋友喜欢，也可以试试用矿泉水瓶做，纸杯也是很好的创意材料！

首饰组合柜

爱美的嘟嘟有好多好多的首饰，她把所有的首饰都放在一个收纳盒里。但是收纳盒太大了，那么多首饰放在里面乱七八糟的，要找的时候总是很麻烦。

嘟嘟想，怎么才能把首饰分门别类地放在一起呢？

嘟嘟想啊想，想得头都大了。

快来露两手：

美工刀 利乐包 纸板 剪刀 鞋盒 纽扣 针线 布

 用美工刀把利乐包的一个正面割去。

 用剪刀把两个长边剪成比两个短边低一些的形状。

 按盒子的形状裁剪出比盒子略大的布片。

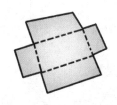

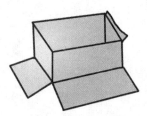

贴心告诉你

儿童使用的剪刀应是钝口圆头的儿童专用剪刀，以免剪伤或戳伤自己。

小精灵来帮嘟嘟出主意了："嘟嘟，你看平时我们用的抽屉柜，那些抽屉不就是一个一个的吗，开开合合也很方便。"

嘟嘟说："是啊，我怎么没想到呢，做一个和抽屉柜一样的小抽屉柜，不就行了？可是怎么做呢？这一定难不倒你小精灵吧！"

小精灵说："我是知道，可是也要你自己动脑想想，不要总是依赖别人。"

嘟嘟想了又想，终于靠自己想出了这个首饰组合柜的做法。

 用布片把盒子的外部包裹起来，将余出的布边向内折并黏合固定。

 在盒子上钻出两个小孔，然后将穿有纽扣的棉线穿入，固定。一个小抽屉就完成了。

 用纸板按每层可放两个小抽屉的尺寸做一个三层的柜框，再放进小抽屉。

 首饰组合柜完成。

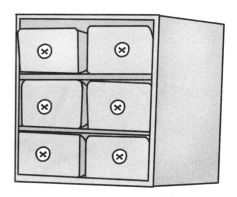

开发新天地

还可以为首饰组合柜做一个漂亮的外包装，不管是小朋友自己用还是送给妈妈，都是一个生活上不可或缺的小礼品。

仿制书架的CD架

嘟嘟、聪聪和小精灵他们三个都是热爱音乐的孩子，所以家里的CD越堆越多，堆得满桌子都是，堆得没地方放了。

于是，嘟嘟提议要为CD做一个架子。聪聪觉得这个提议很好，嘟嘟和聪聪把头转向小精灵。小精灵说："好哇，既然大家都想做一个CD架，我们就动手做吧。"可是CD架怎么做呢？小精灵笑眯眯地不答，先卖个关子。

快来露两手：

树枝　瓦楞纸板

 纸箱拆下的瓦楞纸板（若厚度不够，应加以拼贴一层夹合，增加坚实度）、树枝。

 将两面瓦楞纸板等距切割出1.5厘米左右宽的切口，再插入树枝调整，CD架就可完成。

贴心告诉你

在切割时要注意，千万不要弄伤手，最好在家长陪护下进行制作。

嘟嘟见小精灵不说话，看着那堆CD发愁。聪聪是个爱动脑的好孩子，他仔细想了想，CD架也是架子，应该和书架差不多。聪聪就把书架搬下来，准备模仿着书架做一个CD架。

这时，小精灵才缓缓开口说："其实呢，CD架有它独特的样子，可以将每张CD恰好嵌在其中，这样不容易晃动，也就不会散乱了。"聪聪说："那CD架该怎么做呢？"

小精灵笑笑说："我来告诉你们吧！"

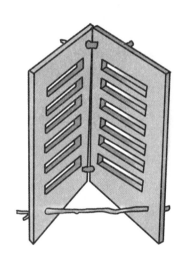
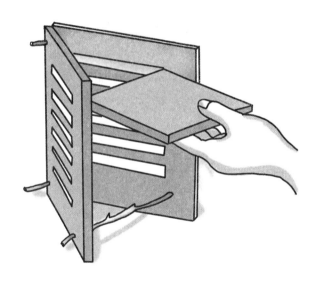

开发新天地

CD以水平插入两边切口，并将专辑名称向外，以便找寻。

后记

经过很长时间的编写，这本书终于完成，能够和小读者见面了。

很多时候，我在想，为什么又多了一本少儿手工图书呢？这不仅仅是一本普通的手工书，还包含着对小读者的期望。

希望小读者可以因为这本书而拥有一双美丽灵巧的小手，也拥有一个奇妙的奇乐谷之家，生活之家，跟随着嘟嘟、聪聪和小精灵的脚步，去发现生活中的多彩世界。

这样，在小读者成长的路途上，就有了更多有趣的历险，有了更多的喜好，可以和家长更亲近，在家长没空的时候，既可以和朋友玩，也可以去看看嘟嘟、聪聪和小精灵在干什么呢！是不是每一天的生活都变得丰富多彩了呢？

在这些由浅入深的手工游戏里，故事和手工游戏都不是很难，在开始的时候，可能小读者还要靠家长的帮助，才能完成这些故事的阅读和手工制作。但请相信，在对这本书反复阅读后，小读者最终能自己完成所有的事情，并且知道其中会发生什么危险，懂得避免生活中的小险境，慢慢强大起来。

现在，小读者是不是已经可以靠自己去到书中的任何一个地方了呢？拿着这张单程票踏上手工的新旅途，去看更远大的世界吧。在每个人的人生道路上，有些东西永远失去了，还有一些即将来到。

参考文献

[1]卢志才.快乐宝贝手工乐园——折纸(基础篇)［M］.长春:北方妇女儿童出版社，2005.

[2]彩虹.儿童巧手折纸大全[M].福建:福建美术出版社，2005.

[3]贝尔纳黛特·特莱-路西.我来做手工[M].陈景秀，译.贵州：贵州教育出版社，2010.

聪明的孩子动起来

让孩子着迷的 100个

学习游戏

张荣妹 编

群言出版社
QUNYAN PRESS
·北京·

图书在版编目（CIP）数据

让孩子着迷的100个学习游戏 / 张荣妹编 . -- 北京 ：
群言出版社，2016.4
　（聪明的孩子动起来）
　ISBN 978-7-5193-0072-2

　Ⅰ . ①让… Ⅱ . ①张… Ⅲ . ①智力游戏－儿童读物
Ⅳ . ① G898.2

　　中国版本图书馆 CIP 数据核字（2016）第 060043 号

责任编辑：王　聪
封面设计：Amber Design 琥珀视觉

出版发行：群言出版社
社　　址：北京市东城区东厂胡同北巷1号（100006）
网　　址：www.qypublish.com
自营网店：https://qycbs.tmall.com（天猫旗舰店）
　　　　　http://qycbs.shop.kongfz.com（孔夫子旧书网）
　　　　　http://www.qypublish.com（群言出版社官网）
电子信箱：qunyancbs@126.com
联系电话：010-65267783　65263836
经　　销：全国新华书店
法律顾问：北京天驰君泰律师事务所

印　　刷：大厂书文印刷有限公司
版　　次：2016年5月第1版　2016年5月第1次印刷
开　　本：787mm × 1092mm　　1/32
印　　张：14
字　　数：150千字
书　　号：ISBN 978-7-5193-0072-2
定　　价：22.80 元

前言

　　做游戏，真快乐。让小朋友们在游戏中学习知识，快乐地增长智慧。爱玩也会玩的嘟嘟要开始做游戏啦，小朋友也一起来哦，动手又动脑，大家齐欢乐。现在就来参加嘟嘟组织的课外活动吧，会学到书本上学不到的知识哦！

　　帮助蔬菜娃娃们找座位，参加动物聚会，拯救小松鼠，看彩色泡泡的舞蹈……嘟嘟会邀请大家一起去了解生活，在数字、文字、图画中探险，体验世界之大无奇不有的奇妙变化，培植想象的土壤，发展提高小朋友的记忆力、观察力、判断力、想象力，让小朋友们在游戏中成长为一个全能小健将。

　　本书收集了100个让孩子着迷的游戏，由浅入深地安排步骤，每个步骤配以详细易懂的解说图示，小朋友们不仅可以在家长和老师的帮助指导下完成，也可以按书中的图解自己做游戏。孩子们既动手又动脑，在游戏的快乐中认识这个世界，发掘无限的创造力，不断成长起来。

　　嘟嘟的游乐园里有数不尽的奇思妙想，快跟随嘟嘟的脚步，一起开始这场奇幻之旅吧！

目 录 CONTENTS

第1章 增强记忆力的训练营——激活无限大脑潜能

 第2章 提升观察力的好帮手——探索发现生活奥妙

 第3章 训练推理能力的谜题——运用逻辑思考问题

 开发想象力的魔法棒——拓展多样奇思妙想

第 1 章

增强记忆力的训练营

激活无限大脑潜能

领号码牌的单词

小精灵要教聪聪和嘟嘟学习英文。而聪聪很聪明，但也很贪玩。嘟嘟贪吃贪睡不用功。

小精灵只好跟嘟嘟和聪聪说："如果今天谁背会我教给你们的单词，我就送谁一件小礼物。"

在礼物的驱使下，嘟嘟和聪聪艰难地忍住贪玩的心思，坐下来学习。

今天小精灵要教给聪聪和嘟嘟的是26个字母开头的单词各一个，并且都是可爱的小动物哦！

小精灵开始念单词啦："ant蚂蚁、bird鸟、cat猫、dog狗、elephant大象、fish鱼、goat山羊、hen母鸡、insect虫、jennet母驴、kangaroo袋鼠、lion狮子、monkey猴子、nanny雌山羊、owl猫头鹰、pig猪、quail鹌鹑、rabbit兔子、snake蛇、tiger虎、urchin海胆、vole田鼠、wolf狼、xeme北极鸥、yak牦牛、zebra斑马。"

这么多难记的单词啊，这还不让贪睡的嘟嘟昏昏欲睡嘛，嘟嘟终于还是忍不住睡着了，睡着睡着，她做了一个梦，梦到所有的单词都头戴着号码向她跑来，嘟嘟边睡边拍手笑了。

小精灵和聪聪都很惊奇，他们问："嘟嘟，你到底梦到了什么？"

嘟嘟把梦的内容告诉了他们，他们也跟着笑起来了。

小精灵突然想到一个记单词的妙计，不用死记硬背，可以做个有奖品的游戏哦。

欢乐练习曲：

1 准备一组单词进行学习，每个单词对应一个编号。

2 收起所有单词。

3 随意报出一个编号，让小朋友默写出该编号对应的单词。

4 继续若干次，并在每次报号前添加一些干扰因素增加难度，比如讲个笑话、讲个童话故事之类的。

5 每次默写对单词，就把号码牌送给小朋友，看小朋友能默写对多少呢？能不能拿到所有的号码牌呢？

6 还可以用图画和号码对应，游戏玩法和单词一样。

收获一箩筐：

用这种方法记忆，可以增加小朋友猜想的新鲜感，即使开始默写不对，他们也很有兴趣继续这种猜的游戏，慢慢进入状态，就不怕记不住啦！并且形成对应的条件反射，以后一提起某个数字，立刻就能想起一个单词了。

词语大串烧

女王　拿着　手电筒　骑着　大象　左手拿着　雨伞

有一个游戏小朋友一定会喜欢玩，那就是开火车啦。

今天，小精灵、嘟嘟和聪聪就在玩开火车的游戏。

这个游戏很简单，小精灵、嘟嘟和聪聪围成一个圈坐下，先给自己定个地名。

小精灵说："我喜欢苏州。"

嘟嘟想想说："我喜欢有美食的地方，就选四川吧。"

聪聪呢，他抓耳挠腮，想了又想，说："嗯……还是选首都北京吧。"游戏开始啦。

假如由小精灵起头，她要说："我的火车就要开，往哪开，往北京开。"聪聪代表的北京立刻要接上："开到了。"然后从聪聪开始："我的火车又要开啊，往哪开，往四川开。"嘟嘟再接上。这样轮个一遍遍开火车，谁没接上火车，或者是开错地方，开到除了四川、北京、苏州以外的地方就错了，他就输了，输了要罚表演的哦。

根据这个游戏规则，小精灵又有了新创意，就是词语大串烧了，这个游戏又怎么玩呢？马上开始啦！

1 这是一种记忆力家庭游戏。参与者围成一桌，其中一人做主持人，不用直接参与到游戏当中。

2 主持人报出一个名词，比如"大象"。

3 参赛者按顺时针方向轮流循环进行：每位参赛者首先要求按正确顺序背出前面的参赛者报出的所有名词，包括主持人提供的名词，并且自己再添报一个新名词。

4 如果有人背错或者报出非名词类的单词，则算输掉本轮比赛。这一轮比赛也就结束了。

5 主持人每次记录下新报出的名词，直到发现某参赛者出错为止。新一轮比赛，由输者担任主持人。

6 有时候，人们也不要求严格按照顺序背诵，只要背出所有名词即可。

7 这个游戏也可以添加其他一些条件或规则，使其变得更为刺激有趣。

收获一箩筐：

这个游戏的诀窍是要尽可能把这些名词用一个情节或图像串联起来。比如前面的参赛者按照顺序报出"大象"、"女王"、"手电筒"、"雨伞"等名词，你可以把它想象成"大象上坐着一位女王，一手撑着雨伞，一手拿着手电筒"。属于"组块记忆"或"专家记忆"。

变长变短的文学

我知道

小精灵有个奇妙的魔法棒，它会跟随咒语伸长缩短，伸长的时候就会满足人一个愿望，只要你一直想着念咒语就会实现，缩短的时候就会惩罚说出咒语的人。如果没有指定就会惩罚指定的人，如果没有指定就会惩罚说出咒语的人。

有一天，这个奇妙的魔法棒不见了，小精灵很着急，因为不知道会被谁拿去，又不知道会不会有人遭殃。因为，小精灵的秘密咒语其实是很简单的两句话，伸长的咒语是"你好"，缩短的咒语就是"坏孩子"。这两句都是平时人们经常说的话，如果咒语启动了会怎么样呢？小精灵想都不敢想。

小精灵找来嘟嘟和聪聪帮忙。聪聪问小精灵："你还记得是在哪里掉的吗？"小精灵完全不记得。嘟嘟很乖地在每个角落里寻找。聪聪想到一个办法："不如我们来说咒语，如果魔法棒在附近就会出现了。"没有办法的小精灵就只好把咒语告诉嘟嘟和聪聪。贪吃的嘟嘟一边想着一顿美味大餐一边不停地喊："你好!你好!"小精灵和聪聪也都担心会有人遭殃，只敢喊"你好……"，可是始终没找到魔法棒。

嘟嘟找着找着，走过一片草丛时，踩到了青蛇姐姐，把青蛇姐姐的妆都弄花了。青蛇姐姐生气地叫起来："你这个坏孩子，坏孩子!"魔法棒"嗖"的一下蹦出来，追着青蛇姐姐就打，原来被青蛇姐姐拿去卷头发了。青蛇姐姐被追得哎哟哎哟一直哭喊，小精灵、嘟嘟和聪聪追着青蛇姐姐说"你好"，大家都被搞蒙了。

在一片混乱中，魔法棒弄不清是要给嘟嘟一顿大餐呢，还是应该要继续追打青蛇姐姐，"砰"的一声断成了两半。大家终于松了口气。

欢乐练习曲：

1 告诉小朋友第一句话："我家住在北城区。"

2 告诉小朋友第二句话："我家住在北城区爱马仕医院。"

3 告诉小朋友第三句话："我家住在北城区爱马仕医院向前100米。"

4 告诉小朋友第四句话："我家住在北城区爱马仕医院向前100米的家属楼。"

5 告诉小朋友第五句话："我家住在北城区爱马仕医院向前100米的家属楼二单元。"

6 告诉小朋友第六句话："我家住在北城区爱马仕医院向前100米的家属楼二单元502。"

7 还记得第一句是什么吗？

8 同理，再反过来做一次，句子越变越短，还记得最长那句是什么吗？

收获一萝筐：

这个游戏是考验小朋友记忆力的，在经过很多步的精力分散之后，是否还能记得最初的事呢？多听多练也可以巩固记忆力，养成记忆的好习惯。

魔术师的杯子

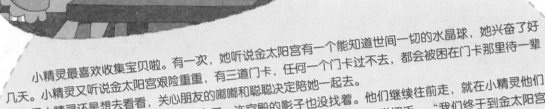

小精灵最喜欢收集宝贝啦。有一次，她听说金太阳宫有一个能知道世间一切的水晶球，她兴奋了好几天。小精灵又听说金太阳宫艰险重重，有三道门卡，任何一个门卡过不去，都会被困在门卡那里待一辈子。但小精灵还是想去看看，关心朋友的嘟嘟和聪聪决定陪她一起去。他们日夜兼程地赶路，好几天过去了，连宫殿的影子也没找着。他们继续往前走，就在小精灵他们快绝望的时候，终于看到了金太阳宫的宫门。小精灵高兴地向嘟嘟和聪聪招手："我们终于到金太阳宫了！"奇怪的事情发生了，聪聪并不回应她，只顾着向最后面的嘟嘟招手，嘟嘟却好像什么都没看见一样，也不回应聪聪。

这时，小精灵听到了一个奇怪的声音："现在有三面透明的墙将你们隔开了，前面的能看见后面的，后面的却看不见前面的，这就是金太阳宫的三道门卡，而水晶球就在这三道门卡的其中一道，只有找到水晶球，你们才能离开这里。现在你已经出不去了，也不能通知你的同伴，该怎么办呢？哈哈哈……"那声音最后狂笑一阵就消失了。

小精灵冥思苦想了很久，终于记起来，她在最前面，也就是说刚才的路她已经走过了，她应该知道水晶球藏在哪里，她努力地回忆，在记忆中搜寻路过的每一寸土地，终于她灵光一闪，对，在灌木丛中有一截小小的灌木，灌木上有个洞，洞在太阳下会微微闪出七彩的光芒，水晶球一定是在那里。可是小灌木在聪聪的那道门卡里，小精灵又犯愁了，怎么通知聪聪呢？这时小精灵看见上空有一只小鸟在盘旋，她立刻想到了办法，后面的看不见前面的，但是可以看见上面啊，于是小精灵请小鸟帮他们传递消息。聪聪找了很久，终于找到了水晶球，三道门卡打开了，聪聪拿着水晶球和嘟嘟、小精灵会合了，三个人高兴得蹦蹦跳跳。

小朋友，你能不能像小精灵一样，在记忆中找到球的位置呢？

1 在桌上摆放三个纸杯。

2 当着小朋友的面，把一个小球放在纸杯里。

3 将三个纸杯倒扣叠在一起，小球就找不到啦。

4 隔天，再让小朋友猜一猜小球会在纸杯的第几层。

5 在中间这段时间不能改动小球存放的位置，也不能偷看哦。

6 纸杯可以增加到五个、十个、二十个，时间也可以延长为一周甚至一个月，再来猜小球的位置，以增加游戏的难度，考验小朋友的记忆力。

收获一箩筐：

这个游戏是考验小朋友短时间记忆能力和长时间记忆能力的综合游戏，首先在叠纸杯的视觉混乱中，大脑是否还能记得小球的正确位置，经过长时间的精力分散之后，是否还能回忆起小球的位置呢？

左手右手一起来

嘟嘟又被难倒啦，她在想一个成语，很熟，一直挂在嘴边却说不出来。

嘟嘟向小精灵求助。

小精灵问嘟嘟： "你知道这个成语的含义是什么吗？"

嘟嘟想了想： "好像是两只手轮流做工作，或者同时能做好几项工作。"

小精灵说： "我知道啦，就是左右开弓嘛。这个成语还有一个很有名的典故呢！"

嘟嘟问： "是什么样的典故呢？"

小精灵说： "这个典故出现在元朝白朴《梧桐雨》楔子，讲的是唐朝时期，幽州节度使张守珪派安禄山领兵六万进攻契丹，安禄山兵败被押回长安交唐玄宗处理。唐玄宗见他膀圆腰粗，问他武艺如何。安禄山回答说射箭能左右开弓，十八般武艺，样样都会，还懂得六种少数民族语言。唐玄宗赦免并重用了他。这个成语就是形容一个人很能干，有很多种才能，能兼顾好多事情。"

嘟嘟明白了，点点头。

小精灵说： "这个成语还有一个反义词叫左支右绌，原指弯弓射箭的姿势，左手支持，右手屈曲。指力量不足，应付了这方面，那方面又出了问题。后用以形容财力或能力不足，顾此失彼的窘状。"

嘟嘟说： "我明白了，就是左手能应付，右手应付不了，右手能应付，左手又应付不了。"

小朋友，来做下面的游戏，看看你是不是能左右开弓呢？

1 屈指。左手屈拇指，让小朋友记下，再右手屈小指，让小朋友说出左右手动作的不同。

2 左手屈食指，右手屈无名指，同样让小朋友说出左右手动作的不同。

3 指"五官"，一只手，掌心向下，另一只手的食指放在鼻尖、嘴、眼睛或耳朵上，准备，随着一只手拍打桌子或者腿部的响声，变动手指的位置，并及时说出位置变换。

4 摩腿敲膝，左手心向下摸左大腿，右手握拳，放在右大腿上，喊口令"开始"时，左手前后搓左腿，右拳上下敲右腿。一搓一敲，等双手习惯时再下口令"换"，左右手可交替进行。

收获一箩筐：

小朋友在做不对称动作的时候，左右大脑会不断地受刺激，使脑细胞扩大功能范围，以增强脑的发育。这种做不对称动作的游戏不仅能考验瞬间记忆和分辨能力，还能增强记忆力呢！

少了什么？多了什么？

今天的天气可真好，小精灵、嘟嘟、聪聪和其他6只小动物带着吃的玩的，高高兴兴地结伴到山上的"智慧游艺园"游玩。

爬了一会儿，作为领队的小狗汪汪队长转过身来清点人数，可是数来数去，只数到8只小动物。"哪只小动物在路上走失了？"小狗汪汪吓出了一身冷汗，连忙追问，"大家有没有看到谁走在半路给落下了？"

"我一直走在最后，没有看到谁停下来休息呀！会不会是你数错了？还是让我来数一数吧。"嘟嘟觉得不可能，"1、2、3、4、5、6、7、8，咦？真的只有8只！"

小精灵听到大家的嚷嚷声，看了看排成一队的小动物，笑着对嘟嘟说："嘟嘟，你站出来再数数看！"

嘟嘟又数了数，挠了挠腮，迷惑地说："还是8只呀！到底少了谁呢？""你自己有没有数进去呢？"聪聪提醒道。

"对了，我怎么把自己都给忘记了！再加上我的话不就正好是9只小动物吗！"嘟嘟和汪汪都不好意思地笑了。

聪聪叮嘱大家："以后在数个数时，千万不能把自己给数漏了！因为你也是其中的一员嘛！"

1 给小朋友看一张图片，图片上面有动物、食物、用品等。

2 让小朋友指出哪些是食物，哪些是用品。

3 然后再换另一张，上面比第一张图片有增有减，让小朋友说说多了什么，少了什么。

收获一箩筐：

这个游戏是考验小朋友的短时间记忆能力，刺激大脑皮质，使孩子对记忆游戏产生兴趣。用图像

熟悉的名字

亨利！

小精灵给嘟嘟和聪聪讲了一个很有意义的故事。

从前，有一个叫亨利的老人，他耳朵聋，眼睛花，膝盖发抖。每逢他坐在桌边吃饭的时候，常常拿不住汤匙，总把汤洒在台布上，或者汤从嘴里流出来。他的儿子佐治和媳妇安娜很讨厌他，因此，老亨利只得坐到火炉后面的角落里去吃。他们把食物放在一个瓦钵里给他，老亨利很伤心，经常眼泪汪汪的。

有一次，老亨利发抖的手没有把瓦钵端紧，落到地上打破了。安娜骂他，但是老亨利不说什么，只是叹气。安娜用几分钱，给他买了一个木碗，叫他用它吃饭。

有一次，佐治和安娜夫妇看见四岁的儿子杰克在地上把一块块小木板收集到一起。佐治问："你在做什么？"杰克回答："我做一个小碗，等我长大了，叫爸爸和妈妈用它吃饭。"佐治和安娜互相看了一会儿，终于哭起来，马上请老亨利坐在桌子旁边。从此，老亨利跟大家在一起吃饭，如果洒点东西出来，他们也不说什么了。

这就是告诉孩子们，从小到大都要孝敬父母，父母也要为孩子做个好榜样。父母是孩子的第一任老师，孩子很喜欢模仿大人的做法做事情，所以这第一任老师一定要做好。

别着急，我们这个故事还有一个新的意义，一起来玩这个游戏，你就会马上明白了。

1 首先告诉小朋友几个名字，比方亨利、佐治、安娜、杰克等等。

2 给小朋友讲小精灵讲的这个故事，这些名字会在故事里出现。

3 让小朋友从故事中找出先前提到的名字。

4 小朋友在听到熟悉的名字的时候，可以打断故事，把这一发现讲出来。

5 为了增加游戏的难度，也可以在讲完故事后，让小朋友把出现名字的那一小段故事讲出来。

6 同样的方法，还可以讲更多更好听的故事给小朋友听，可以有更多的名字，故事也可以更长，来增加游戏的难度。

收获一箩筐：

这个游戏不仅能增加小朋友听故事的乐趣，同时也可以用故事来吸引小朋友，让他们更爱这个游戏，相得益彰，为增进记忆力向前跨上一大步。

小马过河

小精灵又来给聪聪和嘟嘟讲故事了。今天要讲的是《小马过河》的故事。

马棚里住着一匹老马和一匹小马。有一天，老马对小马说："你已经长大了，能帮妈妈做点事吗？"小马连蹦带跳地说："当然。"老马高兴地说："那好啊，你把这半口袋麦子驮到磨坊去吧。"

小马驮起口袋，飞快地往磨坊跑去。跑着跑着，一条小河挡住了去路，河水哗哗地流着。小马为难了，心想：我能不能过去呢？如果妈妈在身边，问问她该怎么办，那多好啊！

小马向四周望望，看见一头老牛在河边吃草，小马"嗒嗒嗒"跑过去，问道："牛伯伯，请您告诉我，这条河我能蹚过去吗？"老牛说："水很浅，刚没小腿，能蹚过去。"小马听了老牛的话，立刻跑到河边，准备过去。突然，从树上跳下一只松鼠，拦住他大叫："小马！别过河，别过河，你会淹死的！"小马吃惊地问："水很深吗？"松鼠认真地说："深得很哩！昨天，我的一个伙伴就是掉在这条河里淹死的！"小马连忙收住脚步，不知道怎么办才好。他叹了口气说："唉！还是回家问问妈妈吧！"

小马甩甩尾巴，跑回家去。妈妈问他："怎么回来啦？"小马难为情地说："一条河挡住了去路，我……我过不去。"妈妈说："那条河不是很浅吗？"小马说："是呀！牛伯伯也这么说。可是松鼠说河水很深，还淹死过他的伙伴呢！"妈妈说："那么河水到底是深还是浅呢？你仔细想过他们的话吗？"小马低下了头，说："没……没想过。"妈妈亲切地对小马说："孩子，光听别人说，自己不动脑筋，不去试试，是不行的，河水是深是浅，你去试一试，就知道了。"

小马跑到河边，刚刚抬起前蹄，松鼠又大叫起来："怎么？你不要命啦？！"小马说："让我试试吧！"他下了河，小心地蹚到了对岸。

听了这个故事，嘟嘟和聪聪都明白了，实践出真知。同一条河流，老牛觉得它是没不过膝盖的小溪，松鼠觉得它是深不可测的天险，而小马却觉得它不深不浅刚刚好。

欢乐练习曲：

1 给小朋友讲这个《小马过河》的故事。

2 听完这个故事，问小朋友一个问题，是谁说水深？谁说水浅呢？

收获一箩筐：

听了这个寓言故事，了解生活中的一些大大小小的道理，同时还能考验小朋友的记忆力，并且用一个小小的问题，让他们对故事加深记忆。

重复手势

第三个是什么？快，继续！

小精灵、嘟嘟和聪聪在唱儿歌啦："一条鱼，水里游，孤孤单单在发愁。两条鱼，水里游，摇摇尾巴点点头。三条鱼，水里游，快快乐乐做朋友。"

小精灵、嘟嘟和聪聪看着水缸里的小金鱼，一边看鱼一边背这首儿歌，这样背诵儿歌就变得更有意境。

一条鱼、两条鱼、三条鱼，嘟嘟一遍遍地数水缸里的鱼，嘟嘟特别喜欢听小精灵讲故事，有的时候听一遍还不过瘾，还要请小精灵讲第二遍、第三遍呢！

小精灵就会让嘟嘟和聪聪一起去回忆，重复故事的情节，其实重复是一种很好的记忆方法。

嘟嘟噘着嘴问小精灵："小精灵，为什么我这么喜欢听重复的故事？听一遍还不够，非要缠着你听更多遍呢？"

小精灵告诉嘟嘟："因为虽然故事你是听懂了，甚至能觉察和补充故事中遗漏的情节，但你还是不能完整地重复讲出这个故事，因此，'我讲你想'这样的方式对你来说是莫大的享受。你可以在重新听一遍的时候，查找记忆的空缺，就会对记忆里的故事终于连接起来产生兴奋感。这就是为什么我会让你学着自己去重复故事，这样你才会真正把这个小故事装在自己的脑袋里啦！"

欢乐练习曲：

1 做出五种手势，例如握拳、伸出中指和食指（胜利）、伸出大拇指（很棒）、伸出小拇指、伸出五个手指（巴掌）。

2 小朋友不能在别人做的时候跟着做。

3 让小朋友看完后，按顺序重复做出来。

4 并且为这些手势编个歌谣，让孩子更喜欢这个游戏，比如"大拇指竖起来，乖乖宝宝你最棒，二食指竖起来，像不像小手枪……"

5 让小朋友照着歌谣不断重复做动作，这样记得就更牢固了。

收获一箩筐：

重复是记忆体的一个重要因素。小朋友让大人不断重复的故事是非常有限的，到了一定的时候，自然就不会要家长重复了，不要认为听重复的故事会影响小朋友学习新东西，这些重复对小朋友的智力发展有着不可低估的作用。

动物聚会

$$4 < 2 \ 3 \ 1$$

奇乐谷里有一个大池塘，天气真好，奇乐谷里的动物们都出来玩了。小精灵、嘟嘟和聪聪也来了。

池塘里，一只河马悠闲地躺在气垫上，气垫上还插了一顶遮阳伞，另一只河马"哎哟，哎哟"地推着气垫。大河马张着嘴巴，呵呵地笑个不停，岸边的两只仙鹤朝池塘里看去。啊，大鳄鱼朝嘟嘟游过去了。

池塘的一边，有棵茂密的大树，大树上的松鼠一个劲儿地叫好，原来是顽皮的聪聪正攀着树枝，树枝被压得一颤一颤的，可他还不停地晃动。啄木鸟医生顾不上给大树看病，正瞧得入神。嘿嘿！一条大蟒蛇在树的背后偷偷地张望呢！

大树的旁边，小猫和猩猩正在钓鱼，他们笑眯眯的，肯定钓了不少鱼。正在这时，听到"啊——"的一声，正在玩跷跷板的乌龟好像要掉到水里去了，小野猪在跷跷板的那一头暗暗地笑，原来这是小野猪在捉弄乌龟。长颈鹿和老虎在旁边看着，真为乌龟捏把汗。

池塘的另一边，一群狐狸和嘟嘟围坐在木头桌子边吃着香甜的水果，看见一条大鳄鱼朝他们游来，他们喊："鳄鱼大哥，来一个！"准备把果子往鳄鱼的大嘴巴里扔去。不远处，大象妈妈用长长的鼻子把水喷向小象。哈哈，小象一边哼着歌一边洗澡，舒服极了。

小精灵招呼大家一起来岸边坐，大家都坐在池塘边聊起天来了。

1 在图纸上画上各种小动物的样子，剪下来。

2 写出数字编号，剪下来。

3 将小动物集合起来，给每个小动物编上号。

4 让小动物站在自己的号码下面，请小朋友记住。

5 把小动物拿下来，弄乱。

6 再让小朋友把每个小动物放在原来的号码下面，看小朋友能不能帮小动物对号入座呢！

收获一箩筐：

这个游戏不仅能帮小朋友认识一些小动物，提高孩子对记忆的兴趣，而且也能培养孩子短时间记忆能力。

连续的童话故事

贪吃的嘟嘟就知道吃零食，居然对妈妈做的食物挑剔起来，觉得这也不够好吃，那也不够好吃。小精灵就把聪聪也叫来，为嘟嘟和聪聪讲一个《最好吃的蛋糕》的故事。

鼠老大说："今天是妈妈的生日，我们给她买个蛋糕，让她高兴高兴。""好呀，好呀！"鼠老二和鼠老三齐声说。三兄弟将所有的硬币凑在了一起。来到商店，鼠老大说："我们要买个最好吃的蛋糕。"售货员数了数硬币，说："钱不够呀，不过可以卖给你们一张大饼。"售货员给了他们一张挺不错的大饼。

三兄弟垂头丧气地回了家。就在鼠老二和鼠老三叹气的时候，鼠老大拍拍脑袋说："我们想办法把大饼变成蛋糕！""怎么变？怎么变？"鼠老二、鼠老三瞪圆了小眼睛。鼠老大拿出自己一直舍不得吃的奶糖，融化开浇在大饼上。嘿，多好呀，一股香甜香甜的奶油味儿。鼠老二拿来一大片红肠，轻轻地放在大饼上，他不好意思地说："嘿嘿，我只咬过一点点……""妈妈看不出的！"鼠老大很肯定地说。鼠老三采来一把五彩缤纷的野花，一朵朵摆在大饼上。哎呀，好像看不出这是一张大饼啦！

轻轻推开妈妈的门，三只小老鼠齐声唱起来："祝你生日快乐……""哟，哪儿来的蛋糕呀？"妈妈惊奇地说。"我们做的！"鼠老大说。"快尝尝吧！快尝尝吧！"鼠老二、鼠老三一起说。妈妈轻轻地咬了一口，她一下子就明白了："真香！这是我吃过的最好的蛋糕！"妈妈开心地笑起来。"是吗？"三只小老鼠也开心地笑起来。

嘟嘟和聪聪听完故事，也明白了什么才是最好吃的东西，就是充满爱心的东西。

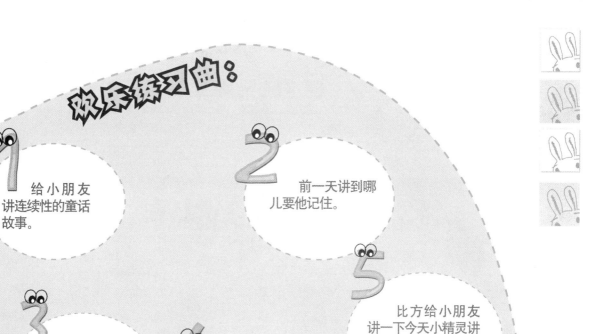

欢乐练习曲：

1 给小朋友讲连续性的童话故事。

2 前一天讲到哪儿要他记住。

3 第二天问他昨天讲到哪里了，妈妈忘记了怎么办呢?

4 小朋友告诉了妈妈昨天讲的内容，讲到哪里了，妈妈才可以继续讲下去哦!

5 比方给小朋友讲一下今天小精灵讲的这个故事啊!

收获一箩筐：

让小朋友们养成记忆的习惯，用这种方法吸引和鼓励他们记住昨天的故事，会使他们在大脑皮质形成更深层的记忆，对接下来的故事也更感兴趣，并喜欢自己编故事来娱乐。

小小摄影师

小精灵新买了一架照相机。

一天，天气晴朗，天很蓝云很白，小精灵带着嘟嘟和聪聪去美美的风景中拍照。

小精灵、聪聪和嘟嘟玩得不亦乐乎，但是一整天都是小精灵在拍照，小精灵都没有机会留影，小精灵就让聪聪帮自己拍张照片。

可是聪聪还没玩够呢！嘟嘟就自告奋勇要帮小精灵拍照留念，但首先嘟嘟要学会拍照技术。

学习拍照技术要考验的就是记忆力，要记下相机的使用方法和拍摄每一步的操作步骤。小精灵担心嘟嘟一天都学不会，今天想留影就泡汤了。

于是，小精灵觉得有必要考考嘟嘟的记忆力，并且想到了一个考验嘟嘟记忆力的方法。

小精灵把方法分别告诉了嘟嘟和聪聪，聪聪觉得很有趣，就同意了。这样，大家都同意了。

于是嘟嘟站好望向前方，聪聪再来到嘟嘟身边站好，小精灵又拿起相机准备为嘟嘟和聪聪拍照啦！

这时，小精灵突然问嘟嘟："今天聪聪的衣领是什么颜色的呢？"

嘟嘟能不能答上来呢？那就要靠小朋友的帮助，来完成下面这个游戏啦！

欢乐练习曲：

1 小朋友们坐成一个圆圈或半圆形，请其中一个小朋友当摄影师。

2 由摄影师说出一个小朋友的装束、衣服的颜色、动作、姿态等，但不说出其名字，让大家猜这个小朋友是谁。

3 猜对了，请摄影师给被猜者照个相，假装照相的动作。

4 再请猜对的小朋友当摄影师，继续这个游戏吧！

收获一箩筐：

这是对小朋友记忆力考察的一个方法，在没有任何准备的时候，凭借瞬间模糊的记忆来完成这个游戏。所以平时要养成记忆的习惯，这样习惯成自然，可以锻炼和增强记忆力，记忆也和其他本领一样，不练习就会生疏。

比眼力

铅笔、橡皮、积木、插片……不记得还有什么了。

还记得有什么东西吗？

聪聪经常在奇乐谷的清水湖边玩耍。那时，他还拥有一双明亮的眼睛，可以看到天边的飞鸟、水里的游鱼，可以观察这世界上不同的生物，作为他的研究资料。可是因为聪聪太喜欢看书了，不久就发现眼睛越来越模糊。有一天，他趴在桌上，做了一个梦。在梦里，字从书上跳下来，排着队去小狼卡卡尔那里告状，他们告诉卡卡尔聪聪有一双明亮的眼睛。卡卡尔说："我不能让他拥有比我明亮的眼睛。"于是，卡卡尔来到清水湖边找聪聪。卡卡尔说："我请你去找小精灵比一比，我想知道你们谁才拥有最明亮的双眼？"聪聪说："好，我就去和小精灵比比看！可是怎么比啊？"卡卡尔说："我建议你和小精灵比谁的眼睛可以盯着东西最久，不闭眼。"

聪聪听了以后就去找小精灵，对小精灵说："小精灵，今天我们就比比谁的眼睛更好！"小精灵答应了聪聪的挑战。比赛开始了，聪聪盯着旋转的陀螺，小精灵盯着漂亮的首饰，他们从早上比到下午，从下午比到深夜，从深夜比到第二天……盯着陀螺眼睛晕的聪聪没发觉小精灵已经受不了睡着了。终于受不了的聪聪大叫起来："我的眼睛，我的眼睛，我看不清了。"

"哈哈哈，你们中计了，现在你们的眼睛再也不会比我明亮了。"卡卡尔带着文字队来到了比赛现场。这时，聪聪醒了，看见小精灵和嘟嘟在他身旁，他赶忙问："小精灵，你没事吧？"小精灵说："我没事，你是不是做噩梦了？"后来聪聪的眼睛真的近视了，现在要戴着很高度数的眼镜呢！小精灵告诉聪聪、嘟嘟和各位小朋友：不要盯着任何东西太长时间，特别是电脑、电视，保护视力最好的办法就是看远处的东西。

1 准备铅笔、橡皮、积木、皮球、插片等10种物品，随意排列在桌子上，用布盖住。

2 小朋友不能偷看哦！

3 掀开布让小朋友观察1分钟，确保桌上的物品都能清楚地让小朋友看到。并跟小朋友说，"请你看看桌上有些什么，把它们记在心里"。在这1分钟里，小朋友要尽可能把桌上所有的东西记下来。

4 时间一到，再把布盖上，让小朋友凭着记忆把桌上放的东西说出来。

5 在3分钟之内能把桌上所有的东西说出来的，就算胜利啦！

收获一箩筐：

五官的感受能有效地刺激大脑皮质，传导到记忆中枢，所以将感官官能应用到记忆中来可以有效提高记忆能力，使记忆更新鲜有趣，并且更加持久。

五彩小弹珠

嘟嘟，你说这几个盒子里，分别装有多少个弹珠？

让我想想。

最近，嘟嘟和聪聪迷上了玩弹珠，他们经常拿弹珠来比赛。聪聪用自己的弹珠撞到嘟嘟的弹珠，高兴地说："哈哈，又赢了，今天收获真丰富。"嘟嘟可怜巴巴地望着聪聪拿走自己的弹珠，很委屈的样子。小精灵飞过来，对嘟嘟和聪聪说："你们光玩弹珠，有没有想过小弹珠也蕴涵着人生的哲学呢！"嘟嘟不委屈了，聪聪也不得意了，他们乖乖地坐下，听小精灵讲一个关于生命的故事，这个故事是和弹珠有关的。

一个老人对一个年轻人说："汤姆，你工作很忙，你的收入肯定也不错，但就因为这个，你远离家人，我觉得这是一件遗憾的事情。很难相信一个年轻人每星期工作60到70小时，就只是为了勉强维持生计。你错过了女儿的独舞表演会，这太糟糕了。我给你算一个简单的数学题：假设一个人的寿命有75年。我花了55年的时间才弄清楚这件事。到55岁时，我已度过了2800多个星期六了。于是，我去了好几家玩具店，买下了店里所有的弹珠。我把这些弹珠放到家里透明的塑料瓶中。从那时起，每逢星期六我就扔掉一个弹珠。看着弹珠日渐减少，我开始比以前更关注生命中更重要的事情。只有当你亲眼看见自己在这世界上的日子所剩无几时，才能真正分清事情的轻重缓急。今天早上，我扔掉了最后一个弹珠，如果我能活到下个星期六，上帝就是多给了我一点时间。努力地工作，就像不苛求回报一样；真诚地去爱，就像从来没有受过伤害一样；投入地跳舞，就像没有人在一旁看着你一样，这样才好啊！"

嘟嘟和聪聪明白了，要热爱生活，而不是沉迷在弹珠游戏里。

欢乐练习曲：

1 有五十个弹珠和五个小盒子，可以根据游戏的难易程度，增减盒子和弹珠的数量。

2 一个人拿着弹珠，随机将弹珠装进眼前的五个盒子里，每次只能拿出一颗选择装在任意一个盒子里（像投票那样），动作不必太快，让另一个人有足够的时间记忆。

5 另一个人猜猜每个盒子里各有多少颗弹珠呢？

3 另一个人只能用眼睛看，用脑子记，不能借助笔纸。

4 由扔弹珠的人统计每个盒子里弹珠的数量，不告诉另一个人，另一个人也不能数。

收获一箩筐：

这个游戏既可以培养人的观察力，同时也可以提高人的记忆力。因为观察力越强，可以发现新的东西，能刺激大脑皮质，使记忆更新鲜有趣，并且持久。

神奇百宝盒

嘟嘟，你能把盒子里的杏儿找出来吗？

一天夜里，小精灵梦见在一棵大树下挖出了一个小铁盒，一个白胡子老爷爷经过，说这是个百宝盒，若往盒子里放一粒米，就能变成一盒米。用得好，会给人带来幸福；用得不当，会让人遭殃。

第二天，小精灵、嘟嘟和聪聪来到那棵大树下，真的挖出了一个与普通铁盒没什么区别的小铁盒。

嘟嘟说："这和普通的铁盒子没什么区别啊，小精灵一定是在做梦。"

聪聪说："我也不信有那么神奇。"

在小精灵的世界里什么样的神奇事都有可能发生，所以小精灵说："不如我们试一试。"

嘟嘟说："那就放一颗糖吧，我就会有好多好吃的糖了。"

聪聪说："不对，应该放个玩具进去，就会变出好多好玩的玩具了。"

小精灵说："不如我们都试试吧。"

于是，他们放了一颗糖进去，真的变出一整盒的糖，放了个小玩具进去，真的变出一整盒玩具……

小精灵想起白胡子老爷爷的话，告诉嘟嘟和聪聪："这个百宝盒以后不能再用了，如果用得不当会招来灾祸，我们就把它收藏起来好了。"

嘟嘟不同意，她想要很多很多的好吃的，她偷偷使用百宝盒，变出了好多好多的糖果，怎么吃都吃不完，开心的嘟嘟每天吃好多好多糖果，有一天她长蛀牙了，可怜兮兮地捂着嘴，才明白什么东西都不能贪多，贪心是会坏事的。

于是，这个百宝盒就成了小精灵的收藏品。

欢乐练习曲：

1 首先让小朋友记下玩具、糖果、水果等的特征和名字。

2 把家里使用过的纸巾盒留下，往里面放些玩具、糖果、水果。

3 让小朋友把手伸进纸盒里，摸一摸，在拿出来之前说出名称。

4 接下来，可以说出一种物品的名字或特征，让小朋友在纸盒里摸出来。例如，把不可以吃的东西拿出来，把圆的东西拿出来，把苹果拿出来……

5 用奖品作鼓励，如果要小朋友摸出糖果，他做对了，就把糖果奖给他。

收获一箩筐：

这又是一种感官记忆法，让小朋友通过触觉记忆一些物品的特征，对物品的认知形成不容易忘记的印象，同时还是通过触觉和视觉来进行判断的游戏，对促进右脑的发育很有帮助。

乐器模仿秀

聪聪，你学得可真像！

今天，小精灵的收藏库里又多了一件收藏品，那是一把不怎么起眼的红色小提琴，连弦都生锈了。

嘟嘟觉得很奇怪："这么破的小提琴也能成为小精灵的收藏品，到底有什么奇妙之处呢？"

聪聪比较懂乐器，他想这乐器一定是什么名家用过的，所以价值不菲。

小精灵告诉他们："这把小提琴并不是什么名家用过的，也没有什么魔法。但它的背后有一个感人的故事。

"有一个年轻人，他是一个不知名的小提琴演奏手，收入微薄，已经三餐不继了，但是他在路上遇到一个被富翁赶出来的老人，那个老人没有能力照顾自己。

"于是，年轻人担负起照顾老人的重任，他即使只有一个馒头，也让老人先吃，终于有一天老人将要离开人世，他很贫困，没有能力还年轻人这个人情，就把自己带在身边的小提琴送给了年轻人，鼓励那个年轻人要勇敢地追求梦想。这个小提琴已经不能再拉，但是它成了一种象征，鼓舞着年轻人终于实现了梦想，成为一个优秀的小提琴演奏家。"

小精灵想告诉嘟嘟和聪聪，助人为乐才是最无价的宝物，比拥有魔法更有意义。

欢乐练习曲：

1 准备一些乐器的图片。

2 看图想象弹奏该乐器的动作。如钢琴是双手弹奏；小提琴是一手拿着小提琴夹在下巴下，另一手拉琴……

3 当听到某种乐器发出的声音时，模仿弹奏该乐器的动作。如听小提琴曲时模仿拉琴的样子，听到钢琴曲时，左、右手模仿按琴键的姿势……

4 在看到乐器时耳边就响起一段乐曲声，在听到乐曲时，立刻记起姿势的模仿，模仿姿势的时候立刻就知道是什么乐器啦！

收获一箩筐：

利用这种记忆法，将图形、文字和声音都有效联系起来，由其一想起其二其三，记得牢牢的，想忘都忘不了啦！

颜色标签记号码

黄色的树
上 有 一只
鸭子 在喝
酒环保汽
车手握两
只青蛇

312945

小精灵问嘟嘟和聪聪："你们知道在很久很久以前，大地是什么样子吗？"

嘟嘟说："在很久很久以前，大地上都是好吃的，是吧？"

聪聪说："才不是咧，那时大地并不是像我们看到的这样，五彩斑斓，而是白茫茫一片，什么东西都是白的。"嘟嘟和聪聪摇了摇头。小精灵说："对啊，白色是那么纯洁，但又那么单调。那么世界怎么会变得五颜六色了呢？"

小精灵说："告诉你们吧，这一切都归功于彩虹姐姐。"嘟嘟和聪聪知道有故事听，高兴得拍手："快说，快说，是怎么回事呢？"

小精灵就给嘟嘟和聪聪讲了起来。

女娲告诉大家要想给世界加点色彩，就要到最北方最高的冰山顶峰摘一朵雪莲花。大家都不敢承担，只有一只金丝猴、浩浩荡荡的蚂蚁军、一只小鸟和彩虹姐姐组成了一支小队，出发去寻找雪莲花。

走了不一会儿，金丝猴饿了，于是他离开了。寒冷的北极到了，小鸟冻得直打哆嗦，也飞走了。蚂蚁军害怕面对更大的困难，偷偷地溜走了。彩虹姐姐一个人经过了千辛万苦，终于到达了顶峰，却被冰龙吞下了肚子。她用一天一夜的时间在冰龙的肚子里静坐，终于融化了冰龙，带着雪莲花回来了。

女娲将它炼成七彩粉，撒向了整个世界，顿时，世界变得五光十色，光彩照人。彩虹姐姐却不由得伤心起来，因为她自己还是白色的。

女娲知道后，将最后一把七彩粉抛向了彩虹姐姐，霎时间，彩虹姐姐全身上下竟同时拥有了七种颜色。彩虹姐姐开心地笑了。

欢乐练习曲：

赤、橙、黄、绿、青、蓝、紫、灰、白、黑，
分别对应数字1、2、3、4、5、6、7、8、9、0。
赤1、橙2、黄3、绿4、青5、蓝6、紫7、灰8、白9、黑0。
1是赤，想象树上的枫叶1是红的吧！
2是橙，想象鸭子是从橙子2里面生出来的。
3是黄，想象米老鼠3穿着黄马褂。
4是绿，现在都提倡绿色环保的汽车4。
5是青，手里握着两条青蛇5，夸父追日的夸父就两手握蛇。
6是蓝，想象牛在蓝天6下自由自在地吃着草。
7是紫，悬崖上开满了紫色的郁金香7，或者用"妻子"的谐音。
8是灰，不倒翁官吏穿着灰袍8，或者眼镜上都是灰8，或者用谐音扒灰。
9是白，用谐音白酒9。
0是黑，想象黑洞0，或者漆黑的山洞。

碰到3位数需要记忆。
比如朋友告诉你的电话分机号是3位——134，就是红色的山狮，想象威风凛凛浑身红毛的山狮。

收获一箩筐：

利用这种联想记忆法，可以对应的方法加深记忆，形成一种规律的记忆方法，使记忆更长久，同时还可以丰富想象力哦！
下一次，不小心忘记了号码，就可以通过这样的联想回忆起来啦！

地点标签记人名

当然记得，1是你家大门口，2是个面馆，3是小学……

聪聪，你还记得我们是怎么来这儿的吗？

今天是个晴朗的好天气，小精灵、聪聪和嘟嘟一起去月亮湖野餐。到了湖边，小精灵拿出准备好的野餐盒摆在地上，聪聪到湖边钓鱼。

嘟嘟看见了漂亮的蝴蝶，就跟着蝴蝶走呀走……等嘟嘟回头一看，已经找不到小精灵和聪聪了。嘟嘟不知道怎么办，就坐在地上哭了起来。

过了一会儿，她对自己说："我要勇敢，不要害怕！"嘟嘟想到刚刚经过一棵长满了苹果的大树，她就慢慢往回走，果然看到了苹果树。

嘟嘟想："再前面一点，应该会经过一个大坑，刚刚差点在那儿摔了一跤。"她继续往前走，小心地避开大坑。

过了大坑，穿过了树林，嘟嘟看见前面有两条岔路。"糟糕！要往左边，还是右边呢？"正烦恼的时候，一只大兔子经过，嘟嘟赶紧问："我找不到我的朋友小精灵和聪聪了！来，你走右边这条路吧！"

大兔子说："我刚刚走过月亮湖，他们正焦急地到处找你呢！请问你看见他们了吗？"

嘟嘟往右边走了一会儿，就听见小精灵和聪聪喊着："嘟嘟，你在哪里？"嘟嘟马上大声回答："我在这里！"

嘟嘟朝朋友们奔去，眼泪又掉了下来，可是她的心里好快乐、好快乐！

嘟嘟明白了，不管去哪里，一定要记好路，才不会再迷路，这就到了考验记忆力的时候啦！

欢乐练习曲：

1 依旧是赤1、橙2、黄3、绿4、青5、蓝6、紫7、灰8、白9、黑0。

2 选好1到50的地点标签。比如1是你家大门口，2是个面馆，3是小学……一直选下去，50到了人民广场的博物馆……这样数字就将地点和颜色也联系在了一起。

3 碰到的第一个人是个男孩，身上的主要特征是穿着一件红色的衬衫，挎着一个黑色的皮包。就可以想象你家大门口有一张台球桌，一个男孩在打台球。

4 注意台球10是赤1黑0颜色的组合。这就对应了红（也就是赤）衣黑包，记忆就深刻多了。

5 假设这个例子中的人叫杨志明。就可以想象原来是一只有颗痣的羊（杨志）在明亮的灯光下打台球。

6 同样，反向思维，也可以用数字、一些想象的物品代替地点标签，这样就能很快记住路了。

收获一箩筐：

利用这种联想记忆法，可以用对应的方法加深记忆，形成一种规律的记忆方法，使记忆更长久。同时还可以丰富想象力哦！

色位记忆

小精灵说："大家喜欢用颜色代表自己的心情，比如：绿色代表心情舒畅；红色代表喜悦；蓝色代表悲伤……

可是小朋友们知道吗，每个童话故事都有自己的颜色代表哦！嘟嘟你能说出一个来吗？"

聪聪先想到了："我先说一个好了，红色——《夸父追日》。"

嘟嘟也不甘示弱："我想到了，想到了，蓝色——《海的女儿》。"

小精灵鼓励他们继续想："聪聪、嘟嘟，你们都很棒，还能再想到其他的吗？"

聪聪和嘟嘟又想到了好多呢！

聪聪说："黄色——《狮子王》，《葫芦兄弟》还有七种颜色呢！"

嘟嘟说："但是有一种颜色他们没有，就是透明的颜色，透明——《皇帝的新装》。"

小精灵哈哈笑了："这也行，看来嘟嘟的联想力很棒啊！"

小朋友们，你们又能想到多少色彩对应的童话故事呢？

欢乐练习曲：

1 先让小朋友竖看已经涂过色的卡片半分钟，然后收起来。

2 要求小朋友在空格上凭记忆把图画出来。

3 将画出的图横放，再涂画一次。

4 这种色位记忆还可以应用在黑白图画和彩色图画上，比如有一张彩色的图画——草原上的小马，云是白色的，天是蓝色的，草是绿色的，花是红色的，小马是棕色的。

5 让小朋友看完这张图画，找一张同样的没有涂色的图画，让小朋友来上颜色吧！他们要记得在什么位置是什么样的颜色哦！

收获一箩筐：

色彩是小朋友最喜欢的东西，因为世上的东西每一样都有自己的色彩，而对于这种色彩的喜好是每个人都会有的，利用色彩的喜好是每个人都会有的，利用色彩的喜好是每小朋友爱上这个游戏，让小朋友产生记忆的动力，还可以让小朋友产生记忆的动力，还可以让小

配位记忆

这里的天气总是天朗气清，小精灵、嘟嘟和聪聪又在奇乐谷里玩耍。

小精灵突然问："嘟嘟、聪聪，你们知道什么东西是圆的吗？"

嘟嘟快要流出口水了，一副馋馋的样子，说："苹果是圆的。"

聪聪仰望天空说："你们看，太阳是圆的。"

小精灵笑笑，又问："你们知道什么是正方形的吗？"

聪聪抢着回答："这还不简单，我家的桌子是正方形的，我看的书也是正方形的。"

小精灵高兴地笑着说："对对对，说得对。"

接着，小精灵又问："你们知道什么东西是三角形的吗？"

这次，嘟嘟说："我用的三角尺是三角形的。"

小精灵听了，高兴地笑了："你们说得都对，可是大自然中什么是正方形和三角形的呢？"嘟嘟

嘟嘟和聪聪左看看，右看看，想了又想，都摇摇头。聪聪说："我只知道我家的盒子也是正方形的。"嘟嘟

也说："我只知道西瓜都是切成三角形的。"

小精灵笑着说："你看竹笋尖尖是不是三角形的呢？世界上没有绝对的正方形，要靠我们来创造哦，就像聪

聪说的桌子、书、盒子，还有棋盘、相框、魔方的一面等等。"

1 准备形、数对应卡若干。每个小朋友备有"数学空格"及"形空格"各一张。

2 图案上面是数字，下面是对应的图形。

3 先让小朋友观察1~2分钟。

4 然后盖住图案，并要求小朋友在三分钟内画出对应的图形。

5 第二次玩时，是让小朋友在另一卡片中写出对应的数字，玩法同上。

收获一箩筐：

图形的千变万化相对于颜色就增加了难度，这个游戏为小朋友识别图形和物品雏形打下基础，并且将这种基础存储于大脑皮质中，这不仅是一个帮助小朋友增强记忆力的游戏，也是为小朋友的常识认知做准备的游戏。

动物通话

狗先生，你好！

小精灵为奇乐谷里的小动物准备了一个新游戏，大家来打电话。

首先，从聪聪开始。聪聪给小黑熊打电话说："春天来了，蜜蜂开始采蜜了，快出来看看吧！"

小黑熊给小松鼠打电话说："春天来了，树上的雪融化了，快出来玩玩吧！"

小松鼠给小白兔打电话说："春天来了，山坡上的草绿了，快出来吃草吧！"

小白兔给嘟嘟打电话说："春天来了，奇乐谷里热闹了，快出来聚会吧！"

嘟嘟很不争气地问："聚会是不是有好多好吃的呢？"

小白兔不说话了，嘟嘟很着急，她大概记得小白兔的电话，就又拨了号码。

小白兔生气地想："就知道吃，你该打电话给小精灵了。"可是她又不能告诉嘟嘟，小白兔很着急，

于是找大家一起去打电话的最后一站小精灵家等消息，等了很久嘟嘟也没打电话给小精灵。谁知，这时小

老鼠急着跑来求救：我不小心拨错电话，打给了城里的猫老大。大家都哈哈大笑，安慰小老鼠："没事

的，城里的猫老大找不到这里的。"小老鼠才安心。

原来嘟嘟拨错电话，她本来想找小白兔，谁知打到了小老鼠那里，小老鼠也想找小白兔，谁知道却打

给了城里的猫老大。

大家欢快地去春意盎然的奇乐谷里玩了，嘟嘟自己在家睡着了，手里还抱着那部电话机。

欢乐练习曲：

1 准备9张写上数字的卡片，当作电话号码，并备有9张空白卡。

2 先让小朋友默记30秒钟。

3 然后让小朋友背出电话号码。答对一部电话的电话号码，便鼓掌表示祝贺。看谁记忆力最好。也可以进行默写比赛。

4 根据控制数字的多少和电话机的个数来增加或减少试题的难度。

5 告诉小朋友每只动物的电话号码，叫他打电话过去，还可以假扮各种动物，跟小朋友在电话上聊天。刚开始先给他一位数或两位数的电话号码。

收获一箩筐：

电话是小朋友非常喜欢的玩具，用它来玩游戏可以帮助小朋友学习语言。复习顺序数和倒序数，可以应用到生活的各种场合。培养小朋友记数的能力，增强小朋友的记忆力，训练他们的灵敏性。

水果拍手操

西瓜!

一天，聪聪不小心来到了一个水果王国，发现那儿来了一个魔王，水果精灵们在魔王长期的统治和压榨嘟嘟特别贪吃，可是聪聪就不是，他平时除了水蜜桃不爱吃其他水果。

下，变得干干瘪瘪，一点也不像聪聪看到过的水果的样子。

水果精灵们向聪聪求助，他们告诉聪聪如果他们被魔王消灭了，那他们代表的那些水果就会从世界上

消失。聪聪是个勇敢的孩子，虽然这次嘟嘟和小精灵没有和他一起来，他仍然决定靠自己的力量战胜魔王，

因，水果精灵们发现魔王原来是靠吸收他们的营养才变得那么强大，于是决定提供他们的营养来帮助聪聪。

拯救水果精灵们。可是因为聪聪的力量不够，和魔王几次交战都失败了。水果精灵们帮助聪聪一起来寻找原

量，现在一点力气都没有了。这时，其他的水果精灵都站了出来，为聪聪提供营养。看着精疲力竭、干干瘪

聪聪首先接受了水蜜桃精灵的帮助，可仍然不够力量与魔王抗衡。而水蜜桃精灵也已经拼尽最后一点力

瘪的水果精灵们，聪聪有一丝内疚，以前不应该那样挑食，其实每种水果都有他们独特的营养。

不过，在水果精灵们的帮助下，聪聪终于打败了魔王。魔王消失了，而魔王吸收走的营养也回到了水果

精灵们的身上，水果精灵们又恢复了生机，快乐地在水果王国里生活起来。

他们欢送聪聪离开水果王国，在水果王国的门外，小精灵和嘟嘟正担心地等待着。

三个人又重聚啦，水果精灵们要多吃水果才会身体好，下面一起来做这个水果拍手操吧!

他们高高兴兴地带着水果走上了回家的

路。所以，好孩子不能挑食哦，要多吃水果才会身体好，下面一起来做这个水果拍手操吧!

欢乐练习曲:

1 依次列出下列物品名称,告诉小朋友听到每种水果的名称各拍几下手。

2 苹果拍一下,西瓜拍两下,香蕉拍三下,鸭梨拍四下,桃子拍五下,菠萝拍六下,葡萄拍七下,芒果拍八下……哈密瓜不拍手。

3 开始说水果名,让小朋友对应地拍手,看看小朋友拍的次数对不对哦!

收获一箩筐:

这个游戏不仅能够帮助小朋友增强记忆力,还可以提高小朋友动手动脑和手脑并用的协调能力,想象一个可爱的水果娃娃的时候,是不是觉得这个游戏更加有趣了呢!

嘟嘟和聪聪都很羡慕能够到处飞、到处旅行的小精灵，每次都是小精灵把各地的游历讲给他们听。

嘟嘟和聪聪也决定乘坐交通工具去旅行了。

小精灵问嘟嘟和聪聪："现在世界上有多少种交通工具呢？"

嘟嘟扒拉着手指数起来："自行车、摩托车、三轮车、汽车、火车、轮船、飞机，一共是七种。"

小精灵对聪聪说："聪聪，你说呢？"

聪聪想了想："嘟嘟说的差不多已经全了，不知道马车算不算呢？"

小精灵笑笑说："对对，你们说得都对，而且各个方面都涉及到了。如果从大方面来说呢，现代交通工具一共分为四大类，分别是人力、畜力、水力和机械。其中自行车属于人力，人力还包括轿子、滑竿、人力车；而聪聪说的马车属于畜力，畜力还包括鹿、象、牛、驴、骡、骆驼等拉的车，狗、狼拉的爬犁等等；轮船就属于水力了，水力还包括独木舟、竹筏、渔船、帆船和各种军舰；摩托车、三轮车、汽车、火车、飞机都属于机械类，机械还包括电力车、热气球、飞艇、宇宙飞船、航天飞机。"

小朋友，你们知道了吗？

1 将一张大纸作为地图放在桌子上，纸上画出几大块地方作为"飞机场"，在各个飞机场画上一样的可爱的小旗。

2 再用纸折一个"飞机"（用最简单的飞机折纸就行），写上小朋友的名字。或者为了增加乐趣，可以用小朋友的模型飞机。

3 让小朋友站在离地图几步或十几步远的地方，让他观察地形。

4 分别指着几个飞机场告诉孩子各是什么飞机场，比如这块是"北京首都机场"，这块是"上海浦东机场"，这块是"天津滨海机场"，这块是"广州白云机场"。

5 然后开始说机场名，并让小朋友操纵"飞机"降落在相应的"飞机场"上。

收获一箩筐：

这是一款很有趣的记忆游戏，让小朋友在纸上体会旅游的奥妙，同时还可以介绍国家的各个机场，让小朋友增进知识，并且养成对地形的观察记忆习惯，还能增强小朋友的记忆力，真是太有用了。

学热舞

右左

前后

聪聪近来成了舞林高手，嘟嘟却越吃越胖了，为了增强体魄，保持身材，嘟嘟决定开始运动。她要和聪聪学习热舞，并且准备和聪聪排一出热舞，到舞台上表演。

嘟嘟正缠着聪聪说："聪聪，你一定要教我跳热舞。"

聪聪说："热舞可不是那么好学的，要有基本的素质。"

嘟嘟问："都要有什么素质呢？"

聪聪说："要有很好的记忆力、协调能力和节奏感，你行吗？"

嘟嘟说："我下定决心了，不行就练到行。"

聪聪说："那么好吧，首先开始练习基本功。"

嘟嘟拍手说："好哇，好哇。"

小精灵也飞来给嘟嘟打气了。

嘟嘟跟着聪聪的动作开始做啦，一手向左，一手向右，一脚向左，一脚向右，双手向左，双手向右，

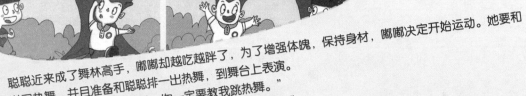

双手向上，双手向下，一脚向前，一脚向后，一手向上，一手向下……

嘟嘟扭动身躯，做得不亦乐乎，音乐起："左三圈，右三圈，脖子扭扭，屁股扭扭，早睡早起咱们来

做运动，抖抖手啊，抖抖脚啊，勤做深呼吸……"

欢乐练习曲：

1 其中一个小朋友做动作或者跳热舞，一手向左，一手向右，一脚向左，一脚向右，双手向左，双手向右，双手向上，双手向下，一脚向前，一脚向后，一手向上，一手向下……

2 动作可以由慢到快。

3 另一个小朋友就看着跳舞小朋友的动作，用"前、后、左、右、上、下"来形容小朋友手脚的动作。说的速度也可以由慢到快，开始间歇1分钟，到间歇30秒，再到间歇10秒……

收获一箩筐：

这个游戏是考验和增强小朋友的短时间记忆力和反应能力的，这个游戏可以让小朋友反应更迅速，成为一个做什么事都很迅速的孩子。

儿童小厨房

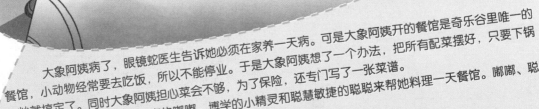
聪聪 你准备做什么菜呢

大象阿姨病了，眼镜蛇医生告诉她必须在家养一天病。可是大象阿姨开的餐馆是奇乐谷里唯一的餐馆，小动物经常要去吃饭，所以不能停业。于是大象阿姨想了一个办法，把所有配菜摆好，只要下锅一炒就搞定了。同时大象阿姨担心菜会不够，为了保险，还专门写了一张菜谱。嘟嘟、聪聪和小精灵很高兴地答应了。

大象阿姨邀请了一向贪吃的嘟嘟、博学的小精灵和聪慧敏捷的聪聪来帮她料理一天餐馆。嘟嘟、聪聪和小精灵一大早就来到了餐馆。嘟嘟此时还没睡够，眼睛都睁不开。

这时，麻烦来了。嘟嘟一个不小心跌倒在桌子旁，桌子上配好的菜因为这一震，全都混得乱七八糟了。嘟嘟一个劲地说对不起，聪聪和小精灵叹了口气。幸好，大象阿姨的菜谱还在聪聪那里。

小精灵说："聪聪，快把菜谱拿出来看看。"聪聪从口袋里掏出菜谱一看，天哪，菜谱被泥给蒙上了。原来聪聪昨天高兴地去爬树，结果弄得浑身是泥。小精灵见泥已经干了，就让聪聪试试把泥给轻轻揭掉。他们一起小心翼翼地把泥一块块揭了下来，可是因为泥里有水，菜谱已经被水泡过，字都晕开了，模模糊糊看不清楚。

这时，小松鼠来吃饭了。小松鼠要的是"蚂蚁上树"这道菜，小精灵、聪聪和嘟嘟傻眼了，这是什么菜，应该用什么来做呢？小精灵决定自己动脑来想办法，首先回忆刚才的配菜是怎么搭配的，能回忆多少是多少，然后从卖相上猜测哪个是小松鼠要的菜。

小朋友，你也来帮帮他们吧！

欢乐练习曲：

1 首先选取几种蔬菜，每样只要一点儿就可以了。

2 然后将菜进行搭配，并告诉小朋友叫什么菜名。

3 将所有菜打乱摆放。

4 让小朋友来搭配今天的菜色吧，看看小朋友是不是配得又对又好呢！

收获一箩筐：

这个游戏最接近生活，不仅能让小朋友发扬搭配菜色的创造精神，让小朋友认识蔬菜的搭配，还能增强小朋友的记忆力，很不错哦，让小朋友做一个创造美味的小厨师吧！

第 2 章

提升观察力的好帮手

探索发现生活奥妙

猜一猜谁在叫

这天，嘟嘟独自在家，她正在认真完成小精灵交给她的任务，帮小精灵收集各种动物的叫声。

这时，一阵敲门声响起来了。嘟嘟问："谁啊？"门外传来一阵狼叫声。嘟嘟问："是小狼灰灰吗？"门外忽然没声音了。嘟嘟没有理会，就又重新忙起来。这时，门外又有敲门声。嘟嘟问："谁啊？"又是一阵狼叫声。嘟嘟生气地说："灰灰，你再做恶作剧，我就生气啦。"门外又没声音了。嘟嘟决定不管是谁都不再理他了。

这时，又是一阵敲门声，嘟嘟没有理会。又传来一阵狼叫声。嘟嘟想，这次还不被我逮个正着，反正做任务的兴致都被搅乱了，嘟嘟站起身，朝门跑去，打开门一看，小精灵、聪聪和小狗汪汪站在门口。嘟嘟左看看右看看，除了他们三个没别人了。嘟嘟好奇地问："小精灵，你看见小狼灰灰了吗？他捉弄我。"小精灵笑着问嘟嘟："你确定刚才是小狼灰灰的声音吗？"嘟嘟仔细想了想："好像是轻了点，不过确实是狼的叫声啊！"小狗汪汪笑着，尖着嗓子叫了起来，原来是小狗汪汪的叫声啊，嘟嘟还真是听错了呢！他们几个哈哈大笑起来。小精灵说："嘟嘟，你的听觉这么差，看来要加把劲才能完成任务啦！"嘟嘟委屈地说："才不是我听错了呢，是汪汪他捉弄我。"

哈哈，小朋友，要学会分清小动物们的叫声哦！

欢乐练习曲：

1
一个人在被窝里发出不同的动物的叫声，比如狼叫声、狗叫声、狮子的叫声等。

2
让另一个人猜猜藏在被窝里的是什么动物。

收获一箩筐：

这是一则用听觉进行判断的游戏，可以刺激小朋友的右脑功能，也可以让小朋友认识各种小动物。

小小音乐家

奇乐谷里要举行一次音乐比赛，大家都踊跃报名参加，很快所有的乐器都被人选去了。

嘟嘟和聪聪犯愁了，他们要表演什么好呢？

小精灵也听说了音乐比赛的事，赶来看嘟嘟和聪聪排练。可是，小精灵找到聪聪和嘟嘟，他们竟坐在那里发呆，什么也没做，根本就没有排练。

小精灵就问："你们在做什么呢？为什么不练习呢？"嘟嘟告诉小精灵："我们还没选好乐器呢！"小精灵很纳闷："那么多乐器，你们不知道选什么好吗？"聪聪抱怨说："不是不知道选什么，你看我擅长拉手风琴，嘟嘟擅长钢琴，本来完全没问题。可是奇乐谷里的乐器有限，一种乐器只有一个，大家都挑走了，我们现在没办法啦！"嘟嘟点头："确实是这样的。"

小精灵想了想："聪聪，你的手脚这么灵活，而嘟嘟又擅长缓慢柔和的音乐表演，为什么你们不组个组合呢？"聪聪说："就算组组合，也要有乐器才能表演啊！"小精灵说："这还不简单，你们可以组合表演打击乐啊，你负责节奏明快的部分，嘟嘟负责缓慢柔和的部分，不就行了？"

嘟嘟疑惑地问："打击乐？不就是打鼓嘛。猩猩大哥已经把鼓抬走了。"

小精灵说："不是用鼓，是用水杯。来，我教你们。"

嘟嘟和聪聪经过刻苦的训练，终于以这种新颖的音乐表演在音乐比赛中夺冠。

欢乐练习曲：

1 准备相同的玻璃杯七只，筷子两根，水若干。

2 七个玻璃杯并排摆在桌上，请孩子数数共有几只杯子。

3 在杯子里注入不同高度的水，让孩子按照水位由低到高给杯子排队。

4 用筷子敲击杯沿，听一听，说一说像什么音？

5 观察比较水位与声音的关系。

6 调整水量，以便发出Do、Re、Mi等音阶声音，然后演奏乐曲，激发孩子的演奏兴趣。

7 合作演奏唱歌，边敲杯子边唱歌。

收获一箩筐：

让小朋友养成认真倾听的习惯，培养他们大胆探索的精神。这个游戏还可以让小朋友了解音阶，体会音乐演奏的乐趣。

扔纸球

小朋友们快找来你们的爸爸妈妈来比试一下吧。看看谁是投篮高手

小精灵、嘟嘟和聪聪在大森林里进行扔纸球游戏。离他们10米远的地方放着一个大筐，他们要把纸球扔进大筐里，谁扔的多谁就赢了。三分钟后，大家一起来到大筐前，开始计算。小精灵扔进去了9个，嘟嘟扔进去了3个，走到聪聪的大筐前，聪聪耍了个小心眼，手里偷偷攥了一个纸球，在计算的时候扔进大筐里，却没有逃过小精灵的眼睛。

小精灵说："聪聪，你作弊。"

聪聪摸了摸脑袋不得不承认了。最后，经过计算，聪聪也扔进去了9个，聪聪和小精灵是平局。

聪聪说："我不信我赢不了，我们再来比一次。"

聪聪和小精灵开始了新一轮的比赛。

欢乐练习曲：

拿一个篮子，菜篮或洗衣篮都可以，然后拿一些报纸，把报纸裹成一团，做成一个一个纸球，妈妈、爸爸和孩子轮流扔纸球，每人扔10个，看谁扔进篮子里的球最多。

收获一箩筐：

这个游戏可以锻炼小朋友的眼力和小手的协调能力，而锻炼眼力是锻炼孩子观察力的最好途径。

有趣的转盘

聪聪在奇乐谷的东北部，发现了一个非常神奇的地方。那里居然是冰雪天地，更神奇的是那儿还是一个用冰雪做成的儿童游乐场。聪聪赶忙跑去找小精灵和嘟嘟来和他一起分享这个神奇的发现。小精灵和嘟嘟来到那里，也惊奇地睁大了眼睛。

在那个儿童游乐场里最吸引他们眼球的是一个巨大的转盘，那个巨大的转盘中心是一根冰柱，聪聪轻轻推动转盘，转盘绕着冰柱转动起来，在微弱的阳光照射下，转盘现出七彩的光，简直比电视里的极光还要美丽神奇。

嘟嘟兴奋地一屁股坐在了转盘上，谁知道，乐极生悲，冰柱咔咔地断裂了。

小精灵非常紧张地尖叫起来："嘟嘟，快跑。"

嘟嘟吓得快哭了，聪聪一个箭步冲过去，拉上嘟嘟就跑。

巨大的冰柱砸了下来，把游乐场的其他器械也都砸烂了，秋千掉了下来，滑梯碎裂了……刚才还很漂亮的游乐场就这么毁了。聪聪小声埋怨着："都怪你，嘟嘟，要不是你太沉了，一屁股坐塌了转盘，也不会毁了游乐场。"

嘟嘟还没从惊恐的阴影中走出来，没注意听聪聪说什么，小精灵却听见了。

小精灵说："这里不知道是谁修建的，既然我们弄坏了，就应该齐心协力修好它，是不是？"

聪聪和嘟嘟都点头同意，于是他们热火朝天地干起活来。

欢乐练习曲：

1 准备彩笔一盒，圆规一支，细绳三根，直径为6厘米的白色圆形卡纸三张。

2 将三张圆形卡纸制作成：A纸上画三个同心圆，B纸上画三等分的扇形，C纸则分成十二等分。在卡纸上涂色：A纸分别涂上红、黄、蓝三色，B纸涂上红、黄、蓝相间的颜色，C纸用黑色按涂一空一的规律涂绘。

3 寻找图形排列规则，数一数三张纸上各有红、黄、蓝几处。

4 将卡纸在圆心左右打两个小孔，穿入细绳并打结。

5 转动细绳让转盘快速转动，看看三个转盘颜色的变化，描述同一转盘转动速度不同时颜色的变化。（A盘转动时，仍然保持红、黄、蓝三种色环；B盘转动时，会呈现白色，转速不同时也会有颜色变化；C盘快速转动时呈灰白色，转速放慢时则呈现橙色线条。）

收获一箩筐：

培养小朋友的动手涂色能力和观察比较的能力，眼睛和颜色做一次亲密的体验活动，同时在游戏的乐趣中发现科学的奥妙，明白视觉效应的无限可能。

调皮的小鸟

小朋友们，想办法救救小鸟吧！

材料：

步骤1　步骤2　步骤3　步骤

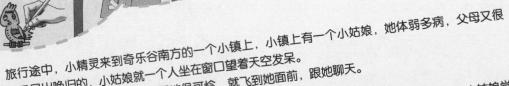

旅行途中，小精灵来到奇乐谷南方的一个小镇上，小镇上有一个小姑娘，她体弱多病，父母又很忙，每天早出晚归的，小姑娘就一个人坐在窗口望着天空发呆。

小精灵看着小姑娘的样子，觉得她很可怜，就飞到她面前，跟她聊天。

小精灵问小姑娘："你为什么不出去散散心呢？"

小姑娘说："因为我病了，爸爸妈妈不让我出去。"小精灵说："那我陪你玩一天吧。"小姑娘觉得小精灵很神奇，这个小东西居然能和人类说话，于是他们开心地聊天玩耍，一天很快过去了，小精灵该回家了。谁知，小精灵准备离开的时候，小姑娘忽然用一个袋子把她罩住了。小精灵喊着："放我出去。"小姑娘说："我只想你多陪陪我。"说着把小精灵放进了一个鸟笼子里。

其实，小精灵想走很容易，她用魔法很容易打开这个笼子，但是她没有走。她在小姑娘家住下了，不仅没生小姑娘的气，还教给小姑娘一个鸟和鸟笼的游戏。小姑娘玩得很开心。

小精灵告诉她："其实，因为鸟儿不想被困在笼子里，所以这个游戏就可以将鸟儿放出来、放进去。鸟儿高兴了，有时间就会回来看你的。"小姑娘明白了，她把小精灵放了出来。

以后，每隔一段时间，小精灵就会来看小姑娘，她们成了很要好的朋友。

1 准备硬卡纸约8cm×16cm一张，筷子一根，胶带一卷，彩色笔一盒。

2 将卡纸自中间画一条线形成两个正方形格子，在格子中央处各画一只鸟和一个鸟笼。

3 观察鸟身体上的图形以及个数，再涂上自己喜欢的颜色。

4 用胶带把卡纸从中间线位置固定在筷子的顶端。

5 快速转动筷子，让卡纸左右转动，看看图画有什么现象发生。（筷子快速搓转，由于视觉暂留的原因，看起来小鸟是关在鸟笼里的。）

6 找出小鸟进出笼子的奥秘。

收获一箩筐:

这是一个视觉暂留的科学游戏，在这个游戏中眼睛和运动的物体做一次亲密的体验活动，同时在游戏的乐趣中发现科学的奥妙，明白视觉效应的无限可能，也了解到电影电视动画的成像原理。

神秘的图形

　　小精灵给嘟嘟和聪聪讲很久以前的一场奇乐谷战役，那时候奇乐谷里的小动物还不像现在这样和谐相处，他们为了生存而斗争，要占领更多的地盘，以获得更多的食物。

　　嘟嘟和聪聪听得津津有味。

　　终于讲到最关键的时刻啦！兵少的一方伤亡惨重，于是领头的派了一队先锋去探听敌情，先锋队长将探听到的敌情写下来，让一名士兵带回去给领头的，领头的打开信，信上居然什么也没有写。

　　领头的让那名士兵出去等候，然后很快将一封信交给那名士兵带了回去，同样是一封无字书。

　　但是，队长和领头的像是心灵相通，战役很快结束，兵少的一方胜利了。

　　嘟嘟和聪聪紧张地听到了结果，高兴得欢呼起来，却怎么也不懂，到底那封无字书是怎么回事。

　　小朋友，你知道无字书的秘密是什么吗？

1 准备盐水或糖水半杯，毛笔两支，打火机一只，白纸若干张，剪刀等。

2 用毛笔蘸些糖水在纸上画图形外形，再将图形内涂满。

3 说一说图形的名称，数一数各图形的个数。

4 晾干图形再看图画，说说变化。（图案消失）

5 用打火机烤一烤纸张，再看有何变化。（火烤之后，图案因糖分脱水，而呈现黑褐色，从而又看到图形。）

6 再用盐水画图案晾干后观察变化。

7 将图案剪下涂色、拼图，说说自己变的魔术。

收获一箩筐：

激发小朋友的活动兴趣，引导小朋友在操作中巩固对图形的认识，并且了解简单的化学知识，培养小朋友在游戏中的观察能力。

给气球娃娃戴帽子

天空中飘着几朵白云，风推着白云慢慢地走，一只小气球一边唱着歌一边飞来啦："啦啦啦，啦啦啦，我是快乐的小气球，谁有困难我来帮。"

小精灵、嘟嘟和聪聪正在奇乐谷里玩耍，看见唱歌的小气球，高兴地追着他跑。小精灵飞到小气球身边问："小气球，小气球，你要飞去哪里啊？"小气球说："我要环球旅行，谁有困难我帮谁。"小精灵对着小气球竖起大拇指。小精灵和小气球一起向前飞，嘟嘟和聪聪在地上跑着追。

经过一片青草地，听到一阵哭声，小气球问："谁在哭啊？"一只小鸟说："小气球，快来帮帮我，我的翅膀受伤了，飞不回家了。"小气球说："别着急，我来帮助你。"

小气球让小鸟骑在自己背上，由小精灵引路，带着小鸟一起飞。

就快要到小鸟家了，小气球却突然撞到了树梢上，树梢把小气球的头顶扎破了一个洞，小气球开始漏气了。小精灵飞过来，帮小气球堵住气孔，终于把小鸟送回了家。

可是小气球就惨了，小精灵一松手，他就会漏气，再也不能去环球旅行了。嘟嘟和聪聪拍着胸脯说："小气球帮助人，我们来帮你。"

于是，嘟嘟和聪聪为小气球精心制作了一个漂亮的小帽子，小精灵为小气球戴上了。

小气球说："谢谢你们，我又可以去环球旅行啦。"

于是小气球和嘟嘟他们告别，高兴地飞走了。

1 准备气球、纸杯、塑料杯、热水、彩笔、线。

2 给气球吹气并用线绑好，孩子用彩笔在气球上画上眼睛、嘴等。

3 说说气球的颜色，分别数数每种各有几个。

4 试着把杯子倒扣在气球上看能否戴住。

5 将热水倒入杯中，过二十秒后再把杯中水倒出来，立即将杯口紧密倒扣在气球上，片刻后轻轻把杯子举起，帽子戴住啦！观察并说出结果。

6 比较不同颜色气球的个数，气球与帽子的个数的多少。

收获一箩筐：

培养小朋友观察比较物体数量多少的能力，激发小朋友们探索科学的欲望。

谁身上的油多

小松鼠最近变胖了！

嘟嘟很纳闷，她看见小松鼠吃得很少，每天都只吃那么一两粒松子，怎么会突然变得这么胖呢？

嘟嘟问小松鼠："你是不是把什么好吃的藏起来，不想被我看到啊，快告诉我是什么，我不抢着吃。"

小松鼠摇摇头："我什么好吃的也没吃，我只是这阵子比以前每顿多吃了一粒松子。"

嘟嘟摇头不信，装作生气地说："你不告诉我，我就不跟你玩了。"

小松鼠着急地说："嘟嘟，嘟嘟，我没骗你。"

小精灵飞过，看见小松鼠和嘟嘟在争执，就问："你们在争什么呢？"

嘟嘟就告了小松鼠一状："小松鼠他骗人，他说他每顿比以前多吃了一粒松子，居然就能变得比我胖了，我才不信他呢！"

小精灵笑笑说："嘟嘟，这你就错怪小松鼠了，这完全是可能的。因为松子是富含油脂的坚果类食品，它是高热量的，比你吃10颗糖营养多了，小松鼠这么补，怎么会不胖呢？呵呵！"

嘟嘟不可思议地看着小松鼠和小精灵："是吗？真的吗？"

小精灵说："是真的，类似的坚果类食品还有葵花子、南瓜子、花生米、核桃、杏仁等等。"

欢乐练习曲：

1 准备16开大小的白铅画纸一张或不带漂白、无光的卡纸一张；含油量不一样的植物种子或果实，比如篦麻子、棉子、花生、黄豆、核桃仁、蚕豆等，也可提供一些炒熟的花生、开心果、榛子等坚果。

2 把纸用图钉固定在泡沫板或三合板上，并把纸用笔画成若干块。

3 选几种自己喜欢的种子或果实（每次不要太多，2—3种为宜），放在纸上的分割区内，一个分割区放一种，并用透明胶把它们固定在分割区的一角。

4 按分割区中固定的种子或果实，选择相同的种子或果实在该分割区中用力擦拭，像擦橡皮一样来回擦。

5 放在亮光下仔细观看纸上有没有油，看谁的油多，谁的油少，谁没有油？

6 用自己的方式把结果记录下来。

收获一箩筐：

这个游戏能够培养小朋友敏锐的观察力，并且了解生物世界的奥妙，同时让小朋友养成动手实验、探索发现的好习惯。

光对小豆芽的影响

在奇乐谷里，有茂密的植物，绿树、青草、红花，它们把奇乐谷装点得美丽极了。

小精灵、嘟嘟和聪聪在奇乐谷里玩耍。小精灵问他们："你们知道植物生长的秘密吗？"

聪聪想了想说："植物的生长是靠根部吸收水分和营养，也不能缺少光。"

小精灵说："聪聪说得很对，那你知道光在植物身上施了什么样的魔法吗？"

嘟嘟赞叹地说："光真是一个神奇的魔法师啊，它还能在植物的身上施魔法，让它们快快生长呢！"

小精灵说："那你能说说是什么样的魔法吗？"

嘟嘟摇摇头："是什么样的魔法呢？"

小精灵说："其实这是一门科学知识，这种魔法的名字就叫作光合作用。"

聪聪问："光合作用是什么意思呢？"

小精灵向他们解释说："光合作用就是光能合成作用，是植物本身的一种功能，它是在可见光的照射下，利用光合色素，将二氧化碳和水转化为有机物，并释放出氧气的生化过程。所以植物的生长最离不开的是空气、水和光，而土壤中的营养是促进它们生长的要素。同时，植物的存在也是我们存在的基础，因为我们呼吸用的氧气一大部分都是由它们产生的。"

嘟嘟纳闷地问："那是不是说没有植物，我们也就没法生存了呢？"

小精灵说："对啊，所以大自然里最先有的是藻类植物，然后慢慢才有了动物的存在。"

欢乐练习曲：

1 准备绿豆、黑纸、标签、订书机、剪刀、塑料杯、棉花。

2 实验一：观察植物生长的方向。

3 实验二：种子萌发需要光和水，植物是否喜欢亮的地方？

（1）制作五个培养皿，贴上标签，将标签1—5的培养皿放在室内光线明暗不同的地方。

（2）每一个培养皿中的绿豆要一样多。豆子发芽需要浇水，若要浇水，可由洞中加入。若无洞口，打开罩子，在浇水后，盖子立刻盖上。

（3）小心照顾，一周后报告成果。

4 讨论：

（1）植物没有光会不会发芽？

（2）已经长歪斜的室内植物如何使它回正？

收获一箩筐：

小朋友发现了吗？植物没有光是无法发芽的。已经长斜的植物，可以用支架帮植物回正，也可以用筷子。培养小朋友的观察习惯和探索精神，了解植物对光的反应，了解生物科学的奥妙。

制作叶脉底片

秋天，片片红叶飘落在地上，形成一道美丽的风景线。

爱漂亮的嘟嘟捡了好多漂亮的叶子做标本。标本制作完成后，嘟嘟邀请小精灵和聪聪来她家欣赏那些树叶标本，标本是用不同植物的叶片制成的，每一个都有独特的形状和特点。小精灵和聪聪看了以后，都一个劲地夸嘟嘟的标本做得漂亮，于是，嘟嘟把其中两个分别送给了小精灵和聪聪。小精灵拿着标本仔细地欣赏，问题多多的小精灵问他们："你们知道落叶和新叶的不同吗？"

嘟嘟说："当然知道了，落叶有红色的、黄色的，而新叶都是绿色的。落叶枯萎了，新叶正在生长，一个是有生命的，一个已经没有生命了。"聪聪也赞同嘟嘟的说法："看来你对收集品蛮有研究的！"

小精灵问："那你们知道为什么树叶会凋零，但是树却不会枯萎吗？"嘟嘟和聪聪摇摇头："这个问题好难，为什么呢？"小精灵说："那是因为树叶的叶脉不再吸收和传送营养到叶子上，虽然树根依然能够吸收营养，却不能输送到叶子上，叶子就渐渐枯萎了。"嘟嘟问："什么是叶脉啊？"小精灵指着树叶标本上一条条清晰的脉络线，告诉嘟嘟和聪聪："这就是叶脉了。植物是通过它们的根在土壤中吸收水分和养料，然后由叶脉传送到身体的各部分，就好像我们身体里的血管一样。另外叶脉还起着增加光合作用的面积以及支撑叶子的作用。"

嘟嘟高兴地点点头，真是有意思啊！

欢乐练习曲：

1 采集树叶。
准备镊子、烧杯、软毛刷、塑胶手套、水彩染料、三角架、酒精灯、石棉网、量杯、吹风机。

2 将洗净的叶片用镊子放入烧杯中进行热浴。

3 叶片煮成茶褐色、叶肉软烂、叶脉未破坏前夹出。

4 放入水槽中，戴上手套，将叶片洗干净。

5 将叶片夹在手掌或木板上，把叶肉刷掉，要轻刷以免叶片破裂。

6 漂洗干净。
吹风机吹干后，用水彩涂上你最喜欢的颜色。叶脉标本就好像叶子照片的底片一样，看起来很奇妙。

7 讨论：叶肉、叶脉，哪个较坚韧？

收获一箩筐：

小朋友讨论出来了吗？叶脉比较坚韧。
学习叶脉的制作方法，并且制作出漂亮的叶脉标本。培养小朋友的观察习惯和探索精神，了解生物科学的奥妙。

阳光下变色的水

小精灵今天很开心，不停地哼着歌。嘟嘟见了很奇怪，忙问："小精灵，你为什么这么开心啊？"

小精灵神秘地笑笑："因为我发现了一个秘密。" "啊？什么秘密啊？"

"不告诉你，告诉你，你就告诉其他人了。"小精灵不情愿地说。

"你放心吧，我肯定不会告诉别人的。我保证。"嘟嘟忙承诺。

"真的吗？"小精灵不相信地看看嘟嘟。

"嗯嗯，保证。"说着，嘟嘟忙捂住嘴巴，不停地点头。

"那好吧，"小精灵凑到嘟嘟的耳边，"我发现，水是有颜色的。"

"啊？"嘟嘟惊奇地说，"不会吧？"

"不信，你看。"小精灵指着花园里的一盆水，水里放了红彤彤的苹果，再看那水在阳光的照耀下，闪闪的，有点点红色。啊，真的有颜色啊！嘟嘟看呆了："好神奇啊，真好玩。"

嘟嘟像突然想起了什么："小精灵，我饿了，我去找点吃的。"

"啊？怎么饿了？"还没等小精灵反应过来，嘟嘟已经跑远了。

嘟嘟告诉了聪聪这个秘密，聪聪又告诉了小鸟，小鸟又告诉了滴滴，不久整个奇乐谷都知道了这个秘密，大家都很兴奋。

小精灵看到大家都很高兴，也就没有怪嘟嘟了。

是不是很好玩啊？大家一起试试吧。

1 白天，盛一碗水，放在有光线照射的地方。

2 在碗中放入一个大的颜色鲜艳的完整水果或蔬菜，比方放入西红柿、青苹果、橙子、橘子、一整串葡萄……或者也可以放入一些有颜色的物品，比如各种颜色的瓶子……

3 看看，水是不是变得有颜色了呢？

4 将物品拿出来，看，水还是那样清，一点变化都没有。

收获一箩筐：

这是一个简单的小游戏，利用的是水的折射原理。光线照射在物体上，投射到水中。光线在水中折射成数条光线的方向，改变了光线的方向，就将物体的颜色也晕染在水中了。这个游戏可以培养小朋友的观察习惯和探索精神，了解科学的奥妙。

开心种方块地

为了奇乐谷的美丽繁荣，小动物们组织一起去种树。小精灵、嘟嘟和聪聪他们这么积极，当然也来参加啦！所有的小动物都卖力地干起来。

首先，大家先挖一个很深的坑洞，然后把种子放进去，再用土埋起来。为了保证奇乐谷的树木自由生长，所以不能在种的树旁做任何妨碍生长的标记，也就不能立小牌子啦！

嘟嘟和聪聪看着自己辛苦种下的树种，好想留下纪念，记下哪些是自己亲手种的。嘟嘟央求小精灵："小精灵，你帮我们想想办法吧！"小精灵想了想，拿起一根树枝，在嘟嘟和聪聪种的每个树种的位置点下一种黑色素药剂。聪聪说："只是这样啊，那被风吹一吹，被沙土一盖不就看不见了？"

小精灵告诉他们："这是我的秘方，这种黑色素会随着树的生长，渐渐扩大成一个圈，不会影响树木的生长，还能让我们记得哪些是我们种下的树木。"

嘟嘟拍手喊着："好棒，好棒，好希望这些树种快快发芽，快快长大。"

小精灵飞起来，从天上望下去，聪聪和嘟嘟他们一共种下了24棵树，并且小精灵发现这些树的排列方式还很奇特，是一个很大的三角形，三角形中又包含了好多正方形。

小精灵将看到的图形画了下来。

小精灵问嘟嘟和聪聪："你们能看出这些点到底能连成多少个正方形吗？"

小朋友，你们也来帮嘟嘟他们想一想吧！

欢乐练习曲:

1 如前页图所示，24个点整齐排列，连接其中一些点可以画出正方形。请画出所有的正方形。

2 那么，到底能画出多少个面积不等的正方形呢？

小朋友，你画出来了吗？这个游戏能有效地培养小朋友们的观察能力，还能通过画图增进乐趣，同时让小朋友对几何数学产生浓厚的兴趣。

收获一箩筐:

另类字母

一天，奇乐谷里的小动物组织春游，所有小动物都来了。

奇乐谷里辽阔无边，绿草青青，春意盎然，小狗汪汪举着小旗，招呼大家跟好队伍。

小精灵看着长长的队伍，问大家："你们看看这长长的队伍，猜猜谁是混进队伍的异类呢？"

大家想了想，互相看了看，都搞不明白状况。

嘟嘟吭哧吭哧地实话实说了："不就是你吗？"

小精灵笑嘻嘻地问："为什么呢？"

嘟嘟说："因为大家都是小动物，只有你是小精灵啊，嘿嘿。"

小精灵调侃地说："嘟嘟说对了，我就是那个混进队伍的异类啊！"

大家觉得小精灵是在逗大家开心，也都跟着哈哈大笑起来了。

于是，大家开心地摊开桌布，放上带来的食物，开始野炊啦！

欢乐练习曲：

1 仔细观察以下几个字母。
A、F、M、E、H

2 哪个与其余四个差别最大呢？

收获一箩筐：

是F，其余四个字母都具有对称性，或上下对称，或左右对称。小朋友，你看出来了吗？

这个游戏能有效地培养小朋友们的形象思维能力，同时让小朋友对英文字母的研究产生浓厚的兴趣，英文不是那么枯燥的，英文可以从其他方式入手学习。

纸娃娃跳舞

有一个小小的洋娃娃，黑头发黑眼睛，长得别提多可爱了，而且她还是一个跳舞的高手。小步舞、民族舞、牛仔舞、芭蕾和踢踏，没有她不会跳的，而且跳上一整天都不会累。

这个小小的会跳舞的洋娃娃有一个梦想，她希望可以找到一个和她一样喜欢跳舞的伙伴，因为她是一个很害怕孤单的洋娃娃。于是她决定自己去找一个合适的伙伴。

洋娃娃在寻找的途中，遇到了小精灵、嘟嘟和聪聪，他们三个很喜欢帮助别人，决定陪着洋娃娃一块儿上路。

路途中，他们一边欣赏洋娃娃跳舞，一边给洋娃娃找同伴。一行人遇到了爱漂亮不爱跳舞的金发娃娃、有很多乘客的小货车、爱讲故事的小人书，他们都不爱跳舞，洋娃娃好伤心，她还是孤单一个人。

小精灵、嘟嘟和聪聪安慰她："你不是一个人啊，我们都很欣赏你美丽的舞姿啊！"

这时，一只棕色的小泰迪熊问："请问我可以和你一起跳舞吗？"

可是，洋娃娃看他胖乎乎的，手里拿着个口琴，一点也不像会跳舞的样子。

小精灵招呼他："快来，快来，大家一起跳吧！"他们高兴地边跳边唱，小泰迪熊吹起了口琴。

跳完一曲，洋娃娃和小泰迪熊向他们道别后，结伴走了。

小精灵、嘟嘟和聪聪都替洋娃娃找到同伴而高兴。

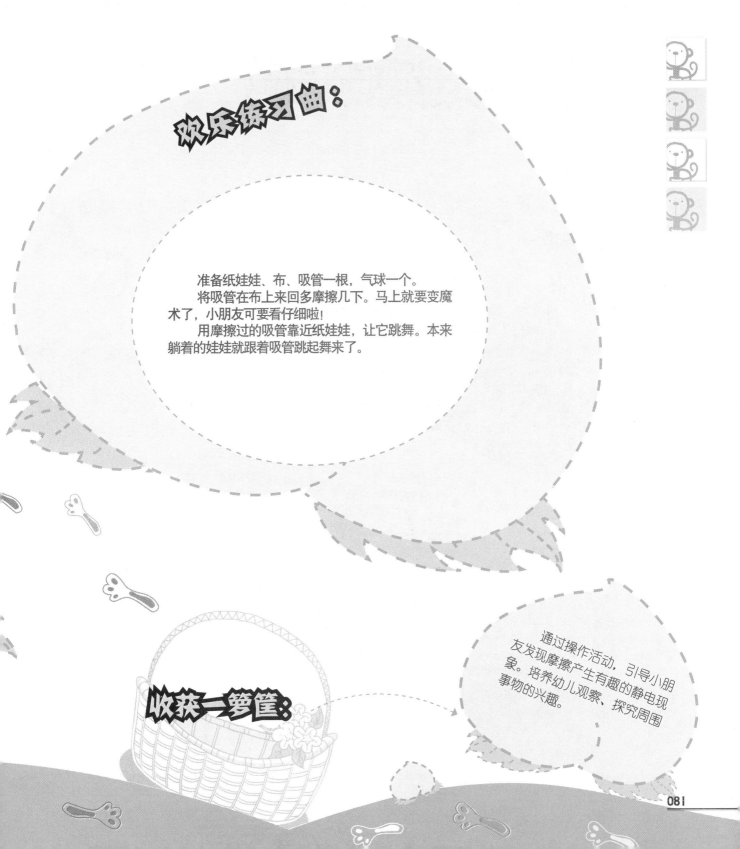

欢乐练习曲：

准备纸娃娃、布、吸管一根，气球一个。

将吸管在布上来回多摩擦几下。马上就要变魔术了，小朋友可要看仔细啦！

用摩擦过的吸管靠近纸娃娃，让它跳舞。本来躺着的娃娃就跟着吸管跳起舞来了。

收获一箩筐：

通过操作活动，引导小朋友发现摩擦产生有趣的静电现象。培养幼儿观察、探究周围事物的兴趣。

谁是真的亲戚

嘟嘟遇到了一件从来没遇到过的新鲜事，她把这件事告诉了小精灵和聪聪。

嘟嘟说："我从没有遇到过这种事情，原来亲戚之间竟然有不认识的，而且还不是同类呢！"

聪聪着急了："你快说是什么事吧！"

嘟嘟说："今天早晨，我路过小溪边，见到小老虎在溪水里玩，就去和他聊几句。聊着聊着才知道，小老虎遇到了一件怪事。这几天，有很多动物来他们家，说是他的远房亲戚，其中包括梅花鹿、白马、豹子、狮子和狼，小老虎的爸爸妈妈出远门了，小老虎不知道怎么办才好。"

小精灵笑嘻嘻地问："那你觉得这里面有小老虎的亲戚吗？"嘟嘟想了又想，摇了摇头。

小精灵问聪聪："你说呢，这里面有小老虎的亲戚吗？"聪聪想了想："如果比较外貌，豹子和老虎比较像，小精灵，你说会不会是豹子呢？"小精灵笑笑说："你再想想。"

聪聪摇摇头说："想不出来了。"

小精灵告诉他们答案："聪聪说得对，但是不全，这里面有两个动物说的是真话，就是狮子和豹子，他们是小老虎的远房亲戚。"

嘟嘟问："为什么呢？他们为什么是亲戚呢？"小精灵说："因为他们同属猫科动物啊！"

小朋友，你猜对了吗？

欢乐练习曲:

1 为小朋友提供一些具有共同特征的不同类物品，例如小汽车、汤匙、钥匙、硬币、回形针等，让孩子发觉其共同特征来加以分类，并鼓励其重复分类。

2 提供符号、颜色、食品、数字、形状、人物、字词等材料，让小朋友依其特性分类。

3 例如：语气、沉默、脸色、目光、神态，不是同类的是哪个？上午、下午、夕阳、傍晚、深夜，哪一个不是同类？

收获一箩筐:

1. 沉默，沉默是动词，其他是名词。

2. 夕阳，夕阳讲的主体是太阳，其他几个代表时间。

这个游戏能有效地培养小朋友们观察生活和区分判断的能力，同时对文学和生活的研究产生浓厚的兴趣。

捉迷藏

嘟嘟和聪聪、小精灵聚在一起，说要玩捉迷藏。

首先，嘟嘟、聪聪和小精灵约法三章，不能用魔法作弊，小精灵答应了。嘟嘟、聪聪和小精灵一起猜手心手背来定输赢，输了的人来找其他人藏在哪儿，数100个数就开始玩了。嘟嘟、聪聪和小精灵一起猜手心手背来定输赢，小精灵数完100个数，欢快地始找。

第一轮，小精灵输了。她闭上眼睛，嘟嘟和聪聪快速找了个隐蔽的地方藏好。小精灵数完100个数，欢快地喊："我来找你们啦！"

嘟嘟躲在花丛中，见小精灵东看看、西碰碰，急得头上都冒汗了。见她那模样，嘟嘟憋不住了，笑出了声。小精灵一听见，飞快地飞了过来。嘟嘟赶紧捂住嘴巴，屏着呼吸，缩成一团，一抬头小精灵已经在眼前了。完了！这次轮到嘟嘟找他们了……

小精灵和聪聪赶紧躲藏起来。嘟嘟数完100个数，喊："我来找你们啦！"可是嘟嘟怎么找也找不到他们，

小精灵躲在树叶里，聪聪倒挂在树上，互相看着对方笑呢，嘟嘟就是不抬头看一看上面。

嘟嘟终于挨不住了，可她连认输叫他们出来都忘记了，竟坐在树下睡着了。

聪聪用叶子搔了搔嘟嘟的鼻子，嘟嘟睁开眼，看到小精灵和聪聪出现在她眼前。

她高兴地抓着小精灵和聪聪喊："我找到你们啦！"

聪聪很诧异地说："这样也行啊，耍赖皮。"

不过，他们玩得很开心。

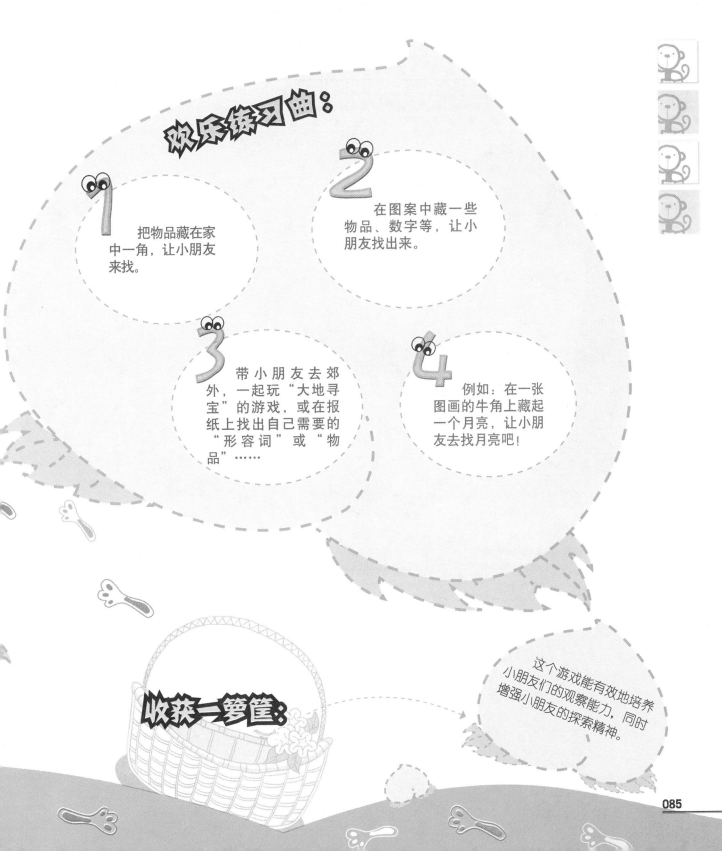

欢乐练习曲：

1 把物品藏在家中一角，让小朋友来找。

2 在图案中藏一些物品、数字等，让小朋友找出来。

3 带小朋友去郊外，一起玩"大地寻宝"的游戏，或在报纸上找出自己需要的"形容词"或"物品"……

4 例如：在一张图画的牛角上藏起一个月亮，让小朋友去找月亮吧！

收获一箩筐：

这个游戏能有效地培养小朋友们的观察能力，同时增强小朋友的探索精神。

正确的顺序

小精灵问嘟嘟和聪聪："你们知道十二生肖是什么吗？"

嘟嘟说："当然知道了，鼠、牛、虎、兔、龙、蛇、马、羊、猴、鸡、狗、猪。"

小精灵问聪聪："嘟嘟说得对吗？顺序也对吗？"

聪聪想了想，回答说："对。"

小精灵说："你们都很聪明，知道很多知识，那你们知道为什么十二生肖会这么排序吗？"

聪聪说："我知道，我知道，我在书上看到，说是因为一次奇乐谷运动会，大家决定用运动会的排名来决定十二生肖的顺序。本来冲到红线时，大家看到是牛大哥处于第一位，谁知道，牛大哥的头上忽然跳出了小老鼠，小老鼠轻松地跳过终点线，就成了运动会的第一名，而牛大哥就只能排第二了。剩下的名次就像现在十二生肖的顺序一样。"

小精灵笑着夸聪聪："聪聪更好学了，连传说都记得。所以说任何事物之间都有一定的先后顺序，而做事要按照顺序去做，才能做得更好。"

欢乐练习曲:

1 准备四张图片,例如:被咬去一口的苹果,洗后放在果盘里的苹果,只剩下核的苹果,长在树上的苹果。

2 打乱顺序摆放在小朋友面前。

3 让小朋友将四张图片按正确的顺序排好,并能说出合理的理由。

4 提示小朋友,一个挂在树上的苹果是怎么被吃到肚子里去的呢?

收获一箩筐:

正确的顺序:长在树上的苹果,洗后放在果盘里的苹果,只剩下核的苹果,被咬去一口的苹果。这个游戏是考验小朋友对生活常识的掌握程度,可以培养小朋友观察生活的习惯。

欢天喜地跳房子

嘟嘟和她的小伙伴们又发明了一种有趣的游戏，那就是——跳房子。

他们三个分工合作，有的画格子，有的写数字，很快房子就搭建好了。

他们三个轮流跳起来，小精灵和聪聪轻松通过，嘟嘟经过努力，也跳过了。

接下来就难了，他们选出了一名捣蛋员，当别人在跳格子时，他的"工作"便来了。

原来，他是这样"工作"的：别人在跳时，他便跑到前面，拦住了去路，开始做一些会让人发笑的动作，如果跳的人笑起来，一不小心就会把脚超出线外。这时，捣蛋员便哈哈大笑起来，说："哈哈！你上当了。"

轮到小精灵跳了，嘟嘟这个捣蛋员使出了看家本领，左三扭，右三扭，使出浑身解数，小精灵却轻松地过关了。

轮到聪聪时，小精灵正在为想到一个很好笑的鬼脸高兴的时候，聪聪闭着眼就跳过了。

只剩下嘟嘟。嘟嘟很紧张地看着小精灵和聪聪，他们不但没有捣乱，还为嘟嘟加油，嘟嘟也轻松通过了。

最后，他们三个把手搭在伙伴的肩膀上，一起跳起房子，虽然一起跳的难度更大，要求步伐一致才能跳好，可是他们互相鼓励，更加开心地跳了起来。

欢乐练习曲：

1 准备一套大数字板，1—10各1张。

2 把大数字板铺在地上，或者用粉笔在地上写上数字。

3 发出指令让小朋友跳到相应的数字上，比如说"1"，小朋友就跳到写有数字"1"的数字板上。

4 还可以让小朋友按照跳格子的方法，单双腿跳，游戏就更有趣了。

5 不要让小朋友跳相隔太远的数字，以免摔伤。

收获一箩筐：

这个游戏让小朋友在玩耍跳跃中学会认识数字。认识世界是从观察开始的，观察是吸收知识的好方法，而同时这个游戏还让小朋友做了运动练习。

重量与大小

这天，嘟嘟他们经过一个鱼塘，一个渔夫正在水中捕鱼。

小精灵若有所思地问嘟嘟和聪聪："鱼塘里有没有鱼？"

聪聪瞟了瞟鱼塘说："鱼很多，我听过一句话，说'水至清则无鱼'，这水这么浑浊，正是因为鱼多搅浑了池塘。"

嘟嘟说："才不是呢，这正是没有鱼的标志。"

聪聪坚持认为鱼多，而嘟嘟则认定塘中没有鱼。

渔夫看着他们互不相让，笑笑说："从水面上是看不出来的，想知道到底有没有鱼，等我抽完了水不就知道了。"

于是他们三个决定坐下来等。两个小时很快过去了，水干了，鱼儿也出水了。鱼儿虽不多，也收了一百来斤。

小精灵看着聪聪和嘟嘟说："看来你们俩都没全对。要看鱼塘的收成还得等到抽干水才知道。"

欢乐练习曲：

1 先准备1角、5角、1元等不同面值的硬币。

2 教小朋友排列硬币，由小排到大或由大排到小。

3 并教小朋友认识上面的数字。

4 然后让小朋友放在手里掂一掂每个硬币的重量。

5 问小朋友：是不是硬币越大面值也越大，重量越重硬币面值也越大呢？

6 是的，硬币的面值是和大小、重量成正比的。再告诉小朋友数字越大说明硬币越值钱，可以买比较多或贵的东西。

收获一箩筐：

这个游戏能教给小朋友一些简单的数字概念，并认识钱币的不同，同时可利用钱币的大小，让小朋友知道，大的面额形状比较小一点，小的面额形状大一点。同时，通过真实的轻重感受，小朋友比较容易建立轻和重的认知概念，理清轻重大小的概念。

浮起来！沉下去！

奇乐谷里有一只小鸭子，这只小鸭子黑亮亮的羽毛，扁扁的嘴巴，走起路来摇摇摆摆的，特别招人喜欢。

可是小鸭子从出生就没见过爸爸妈妈，它也从来没下过水。这天，他在奇乐谷里找吃的，"扑通"一声，不小心掉进了河里。小鸭子在水里不断扑腾着喊"救命啊，救命啊……"

小精灵、嘟嘟和聪聪路过河边，听到了小鸭子的叫声。嘟嘟他们都很着急，好心地想要把小鸭子拉上来，可是他们也不会游泳，怎么办呢？

小精灵想，小鸭子居然不会游泳，太奇怪了，想了想，她终于明白了。

小精灵对小鸭子说："小鸭子，你试着把两个小翅膀打开，和脚掌一起在水中划动。"

小鸭子照着小精灵说的做了，果然他浮起来了，还慢慢划到了岸边。

小鸭子走上岸，向大家道谢："谢谢你们。我从出生就在陆地上走，从来就没有下过水，第一次下去我还真是吓了一跳，没想到游泳这么容易。"

小精灵说："当然啦，那是你的天性嘛！"

1 准备一个牙刷、一个螺丝和一根羽毛。

2 让小朋友猜猜看哪个会沉下去，哪个会浮上来。

3 准备一盆水。

4 把物品放入水中，哪个沉下去，哪个浮上来了呢？小朋友，你猜对了吗？

收获一箩筐：

小朋友，你还可以找更多的物品进行比较。这个游戏可以培养小朋友的探索精神，让他们学会观察事物，了解生活，得到更多的生活小知识。

拐了几道弯

一天，嘟嘟在郊游时脚被尖利的石头割破，到医院包扎，聪聪来医院接她，送她回家。

在家附近，他们碰见了小精灵。于是嘟嘟跷起扎了绷带的脚给小精灵看，还特意撒娇，满以为会收获一点同情与怜爱，不料小精灵并没有安慰她，只是简单交代几句，便自己走了。

嘟嘟很伤心，很委屈，也很生气。她觉得小精灵这个朋友一点也不关心她。

聪聪笑着劝她："别生气，小精灵就是这样，满嘴都是大道理，其实她很关心你，但是又怕惯坏你，以后小心点别弄伤自己。你猜她会不会偷偷回头看你呢？"

嘟嘟拉着聪聪停住了脚步，站在那儿看着小精灵飞走的背影。

小精灵依然笃定地向前飞去，好像没有什么东西会让她回头……可是到了拐弯处，就在她侧身准备飞走的刹那，好像不经意似的悄悄回过头来，很快地瞟了嘟嘟他们一眼，然后才消失在拐弯处。

虽然这一切都只发生在一瞬间，但却打动了他们，这种友情才是最珍贵的。

收获一箩筐：

26个弯。小朋友你数对了吗？这个游戏让小朋友学会数数和认识路径转弯。认识世界是从观察开始的，观察是吸收知识的好方法。

小鸟眨眼睛

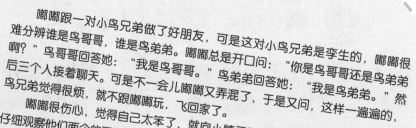

嘟嘟跟一对小鸟兄弟做了好朋友，可是这对小鸟兄弟是孪生的，嘟嘟很难分辨谁是鸟哥哥，谁是鸟弟弟。嘟嘟总是开口问："你是鸟哥哥还是鸟弟弟啊？"鸟哥哥回答她："我是鸟哥哥。"鸟弟弟回答她："我是鸟弟弟。"然后三个人接着聊天。可是不一会儿嘟嘟又弄混了，于是又问，这样一遍遍的，鸟兄弟觉得很烦，就不跟嘟嘟玩，飞回家了。

嘟嘟很伤心，觉得自己太笨了，就向小精灵哭诉。小精灵告诉她："你要仔细观察他们两个的不同之处，不管多像的孪生兄弟都会有一点儿不同的。"嘟嘟决定靠自己的力量完成这件事，于是她鼓起勇气去找鸟兄弟。嘟嘟说："你们再跟我玩一天，我保证以后就能分出你们谁是谁了。"嘟嘟经过一天的观察，终于发现虽然鸟兄弟特别喜欢眨眼睛，但是鸟哥哥喜欢眨的是左眼，鸟弟弟喜欢眨右眼，嘟嘟终于能分清他们谁是哥哥，谁是弟弟了，她很高兴。

鸟兄弟决定测试她一下。鸟哥哥问："你知道我是哥哥还是弟弟吗？"嘟嘟说："你是鸟哥哥。"鸟哥哥和鸟弟弟立刻换了换位置。鸟弟弟说："错了，我是鸟弟弟。"嘟嘟说："你们耍赖，你们刚刚换过位置了。"鸟兄弟都替嘟嘟开心，他们终于可以畅快地玩耍了。

欢乐练习曲：

如图所示，一共有多少只小鸟？有多少只小鸟在眨左眼？多少只在眨右眼呢？

总共有10只小鸟，6只在眨左眼，4只在眨右眼。

这个游戏让小朋友学会数数，增强小朋友的眼力和观察能力，能更好认识世界和学习更多知识。培养良好的观察能力，

收获一箩筐：

看看谁跳得高

他们谁跳得高？？

三只小白兔要比赛跳高，来找嘟嘟给他们做裁判，嘟嘟很高兴地答应了。

小白兔们开始比赛啦！

嘟嘟喊："预备，开始，跳！"

三只小白兔噌的一下跳起来，瞬间就落地了。在那一瞬间，有一只小白兔跳得比较低，但是其余两个小白兔跳的高度很接近，很难辨认出到底谁高谁低。

两只小白兔争执起来："我跳得比较高！" "是我跳得高，你差我半个耳朵。"

"是我高……"

"是我高……"

嘟嘟也犯愁了，这可怎么办啊？重新比一次吧，可是，如果还是很接近怎么办呢？

嘟嘟只好向小精灵求助，小精灵给嘟嘟出了个主意，让小白兔们手上抹一点土，然后找个白墙，跳起来的时候在白墙上拍一下，在白墙上印上他们的指印，这样不就很容易辨认出到底谁跳得高，谁跳得低了吗？"

嘟嘟笑着说："对哦，这样不就很容易辨认出到底谁跳得高，谁跳得低了吗？"

嘟嘟成功地测试出了小白兔的成绩，三只小白兔心满意足地回家了。

欢乐练习曲：

1 准备正方形、长方形、圆形积木和高矮不同的小人三个。

2 这是一个非常适合和孩子共同进行的游戏。首先，可以在三个高矮不同的小人下面垫上正方形、长方形、圆形的积木，使它们显得一样高。

3 然后，让孩子根据所垫木块的多少，判断出这三个小人中，哪个最高，哪个最矮。

收获一箩筐：

通过动手操作，发展孩子的逆向思维能力及空间感知能力，同时培养了孩子的观察能力。

谁的手比较长

奇乐谷里要举行运动会，嘟嘟和鸵鸟分到了一组，嘟嘟觉得很不公平，于是向小精灵抱怨。

嘟嘟对小精灵说："小精灵，你看鸵鸟的腿那么长，我的腿那么短，肯定是鸵鸟跑得快，这比赛太不公平了。"

小精灵说："嘟嘟，你这么说就不对，虽然有的动物腿长，有的动物腿短，腿短的动物迈的步伐虽然没有腿长的动物大，但是腿短的动物有个优势，就是抬腿落腿的速度比较快，像小白兔就是一个典型的例子。只要你在速度上加强练习，勤加练习，我相信你可以赢的。"

于是，嘟嘟决定努力一下，勤加练习。

运动会开始了，嘟嘟的小腿跑得飞快，当然鸵鸟更厉害，大步大步地向前迈去。

最后，嘟嘟还是输了，但是输得很少。在这次比赛中，她也有很大的收获，她明白了，不是腿长的动物才可以跑得快的。

嘟嘟自豪地站在鸵鸟旁边，看，嘟嘟的腿比鸵鸟的腿短很多呢！小朋友你看出来了吗？

1 请爸妈准备好两根长线，最好是不同颜色的线，大人一种颜色，小朋友一种颜色。

2 以长线分别量小朋友和爸妈的手臂长度，并按测量结果剪下来。

3 利用剪下的线来比较谁的手臂较长。

4 然后再请小朋友拿着与自己手臂等长的线，比较家中的物品，如书或是桌子等，看看是自己的手长还是物品比较长。

收获一箩筐：

首先，这个游戏可以增强孩子的眼力和观察能力。其次，利用实际的测量及观察，可以帮助小朋友建立长短的概念，同时了解测量的意义。

看一看，数一数

今天，天气晴朗，嘟嘟、聪聪和小精灵来了一场比赛。他们比赛看奇乐谷里的哪一棵树上的叶子多。他们找了三棵树叶看起来差不多的树，站在离大树10米的位置上，用2分钟的时间算出哪棵树上的叶子多。

小精灵说："中间那棵树上的叶子最多。"嘟嘟说："不对，是右边那棵树上的叶子多。"聪聪却说："是左边那棵树上的叶子最多。"

到底谁说得对呢？他们请小鸟来做评判。小鸟们飞到大树上看了又看，叽叽喳喳讨论起来，它们也数不清哪棵树上的树叶最多。

于是，嘟嘟、聪聪和小精灵问大树爷爷："大树爷爷，您能告诉我们哪棵树上的叶子最多吗？"大树爷爷想了想，对他们说："孩子们啊，我自己都不知道树上到底有多少叶子，这个比赛就和数天上有多少颗星星一样难！"小精灵说："对啊，如果我们要比较树叶的多少，一定要找能比较的树木来比较，比如，你看这棵树上的叶子比较茂密，那棵树上的叶子比较稀少，那棵树上的叶子多，离我们20米远的那棵树上的叶子多，聪聪提议，换一种方法来比试。他说："今天我们是考眼力的，离我们20米远的那棵树上的叶子多，还是离我们10米远的这棵树上的叶子多呢？"嘟嘟说："那不是更难了？"

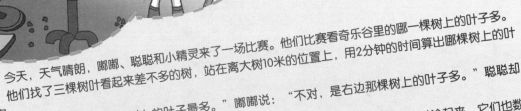

小精灵告诉他们："同样的茂密程度，就一定是更远的那棵树上的叶子多，因为越远的事物，我们看起来越小，其实它本身没我们看到的那么小。"

欢乐练习曲：

1 先请小朋友随意捡拾小石头，然后放在桌子上。

2 接着再请爸妈另外拿一些，放在桌子的另一边。

3 请小朋友目测，哪一边的石头比较多。

4 等小朋友说完之后，邀他一起数一数，两边的石头各有几颗，并把数字写下来。

5 再来印证先前目测的答案是否正确。

6 还可再问小朋友："多的那一边多几颗？"

收获一箩筐：

这个游戏首先也是考察小朋友的观察能力和眼力，之后，让小朋友先以目测的方式，感受量的变化，确认量的多少，帮助小朋友建立清楚的数量概念。除了小石头之外，爸妈也可以利用其他物品，例如积木块、红豆来进行这个游戏。

第 3 章

训练推理能力的谜题

运用逻辑思考问题

谁抽中了大奖

哈哈 那我也知道了。小朋友们，你们知道了吗？

我知道！！

小精灵、聪聪和嘟嘟决定做一个很有意义的游戏。小精灵设计了一种奖票，如果谁做了好事或表现得好，就发一张小奖票。

一周后，小精灵、聪聪和嘟嘟再聚到一起，开始进行抽奖。小精灵准备了一个抽奖箱，里面放着纸条，纸条上写着奖品的名字，两张奖票可以抽一次奖。小精灵得到的奖票最多，一周得到了六张奖票，小精灵先抽，她抽了三次，分别是橡皮擦、铅笔和尺子。接着是嘟嘟抽，嘟嘟有三张奖票，只能抽一次，嘟嘟也抽到了橡皮擦。

而聪聪只有一张，他光顾着在家研究他的小发明了，所以小精灵和嘟嘟的礼物就由聪聪去准备啦！

欢乐练习曲：

聪聪和明明是一对孪生兄弟，爸爸经常和他们一起玩推理游戏。在他们5岁生日那天，爸爸拿出了三个外观一模一样的信封，对这兄弟俩说："这三个信封里面，两个分别装了100元钱，一个装了50元钱，你们每人抽取一个，剩下一个放我这里。你们各自看看自己的信封，不要让别人知道哦！然后，你们互相猜猜对方抽到的是多少钱！"

聪聪和明明了解了游戏规则后，就从爸爸手中各抽取了一个信封，他们各自看了自己的信封，聪聪立刻举手说："我猜到了！"见聪聪猜出来了，明明也举手说："我也猜到了。"

小朋友，你们猜出来了吗？到底谁抽中了大奖100元，谁抽中了50元呢？

收获一箩筐：

是明明抽中了100元的大奖哦，你猜对了吗？

其实这个逻辑题说难也难，说容易也很容易。聪聪和明明两个人拿到信封后，就会知道明明抽到的是100元，所以聪聪先举手说他猜到了，而明明手里拿的是100元，他就没办法知道到底另外一个100元是在爸爸的手里还是聪聪的手里了，所以他的反应会比聪聪慢。

那如果都抽中了大奖100元呢？聪聪和明明就不会第一时间举手，而是等好一会儿，看两人都没动静，他们也就该明白了，两人抽到的都是100元。

这个游戏可以锻炼小朋友的观察能力和逻辑推理能力，在游戏的同时增强智慧。

大家来称体重

嘟嘟、聪聪、小精灵去称体重。

好吃的嘟嘟最近又胖了，不好意思走上秤去称。

小精灵对嘟嘟说："那不称你自己的体重，称我们总共的体重，怎么样？我和聪聪陪你一起站到秤上称。"

嘟嘟很高兴地点头答应了。

最后，嘟嘟不说，聪聪和小精灵也知道嘟嘟的体重啦！

欢乐练习曲：

1 小精灵、嘟嘟和聪聪不能单独称各自的体重，有办法算出他们各自的体重吗？其实只称三次就够了。

2 称出嘟嘟、聪聪和小精灵的总重量。

3 称出嘟嘟和小精灵的重量。

4 称出嘟嘟和聪聪的重量。运算。

先用总重量减去嘟嘟和小精灵的重量得出聪聪的重量，再用总重量减去嘟嘟和聪聪的重量得出小精灵的重量，最后用总重量减去小精灵的重量减去聪聪的重量，就知道嘟嘟的重量啦！这个游戏可以在动脑的同时练习减法。

收获一箩筐：

老师的道理

小朋友们，结合老师和甲的对话，开动脑筋，想想他们谁说得不对呢？

甲说："学生完成作业后，老师就一定会准许他们出去做游戏。"

乙说："老师的意思是没有完成作业的肯定不能出去做游戏。"

丙说："甲的意思是只要完成了作业，就可以出去做游戏。"

丁说："老师的意思是只有完成了作业才可能出去做游戏。"

在大森林里，有很多位老师，乌龟爷爷是最受大家欢迎的老师了。

嘟嘟一直比较懒惰，学习成绩不太好，后来变得比较内向不爱说话，也不敢举手回答问题，即使非说不可的话，嘟嘟那声音也像蚊子在说悄悄话，小精灵和聪聪都很着急，他们把这件事告诉了乌龟爷爷。乌龟爷爷对嘟嘟说："好孩子，大声说话是勇敢的表现，你是勇敢的孩子，你能行！"

一次上课，乌龟爷爷让小朋友们回答问题，嘟嘟终于鼓起勇气举起了小手，乌龟爷爷笑着说："嘟嘟，你来回答。"嘟嘟心里一惊，站起来怯声怯气地说出了答案。乌龟爷爷笑着说："说得多正确呀！再大点声，让我们听得更清楚！"嘟嘟鼓足勇气，又大声重复了一次。乌龟爷爷说："你们听，嘟嘟的声音多洪亮，多好听啊，太棒了！"

从此，嘟嘟更爱学习，也更勇敢了，小精灵和聪聪都替她开心，更感谢可爱慈祥的乌龟爷爷。

一天，老师给四位同学甲乙丙丁上课，下课后，老师对四位同学说："不完成作业就不能出去做游戏。"

学生甲对老师说："老师，我完成作业了，我可以去外边做游戏了！"

老师说："不对。我只是说，你们如果不完成作业就不能出去做游戏。"

甲乙丙丁四人不理解老师的意思，议论纷纷。

丙说："甲的意思是只要完成了作业，就可以出去做游戏。"乙说："老师的意思是没有完成作业的肯定不能出去做游戏。"甲说："学生完成作业后，老师就一定会准许他们出去做游戏。"丁说："老师的意思是只有完成了作业才可能出去做游戏。"

甲乙丙丁四个人中有一个人理解错了，这个人是谁呢？

收获一箩筐：

是甲。甲领会错了老师的意思，由丁解释明白了，老师的意思是只有完成了作业才有可能出去做游戏。

这个游戏可以锻炼小朋友们的逻辑推理能力，小朋友的推理能力怎么样呢？

爱说假话的兔子

嘟嘟很高兴，因为和四只小兔子做了邻居。

但有件事嘟嘟很发愁，嘟嘟发现这四只小兔子说的话总是对不上，根本分不清谁真谁假。

像今天，嘟嘟又被这四只小兔子的年龄给难住了，嘟嘟就向小精灵和聪聪抱怨。

小精灵说："那我们就来猜猜到底谁说了谎。"

嘟嘟把今早的对话告诉了小精灵和聪聪。

小精灵很快就明白了，并且嘟嘟提示了，让嘟嘟继续猜小兔子们到底几岁。

嘟嘟能猜出来吗？

四只小兔子的年龄从1—4岁各不相同。其中两个说过话，无论谁说话，如果说的是关于比它大的兔子的话都是假话，如果说的是关于比它小的兔子的话都是真话。

兔子甲说："兔子乙3岁。"

兔子丙说："兔子甲不是1岁。"

这四只兔子分别是几岁呢?

收获一箩筐：

甲：2岁，乙：4岁，丙：3岁，丁：1岁

如果丙兔子说的是假话，丙就比甲年龄小，而且甲就是1岁，甲不是1岁，这是不可能的。所以丙兔子的话是真话，甲不是1岁，丙比甲年龄小。

如果甲兔子说的是真话，就是乙3岁，甲比乙年龄大，即甲4岁，这与上面的分析矛盾。所以甲说的话是假话，乙不是3岁，甲的年龄要比乙小。

根据以上分析，得出乙是4岁，丙是3岁，甲是2岁，丁是1岁。

这个游戏可以培养小朋友的逻辑推理能力，请小朋友说出推理过程哦！

5个小朋友怎么分100颗糖

小朋友，100颗糖怎么分能让你获利最大，并且让5个伙伴都同意呢？

新年快到了，嘟嘟、聪聪、小精灵等小朋友所在的奇乐谷将给每位小朋友发发糖果。

乌龟爷爷拿出糖果准备发给嘟嘟、聪聪、小精灵等五位小朋友。但是乌龟爷爷却说："我准备先发给嘟嘟、聪聪、小精灵，你们三人100颗糖果，看你们怎样平均分配到每个人手里。"

他们三个拿到糖果高兴极了，特别是聪聪兴奋得手舞足蹈，一把抢过糖果说："来，让我先来分，保证每个人都能平均分享到。"嘟嘟也兴奋地拍手叫好。

可是问题出现了，当每人分到33个的时候才发现多出了一个糖果。

只剩下这一个糖果该怎么分呢？聪聪挠了半天头。

嘟嘟凑上前来："还是让我试试吧！"可是无论嘟嘟分了多少遍，还是会多出一个。这可怎么办呀？小精灵说："算了，那我不要了，你们分吧。"

"不行。"乌龟爷爷立马否决了小精灵的意见，"你们必须完成平均分配，这是对你们的考验。"

听了乌龟爷爷的话，小精灵急得直打转，嘟嘟也低着头不说话。聪聪更是着急，突然他看到了另外两个小朋友，灵光一闪。

"我们三个人是不可能平均分配100颗糖果的。我们把另外的两位小朋友叫过来一起分配吧！"聪聪提议道。

小精灵和嘟嘟恍然大悟，同时也为自己刚才的小自私感到内疚。好东西就应该跟大家一起分享。于是，他们五位小朋友，又高高兴兴地在一起了。很快，他们平均得到了等量的糖果。

一旁的乌龟爷爷对他们的表现非常满意，脸上露出了欣慰的笑容。

欢乐练习曲：

一起来玩"小精灵分糖"的游戏吧！

有人送给5个小朋友100颗糖，让他们自己来分配。

抽签决定先后顺序，抽到第一的小朋友先提出自己的分配方案，若通过，即执行，否则这小朋友便被排除，不能分到糖了。接着下面的第二、三、四、五个小朋友来分这100颗糖，由第二个小朋友先提出自己的分配方案，若不通过，同样被排除，依次……直到有人提出的方案通过为止，分配成功。

通过标准：要有超过总人数一半的人同意，才能通过。（5个人必须有3个，4个人必须有3个，3个人必须有2个……）

每个小朋友都很聪明，都懂得怎样让自己获利更大，你猜他们最后的分配结果是什么？

收获一箩筐：

1号小朋友会分给3号1颗糖，或5号两颗糖，自己则独得97颗糖，即分配方案为（97，0，1，0，2）或（97，0，1，0，2）。

这个游戏可以培养小朋友的逻辑推理能力，请小朋友说出这是怎么推理出来的呢！

互不相通的房间

小提示：爸爸妈妈可以一起加入到游戏里去，扮演房子的主人。

小精灵、嘟嘟和聪聪结伴去旅行。

小精灵、嘟嘟和聪聪入住了一家旅店，为了方便本来想要一间三人房，可是这家旅店的双人房和多人房都已经住满人，只剩下单人房了。

小精灵、嘟嘟和聪聪只好各自住进了一间单人房。

可是经常丢三落四的嘟嘟和冒失鬼聪聪都需要照顾，有时嘟嘟会把东西忘在其他人房间，聪聪可能会弄丢钥匙，小精灵要想一个保险的办法，让他们能随时进入每个房间，这样才能保证他们互相照应。

小精灵、嘟嘟和聪聪分别住在三间相隔不远的房间里，每个房间门上都有两把钥匙。

如何安排房间的钥匙才能保证他们随时都能进入每个房间呢？

收获一箩筐：

把三个房间命名为甲、乙、丙，小精灵、嘟嘟和聪聪分别拿着自己房间的钥匙，然后再把剩下的钥匙这样安排，甲房内挂乙房的钥匙，乙房内挂丙房的钥匙，丙房内挂甲房的钥匙。这样无论谁不在，剩下的那个都可以凭自己手中的钥匙进入三个房间。

这个游戏可以培养小朋友的逻辑推理能力，请小朋友说出推理过程哦！

下一个字母

小精灵在给嘟嘟和聪聪补习英语。上次，嘟嘟和聪聪英文测验的成绩都不好。嘟嘟就光贪吃贪玩去了，聪聪天天待在科技博览馆里。

嘟嘟看着那26个英文字母，怎么L那么像油条，怎么Q那么像饼干，还让她想起了旺仔QQ糖，嘟嘟边看边流口水。

小精灵扯着嘟嘟的耳朵问："嘟嘟，你在想什么呢？"

嘟嘟说："我在记26个英文字母啊。A是三明治，B是竖起来的面包……26个字母还让我想起了字母饼干。"

聪聪说："就记得吃！"

小精灵竟夸起嘟嘟来："嘟嘟创造的这个记忆法不错哦！"

欢乐练习曲：

在下面的字母序列中，后面一个字母应该是哪个？
L N Q U ?

收获一箩筐：

答案是：Z。
按照26个英文字母的顺序，字母之间相继跳过1、2、3、4个字母。
这个游戏可以培养小朋友的逻辑推理能力，让小朋友了解26个英文字母，请小朋友说出推理过程哦！

拍卖无价

奇乐谷里举行大抽奖，嘟嘟、聪聪和小精灵都想试试自己的手气。

小精灵觉得抽没抽到奖没关系，这只是一个很好玩的游戏，就随便抽了一张奖券，回家后就不知道把它丢在哪个角落里了。嘟嘟和聪聪虽然不在乎得奖，但是觉得很新鲜刺激，攥着奖券回家的时候，手心直出汗，把奖券的号码都握湿了。

开奖的日子到了，小精灵到处都找不到自己的奖券，嘟嘟和聪聪却发现自己的奖券都模糊了，即使抽到了，也不知道能不能兑奖，都觉得很遗憾。

终于开完奖了，小动物们各自抱着奖品回家了。小白兔蹦蹦跳跳地抱着可爱的胡萝卜布丁，遇到了散步的嘟嘟、聪聪和小精灵。嘟嘟问小白兔："小白兔，你得了几等奖啊？"小白兔说："我得的是五等奖，最小那个奖，但是大象伯伯把我的奖品换成了我最喜欢的胡萝卜布丁，我好高兴啊！"聪聪急忙问："那大奖是什么，到底被谁得了？"小白兔说："小狐狸得了二等奖，是一麻袋金币呢！可以买好多个胡萝卜布丁了。可是大奖却没有人领，大象伯伯也觉得很奇怪呢！"

小精灵、嘟嘟和聪聪互相对视，赶紧跑到兑奖处，大象伯伯告诉他们大奖的号码，分别是4、8、21，嘟嘟和聪聪赶紧看了一下自己的号码，居然都有8，其他两个号码都是模糊的，小精灵知道嘟嘟和聪聪都没有排除，说明自己那张也不知道是不是大奖，看来这次不能拿到大奖了，三个人垂头丧气地走了。大象伯伯也很无奈。

大象伯伯说："下次一定要好好保存奖券哦！"

他们抬起头说："嗯，知道啦！"

欢乐练习曲：

有两个人各出5000元买了一张售价一万元的彩票。他们决定互相拍卖这张彩票。两个人把自己的出价写在了纸条上，然后给对方看。出价高的可以得到这张彩票，但是要按对方的出价付给对方钱。如果两人的出价相同，那么将平分这张彩票权。

想想看，究竟什么样的出价最有利？

收获一箩筐：

任何事都有得失两面，出价高或低都可能损失自己的利益，出价高或低包括对方的出价对自己的影响，要反复思考。

答案：出价5001元和5000元最有利。

如果你出价5002元，对方出价5001元，你不得不付给他5001元，这样一来你买这张彩票就花了10001元，即多花了1元钱。也就是说，出价超过5001元不利。反过来，出价少于5000元也不利。你如果出价4999元，在对方出价高于你的情况下，你就亏了1元。

这个游戏可以培养小朋友的逻辑推理能力，请小朋友说出推理过程哦！

餐厅聚会

嘟嘟，小精灵今天会来吗？

奇乐谷里，只有大象阿姨开的一家餐馆，小动物们不在自己家做饭时，都会去大象阿姨的餐馆吃饭。

小精灵最喜欢去大象阿姨的餐馆吃饭了，几乎每天都去。小精灵有一个推理能力超强的头脑，却几乎没有味觉，所以她不会做饭，这就是她经常去大象阿姨的餐馆里吃饭的原因。

聪聪常去大象阿姨那儿吃饭，因为他大部分时间都去作研究发明了，没时间做饭，一周会去四次，分别是周一、周三、周五和周日。

而嘟嘟是去得最少的，她作为一个漂亮姑娘，最喜欢化妆和烹饪了，她每周会去大象阿姨那儿吃一次饭，顺便和大象阿姨讨论一下菜式，她要是发明了新菜式会推荐给大象阿姨，而大象阿姨也会教她做餐馆里的菜式。

这天，嘟嘟在和大象阿姨讨论。嘟嘟说："大象阿姨，我最近研究出一种新菜式，土豆炒黄豆，可好吃了。"大象阿姨说："你的配菜好奇怪啊，这样真的好吃吗？"嘟嘟说："保证好吃。"

这时，小精灵和聪聪也来了，嘟嘟一看时间，才发现今天是周日，大家聚会的日子又到了。

他们一边吃着大象阿姨准备的美味可口的饭菜，一边高兴地谈论着。

嘟嘟说："聪聪，你猜猜，小精灵这次是星期几去我家吃饭的，哈哈。"

聪聪说："肯定不是星期四，因为星期四她去我家吃饭了。"

欢乐练习曲：

有7个年轻人，他们是好朋友，每周都要到同一个餐厅吃饭。但是他们去餐厅的次数不同。大力士每天都去，莎莎隔一天去一次，米米每隔两天去一次，瑞瑞每隔三天去一次，好好每隔四天去一次，阿科每隔五天去一次，次数最少的是奇奇，每隔六天才去一次。

昨天是2月29日，他们愉快地在餐厅碰面了，他们有说有笑，憧憬下一次见面时的情景。

请问：他们下一次相聚餐厅会是在什么时候？

收获一箩筐：

7个人要隔许多天才能在餐厅里遇见一次，这个天数加1需要能被1—7之间的所有自然数整除。1—7的最小公倍数是420，也就是说他们每隔419天才能相聚在餐厅。

因为上一次聚会是在2月29日，可知这一年是闰年。那么第二年2月份就只有28天一种可能。由此可以推出，他们下一次见面是在第二年的4月24日。

这个游戏可以培养小朋友的逻辑推理能力，还可以让小朋友在游戏的同时学习数学知识。

黑帽子舞会

奇乐谷里举行化装舞会，这可是嘟嘟最开心的时候了。

嘟嘟仔细地搜索家里有的衣服和化装用品，发现有一个漂亮的天鹅头饰，于是嘟嘟决定扮作天鹅公主精彩出场。

她想："帅气的聪聪会扮成什么样呢？是佐罗还是名侦探柯南，还是怪盗基德呢？不对，应该会扮成科学家。"

光空想也想不出，于是，嘟嘟决定偷偷去看看聪聪，看能不能通过他的行动猜出他要扮的样子。嘟嘟去了一看，聪聪还在读书，根本没当回事。嘟嘟失落地回去了。回去的路上，嘟嘟遇到了小精灵，她问："小精灵，你会扮成什么样子呢？"小精灵神秘地说："不告诉你。"嘟嘟又失落了一次。化装舞会的时间到了，嘟嘟准备好出门了。来到舞会上，所有的小动物立刻认出了嘟嘟，都邀请嘟嘟跳舞。嘟嘟问："你们怎么认出我的？"小动物们都笑着说："嘟嘟最喜欢漂亮，当然会扮作公主啦！"嘟嘟环视四周，果然，舞会上只有她一个扮作公主，她不好意思地脸红了。扮作阿拉蕾的小白兔一跳一跳地走到大饼博士面前，喊："聪聪，我可找到你了。你猜猜我是谁？"聪聪很聪明，他说："你是小白兔，小白兔最喜欢扮可爱了。"嘟嘟问小白兔："你怎么知道大饼博士就是聪聪呢？"小白兔笑嘻嘻地说："这你都不知道，因为聪聪不戴眼镜就看不见啦。"可是大家都没找到小精灵，小精灵去哪儿了呢？扮作毛毛虫戴着黑帽子的小精灵正躲在树上坏笑，偷偷地看着他们呢！

欢乐练习曲：

　　一群人开舞会，每个人头上都戴着一顶帽子。帽子只有黑白两种，黑的至少有一项，每个人都能看到其他人帽子的颜色，但却看不到自己的。

　　主持人先让大家看看其他人头上戴的是什么颜色的帽子，然后关灯，如果有人认为自己戴的是黑帽子，就拍拍手。

　　第一次关灯，没有声音。于是再开灯，大家再看一遍，关灯时仍然鸦雀无声。一直到第三次关灯，才有噼里啪啦拍手的声音响起。

　　问：有多少人戴着黑帽子？

收获一箩筐：

有三个人戴着黑帽子。

这个游戏可以培养小朋友的逻辑推理能力，请小朋友说出推理过程哦！

第一次关灯没人拍手说明黑帽子不止一个。如果只有一个，那戴黑帽子的人就会拍手，因为他看到的都是戴白帽子的。

如果是两个那么第二次关灯的时候，戴黑帽子的A只会看到戴黑帽子的B一个人戴黑色的帽子，这样戴黑帽子的A确定自己也是戴黑帽子。

第三次关灯有人拍手说明只有三个人戴黑帽子。因为戴黑帽子的只看到两个人戴黑帽子，而如果只有两个人戴黑帽子，那么第二次关灯就应该拍手了。

所以只有三个人戴着黑帽子。

这一天是星期几

聪聪的隔壁搬来了两个奇怪的动物，猫头鹰和蝙蝠。

聪聪以前总以为猫头鹰和蝙蝠都是夜行动物，所以白天从来都不出来，可是，有一天，聪聪忽然发现，猫头鹰白天冒出头，去商店买帽子，这一天是星期三。

后来，聪聪发现了一个很好玩的规律。

猫头鹰在星期一、三、五这三天白天出门。蝙蝠在星期二、四、六这三天白天出门。在其他的日子都是白天睡觉。

发现了这么有趣的事，聪聪赶忙告诉了小精灵，于是小精灵也来观察，却发现和聪聪的观察正好相反，猫头鹰是星期二、四、六白天出门，蝙蝠是星期一、三、五白天出门。

嘟嘟听说了以后，觉得太奇怪了，也来看看，结果她发现，根本不像聪聪说的那样，也不像小精灵说的那样，而是猫头鹰星期一、二、三白天出门，而蝙蝠星期四、五、六白天出门。

于是，三人约定一起观察一周，才发现，三个人都上当了，原来，猫头鹰和蝙蝠除了星期天每天白天都出门，只是时间不同，而且他们自己每天出门的时间都不同。

聪聪、嘟嘟和小精灵恍然大悟，因为他们总是在特定的时间去观察，所以才会有这个结果，很有趣吧！

某地，有两个奇怪的村庄，张庄的人在星期一、三、五说谎，李村的人在星期二、四、六说谎。在其他日子他们说实话。

一天，外地的王强来到这里，见到两个人，分别向他们提出关于日期的问题。两个人都说："前天是我说谎的日子。"

如果被问的两个人分别来自张庄和李村，那么这一天是星期几呢？

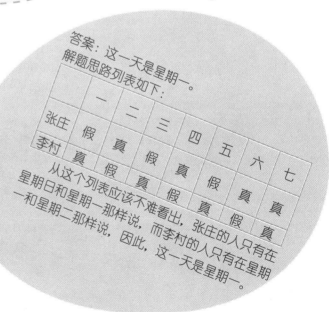

答案：这一天是星期一。
解题思路列表如下：

	一	二	三	四	五	六	七
张庄	假	真	真	真	假	真	真
李村	真	假	真	假	真	假	真

从这个列表应该不难看出，张庄的人只有在星期日和星期一那样说，而李村的人只有在星期一和星期二那样说，因此，这一天是星期一。

乌龟爷爷的生日

孩子们，哪一个是我的生日呢？

3月4日；3月5日；3月8日；6月4日；6月7日；9月1日；9月5日；12月1日；12月2日；12月8日

在奇乐谷小学里，乌龟爷爷要教两个年级的数学课，嘟嘟和聪聪都是乌龟爷爷的学生。乌龟爷爷最喜欢聪聪了，因为聪聪是整个小学最聪明，也是数学成绩最好的学生，而乌龟爷爷对嘟嘟很无奈，因为嘟嘟很懒，总是迟到，而且嘟嘟的数学成绩很差。

一天，乌龟爷爷在上两个年级的混合大课。他指着黑板上的问题说："今天的问题是，奇乐谷里收获了2000个苹果，要分给奇乐谷里120个小动物，你们说一个小动物能分几个啊？"

乌龟爷爷把目光投向聪聪，谁知聪聪也不举手回答问题，两个年级的学生没有人举手回答，乌龟爷爷的表情很生气。乌龟爷爷等了很长时间，大家都抬起头看着他，却还是没有人回答。于是，乌龟爷爷只好点名让聪聪回答。谁知，聪聪的回答很怪："每个人分到16个苹果，还有80个苹果交给奇乐谷的管理员代他们保管。"

乌龟爷爷很生气地说："这是什么回答啊？"聪聪委屈地说："就只能这么分，要不然就是每人分到16个半苹果，剩下20个归奇乐谷的管理员保管。"乌龟爷爷说："答案是16.6666……个苹果。"聪聪很委屈地举手说："请问乌龟爷爷那0.6666……个苹果怎么分啊？"

乌龟爷爷看着聪明的聪聪笑了："聪聪果然很聪明，比读死书的乌龟爷爷聪明多了。"

嘟嘟和聪聪都是乌龟爷爷的学生，乌龟爷爷的生日是某月某日，两人都知道乌龟爷爷的生日是下列10个中的一天：

3月4日；3月5日；3月8日；6月4日；6月7日；

9月1日；9月5日；12月1日；12月2日；12月8日。

乌龟爷爷把月份告诉了嘟嘟，把日子告诉了聪聪，乌龟爷爷问他们是否知道他的生日是哪一天。

嘟嘟说："如果我不知道的话，聪聪肯定也不知道。"

聪聪说："本来我也不知道，但是现在我知道了。"

嘟嘟说："哦，那我也知道了。"

请根据以上对话，推断出乌龟爷爷的生日是哪一天？

答案：乌龟爷爷的生日是9月1日。这个游戏可以培养小朋友的逻辑推理能力，请小朋友说出推理过程哦！

选择建筑师

我要第三个做助手……

我要第三个做助手……

我要第三个做助手……

亲爱的小朋友,你会选择哪个作为人选呢?

一天,聪聪出去玩,看到了一个奇怪的山洞,他走进那个山洞,不断前行,当走到山洞尽头时,发现自己好像来到了奇乐谷外的另一个世界,那里有富饶的土地,华美的宫殿。

这时,走过来一个彪形大汉,一个大手掌拍了过来,聪聪紧张得缩了一下头,躲过了大汉的手。聪聪很害怕,赶紧往回逃。

大汉一边追聪聪,一边喊:"聪聪,你别怕,今天国王选建筑师,我想找你帮帮忙!"

聪聪跑了一会儿,停在一家商店的门口,向玻璃窗里望去,玻璃里根本就没有聪聪的身影。聪聪在那儿停了很久,再仔细看了看,停在那儿的唯一一个人是一位瘦干干的年轻人。而这个年轻人只能是聪聪。

这时,那个彪形大汉追上了聪聪,对聪聪说:"聪聪,我知道你很聪明,帮我想想国王今晚会选哪个建筑师,只有在国王选出他之前找到他,我们才能回到奇乐谷里去。"

聪聪惊讶地看着他:"你是谁?"

彪形大汉笑着说:"光顾着急,忘了告诉你了,我是小精灵啊!"

聪聪惊讶地说:"小精灵,你怎么变成这样了?"

小精灵说:"我也不知道,来到这个地方就变成这样了。快跟我走吧,一起去国王的宫殿找那个建筑师。"

欢乐练习曲：

某国王要修建一座宏伟的宫殿，打算聘请一位主持设计的建筑师，叫他们自报候选条件，并推荐第二位候选人做自己的助手，国王耐心地倾听完每个建筑师的自我介绍，稍微考虑了一下，就轻而易举地决定了人选。

请问，你认为，被选中的建筑师应该是谁？

收获一箩筐：

答案：提名最多的第二候选人。这个游戏可以培养小朋友的逻辑推理能力，请小朋友说出推理过程哦！

火柴搬家

一场大雨过后，奇乐谷还在平静中，嘟嘟、聪聪和小精灵就迫不及待地约出来玩了。

聪聪、嘟嘟和小精灵商量过后，最后决定去烧烤。

聪聪说："这种天气，大地都还是湿的，能生着火吗？"

小精灵说："有我在，保管能生着火，我们最近什么都玩遍了，就差没去烧烤了。"

嘟嘟说："我只管吃，其他什么都不管。"

聪聪和小精灵都笑她是小馋鬼。

于是，嘟嘟、聪聪和小精灵拿着一捆稻草和几盒火柴找到了奇乐谷里一处较干的地方，开始准备烧烤。

这时，一群群小蚂蚁成群结队地向他们拥来。

小精灵说："雨天过后，小蚂蚁最喜欢出来呼吸新鲜空气了，和我们一样，哈哈。"

这时，小蚂蚁爬向他们的用具，从火柴盒里将火柴搬走了。一次搬一根，成群结队的蚂蚁很快搬走了他们很多火柴。

聪聪奇怪地说："小蚂蚁不是最害怕火了吗？为什么会搬走火柴呢？"

小精灵也很纳闷，他们追过去看才知道，小蚂蚁要用火柴跟他们玩游戏呢！

欢乐练习曲：

有3堆火柴，共48根，先从第一堆里拿出与第二堆根数相同的火柴，并入第二堆里；再从第二堆里拿出与第三堆根数相同的火柴，并入第三堆里；最后再从第三堆里拿出与第一堆根数相同的火柴，并入第一堆里。

经过这次变动后，三堆火柴的根数恰好完全相同。

问原来每堆各有火柴多少根？

收获一箩筐：

从后面推算上去。

	第一堆	第二堆	第三堆
	16	16	16
拿动后			
第三次	16-8	16	16+8
拿动前	=8		=24
第二次	8	16+12	24-12
拿动前		=28	=12
第一次	8+14	28-14	12
拿动前	=22	=14	

所以，原来第一堆有22根火柴，第二堆有14根火柴，第三堆有12根火柴。

这个游戏可以让小朋友练习数学方程的运算，在游戏的同时学习数学知识，又可以培养小朋友的逻辑推理能力，请小朋友说出推理过程哦！

书的价格

爱学习的聪聪又买了大批的书籍。

因为买的书太多，老板算价钱算了很久都没算出来。

于是，聪聪决定帮老板的忙，经过聪聪的点算，发现了一个规律。

聪聪一共买了100本书，有一类的价格都是28.5元，有一类的价格都是35.5元，还有一类的价格是40元。

聪聪分别数了各类书有几本，第一类书有45本，第二类书有27本，第三类书有28本。

聪聪很快就算出了书的价格，而不是像老板用计算器一本一本地加出来，加半天都没加完，老板还不信，非要把书价加完，聪聪只好坐在那儿等他。过了半天，老板终于算出来，他发现居然和聪聪算的一样，是3361元。

老板很惭愧地说："对不起，耽误了你这么长时间。"

聪聪说："没关系。"

说完，聪聪付了钱，用推车把一车书运回家了。

欢乐练习曲:

有一本书，兄弟俩都想买。

如果用哥哥的钱买就缺5元钱，如果用弟弟的钱买就缺1角钱，如果两人把钱合起来只买一本书，钱仍然不够。

那么这本书的价钱是多少呢？

收获一箩筐:

答案：书的价钱是5元，哥哥没钱，弟弟有4.9元。

这个游戏可以培养小朋友的逻辑推理能力，请小朋友说出推理过程哦！

五束玫瑰花

	黄	红	白	粉
莎莎				
露露				
娜娜				
丽丽				
菲菲				

奇乐谷的原野中，嘟嘟、聪聪和小精灵在互相追逐着。

嘟嘟说："小精灵，不要让我追到你，追到你，今天你就要请我吃彩虹糖哦！"

小精灵飞快地拍着翅膀飞翔着，很快，嘟嘟又追了上来。

这时，小精灵把自己变成了山楂树篱笆中的一朵玫瑰，于是聪聪便在这朵玫瑰的旁边帮小精灵藏着。

嘟嘟找来找去都没找到小精灵，却被那朵漂亮的玫瑰花吸引住了。

"聪聪，"嘟嘟说，"能帮我摘下那朵漂亮的玫瑰花吗？"

"哦，可以。"聪聪边说边对着玫瑰花眨眼睛。

玫瑰花忽然变回了小精灵，飞快地飞走了。

嘟嘟边追边喊："小精灵，你真坏，居然耍赖皮。聪聪，你也坏，帮着小精灵瞒着我。"

于是，他们又在原野上嬉闹起来。

欢乐练习曲：

吴大叔去花店买花，花店老板问："一共有几位姑娘？"

吴大叔回答："五位。"

"那么，您买五束玫瑰花吧！我想每束都有8朵花比较合适。你要什么颜色的？黄的，还是粉红的、白的，或者红的？每种颜色都要一点儿吧？"

"那也行，每种颜色来10朵花，一共40朵花，为了让五束花看起来各有特色，我希望每一束花中不同颜色花朵的数量不全相同。不过每束花中每种颜色的花至少要有一朵。"

五个姑娘所得的花的情况是：

莎莎得到的一束花中，黄色的花比其余三种颜色的花加起来的还要多。

而露露所得的花束中，粉色花比其余任何一种颜色的花都少。

娜娜的花，黄花和白花之和与粉色花和红色花的总数相等。

丽丽所得的那束花，白色花是红色花的两倍。

菲菲的那束花，红色的花和粉色花一样多。

请问：每个姑娘得到的花束中，四种颜色的玫瑰花各有几朵？

收获一箩筐：

	黄	红	白	粉
莎莎				
露露	5			
娜娜	2	1		
丽丽	1	2	1	1
菲菲	1	3	3	1
	1	1	3	1
	1	3	2	3

这个游戏可以让小朋友练习数学方程的运算，在游戏的同时学习数学知识，可以培养小朋友的逻辑推理能力，请小朋友说出推理过程哦！

谁不一样

谁不一样？

嘟嘟又固执好奇心又强，无论小精灵要她干什么她总是不服从。

有一天，她跟小精灵说："我总听人们说起鹈鹕太太，说她的一切都与众不同，她家里净是些稀奇古怪的东西。我太好奇了，哪天我一定得去看看。"

小精灵坚决反对，说："鹈鹕太太是个坏女人，她总是把小动物装进她的大口袋里。"可是嘟嘟并没因小精灵的阻止而改变想法。当她来到鹈鹕太太家时，鹈鹕太太问她："你的脸色怎么这么苍白啊？"她浑身发抖地回答："我被见到的那些东西吓坏了。"鹈鹕太太问："你看到什么了？"嘟嘟说："我在台阶上看到一个黑色的人。"鹈鹕太太说："那是烧炭的。"嘟嘟说："后来看到一个绿色的人呢？"鹈鹕太太说："那是猎人。"嘟嘟说："那后来还看到一个血红血红的人呢？"鹈鹕太太说："那是屠夫。"嘟嘟说："哎呀，鹈鹕太太，我从窗口望进来，看到的不是你，而是火头魔鬼。我不会看错的，真吓死了！""哦！"鹈鹕太太说，"看来你的确看到了穿着平常服饰的巫婆了。我早就想要你了，已等了这么久，你可以让我这儿亮一点儿呢！"说罢将嘟嘟吞进了大口袋里。正在这时，小精灵和聪聪赶到了，他们一起逼着鹈鹕太太放了嘟嘟。

从此以后，嘟嘟再也不敢不听小精灵的劝告了。

欢乐练习曲：

1 在一堆相同的东西中，放置一个不同的物品，例如：一堆书籍中，放置一辆玩具小车。

2 请宝宝拿出里头不一样的东西。

3 当宝宝把东西拿出来的时候，请宝宝试着说明为什么要拿出这个东西。

4 爸妈在聆听完宝宝的理由后，再加以适当的引导，帮助宝宝建立"异、同"的概念。

收获一箩筐：

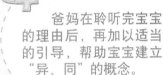
这个游戏能培养小朋友的判断力和对物品的认知能力哦！

扑克猜数

小精灵在与嘟嘟玩"啪嗒"游戏时玩加法，比如两张牌加起来等于10（11或其他数字）。

要求快速喊出"啪嗒"，那出错的机会就多了，出现错误会给游戏增添无限乐趣。

他们觉得很好玩，还规定，谁喊错了，谁的牌就归对方，相当于惩罚，这样，游戏就变得更刺激了。

小精灵还想出其他一些玩法，比如玩"开放式啪嗒"，每次出牌喊出两张牌之和，例如，如果各有一张"9"和"10"，那就要喊"啪嗒19"。

欢乐练习曲：

1—9的牌两套(共18张)。

先请孩子把牌洗好，然后家长任意抽去一张，藏起来，并将余下的牌摊开，让孩子猜一猜，家长藏起来的是哪张牌？

收获一箩筐：

把游戏设计得相对有竞争性一些，能增强孩子的加法心算能力，不断提高自己的分数。并能让他隐藏的数字猜出来，发展孩子的逆向思维及思维的流畅性、敏捷性。

镜头画面组接

喜欢奇遇冒险的嘟嘟他们正打听有关魔鬼森林的事情。

他们来到一片大森林，看见一头白色的鹿。

小精灵对嘟嘟和聪聪说："在这儿等我回来，我要独自去追那头可爱的动物。"说着就走了。可小精灵怎么也追不上那头鹿，结果在森林里跑了很远，不得不在那里过夜。等小精灵燃起了篝火，忽然听到上面有人呻吟："哎呀，我好冷啊！"她抬头一看，一个巫婆坐在树上。"你要是冷就下来烤火吧，老婆婆。"小精灵说。

巫婆根本不理她。

小精灵问她："你知道我的伙伴们在哪儿吗？"

巫婆不告诉她，小精灵一把抓住巫婆说："老巫婆，你要不老老实实把我伙伴的下落告诉我，我就把你拎起来扔进火堆里！"

巫婆吓得连连求饶，说："他们都变成了石头，在一个地窖里。"

小精灵押着她来到地窖，巫婆拿出一根小棍子点了一下小精灵的伙伴们，他们一下子就活了，他们为重逢感到由衷的高兴。

接着他们把巫婆架到火上烧，火一烧，森林上空便渐渐清澈晴朗起来。

可以看到他们的家就在前方，约需步行三小时。

有三个镜头:一把枪、一张笑的脸、一张恐惧的脸,按不同的顺序进行组接,会得到什么样的结果呢?

组接顺序1:先一把枪,再一张笑的脸,最后一张恐惧的脸。

简要说明:有犯罪事件发生,持枪的人很得意,被打劫的人很恐惧。

组接顺序2:先一把枪,再一张恐惧的脸,最后一张笑的脸。

简要说明:有犯罪事件发生,持枪人初次打劫很胆小,被打劫的人面对威胁毫不畏惧。

收获一箩筐:

不同的镜头组接会给人带来不同的感受,镜头组接顺序的不同所传达的意义是完全不一样的。总而言之,顺序决定意义。

现在该做什么

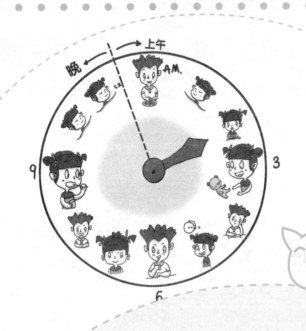

　　太阳很快就要落山了，嘟嘟和小精灵在一片树林旁散步，嘟嘟唱起歌来。唱了一会儿，歌声突然停了下来，小精灵转过身想看看是怎么回事，却看到嘟嘟变成了一只夜莺，她的歌声也变成了悲哀的夜莺叫。

　　此刻，一只眼睛冒着火焰的猫头鹰围绕着他们飞了三圈，叫了三声嘟呼！嘟呼！嘟呼！听到这声音，小精灵马上被定住了，她像一块石头一样站在那儿不能哭泣，不能说话，手脚也不能动弹。

　　这时，太阳已完全消失在天边，黑夜降临了。那只猫头鹰飞进树林，不一会儿，一个老巫婆走出来了，她那尖瘦的脸上毫无血色，眼睛里闪着阴森的光芒，尖尖的鼻子和下巴几乎快连在一起了。

　　她咕哝着说了些什么，马上抓住夜莺离去了。可怜的小精灵看见嘟嘟变成的夜莺被抓走了，非常着急。可是，小精灵被定住了，她看着老巫婆渐渐走远。小精灵被定了好久，终于用魔法将巫婆的魔法解除，她也精疲力竭，并且已经到处都找不到嘟嘟了。小精灵决定孤身一人进入森林的深处，她知道巫婆的家在哪里。

　　经过了重重艰险，小精灵来到了巫婆的家门口，发现巫婆正要把夜莺丢进锅里，小精灵利用她自己的魔法和巫婆战斗，终于解救了嘟嘟，嘟嘟身上的魔法也解除了，小精灵和嘟嘟快乐地回到了属于她们的家园。

欢乐练习曲：

1　先准备一个大时钟或爸妈利用纸板自行制作一个能转动的时钟也可以。

2　然后在不同时间旁边，贴上相关的图片，例如早上8点旁贴上牙刷及毛巾（表示刷牙洗脸），12点贴上食物（代表吃饭），下午3点贴上玩具（代表游戏）……以此类推。

3　让宝宝依照生活起居，察觉时间的前进。爸妈平常可以问他，中午12点我们应该做什么事呢？或是宝宝想吃饭时，要他去看看时钟走到食物的位置了吗？

收获一箩筐：

让宝宝更有时间观念，也能了解自己一整天的作息，同时能促使他养成固定的生活习惯。

找伙伴

有一次，小精灵、嘟嘟和聪聪他们一起穿越奇乐谷。

嘟嘟说："聪聪，我们去找点吃的吧。"

聪聪回答："我知道附近有个农场，我们去问问农场主有吃的吗。"

嘟嘟觉得这主意不错，和聪聪、小精灵来到农场。

农场主很高兴地款待了他们，但是要求必须留下一个人，做工抵饭钱。

嘟嘟、聪聪和小精灵异口同声地说："我们是好伙伴，要走一起走，要留一起留。"

于是，他们三个一起留在农场主这里做了一天工，然后高高兴兴地结伴回家了。

欢乐练习曲：

请妈妈先在白纸上涂上红、蓝、绿等几种颜色。

然后拿出相同颜色的彩色笔或蜡笔。

请宝宝把笔放在一样的颜色下面。

如果宝宝没有放对，可以请宝宝用笔再画一次，观察画出的颜色，然后再进行一次配对。

收获一箩筐：

利用操作的方式，让宝宝思考颜色和笔的关系，观察相同点，学习配对。

玩具要回家

一天，清早，小精灵看见嘟嘟远远地走过来。

"嘿，嘟嘟，这么早你上哪儿去？"小精灵问。

"我去聪聪那里。"嘟嘟回答说。

"哦，再见，嘟嘟。"小精灵说。

嘟嘟来到聪聪家，聪聪正在做实验。

聪聪问："你带来什么好东西？"

嘟嘟说："我什么都没带，倒想问你要点什么呢！"

聪聪送给嘟嘟一个可爱的玩具娃娃。

"谢谢你，聪聪，再见。"嘟嘟高兴地抱着玩具娃娃回去了。

"再见，嘟嘟。"聪聪笑着说。

嘟嘟回去的途中，遇到了小精灵："晚上好，小精灵。"

"晚上好，嘟嘟。聪聪送给了你什么？"小精灵问。

嘟嘟回答说："一个玩具娃娃。"

小精灵问："娃娃呢？"

嘟嘟说："刚才还在我怀里啊，咦，怎么不见了？"

小精灵说："走，我们一起去把娃娃带回家吧！"

欢乐练习曲：

1 让宝宝收拾玩具的时候，也是帮助宝宝学习分类的最佳时机。

2 例如问宝宝："玩具和书可以放在一起吗？剪刀和车子呢？"

3 请宝宝把玩具、书等物品分类放好。

收获一箩筐：

分类概念的应用是相当广泛的，而宝宝更往往会有让爸妈意想不到的分类方式，爸妈和宝宝进行游戏的时候，也不妨听听他们的理由。

下一个轮到谁

一天，嘟嘟、小精灵、聪聪正在玩丢手绢的游戏。

第一轮是小精灵负责丢手绢，嘟嘟和聪聪围成一个小圈，闭上眼，唱着歌："丢，丢，丢手绢，丢在小朋友的后面，不要告诉他，快点快点抓住他，快点抓住他……"小嘟嘟根本什么都不知道，还迷迷糊糊的，就被聪聪精灵轻轻地把手绢丢在嘟嘟的身后，逮了个正着。

聪聪说："就三个人不好玩，我们应该叫更多的小朋友来玩。"

一只小毛驴经过，聪聪问："小毛驴，小毛驴，你想跟我们一起玩吗？"

小毛驴想了想，货已经送完了，稍微玩一会儿没关系，就说："好哇。"

不一会儿，小狐狸也来了。

小精灵说："小狐狸，你想跟我们一起玩吗？"

小狐狸想了想说："好吧，可是不能玩得太晚哦！"

小精灵说："行，没问题，现在我们再各自去找些人来，游戏就可以开始啦！"就这样，大家都一起去找更多的小动物来加入，圈越围越大，嘟嘟把手绢丢在小兔子的身后，小兔子被抓到了，下一个会是谁呢？

欢乐练习曲:

1 准备几个积木、车子等宝宝生活中经常玩的玩具。

2 然后爸妈一边念着"车子、积木、车子、积木……"并将物品依序摆出。

3 请宝宝按照摆好的物品顺序,念出他们所看到的物品。

4 然后问宝宝积木的下一个应该是什么呢?再下一个呢?

5 可以请宝宝重复多念几次,察觉出次序感。

收获一箩筐:

这个游戏不仅可以强化孩子的数字概念,提升孩子的数学逻辑智能,而且也能训练孩子的听觉能力和动手能力。

数学表示

6000、600、6可以写成
6606

那么11000、1100、11呢?

真头疼!小朋友你们知道吗?

今天,又是乌龟爷爷的课了,这天又是两个年级的混合大课。

嘟嘟最不喜欢乌龟爷爷的课了,她既不能呼呼大睡,也听不懂乌龟爷爷讲什么,而且乌龟爷爷最严厉了,总是拿那双绿豆眼瞪着她。

乌龟爷爷指着黑板上的问题,说:"今天的问题是小明有5个橙子,小刚有6个橙子,小丽的橙子是小明的橙子数乘以小刚的橙子数,再分成三等份的其中一份,小丽有多少个橙子?"

聪聪举手回答:"其实这个问题很简单,就是5乘以6除以3,等于10,所以小丽有10个橙子。"

乌龟爷爷说:"这就是数学表示的奇妙之处了,下节课见哦,同学们!"

欢乐练习曲：

如果6000、600、6可以写成6606，那么11000、1100、11，可以写成多少?

收获一箩筐：

这个游戏能培养小朋友的逻辑思维能力，并增加数学运算知识哦！

数A是多少

有一个有趣的五位数A，在数A的前面添上1，就得到一个六位数，在数A的末尾添上1，同样得到一个六位数，但是第二个六位数是第一个六位数的3倍，求数A。

小提示：在数A的末尾添上1可以表示成：10A+1

乌龟爷爷的课到了，大家都很喜欢听他讲课。

乌龟爷爷指着黑板上的问题说："今天讲加减乘除的除法，奇乐谷里有羊羊一家，羊羊家有5只羊，今天他们的晚饭是最小的两位数，减1碗就不够大家平均分配，请问他们的晚饭有多少碗？"

聪聪举手回答："乌龟爷爷总喜欢把问题说得好像很复杂，其实这个问题很简单，就是5的倍数中最小的两位数，是10。"

乌龟爷爷说："这就是数学的奇妙之处了，下节课见哦，同学们！再见！"

欢乐练习曲：

有一个有趣的五位数A，在数A的前面添上1，就得到一个六位数，在数A的末尾添上1，同样得到一个六位数，但是第二个六位数是第一个六位数的3倍，求数A。

收获一萝筐：

第 4 章

开发想象力的魔法棒

拓展多样奇思妙想

神奇的魔轮

剪下来

外魔轮

内魔轮

一天，嘟嘟掉进了一个魔方城堡里。五彩的魔方转啊转，让嘟嘟陷入魔力方块中不能自拔，而魔轮会带她走进圆圈的迷雾。

嘟嘟想："这里真美。"

忽然有个声音对她说："千万不要被这里的景象所迷惑，那样你将永远走不出这里。"

嘟嘟害怕了，顾不上看周围漂亮的城堡，她大喊着："那怎么办呢？"

那个声音又响起来了，这次嘟嘟的心情稍微平静一点，听出来了，竟然是小精灵的声音。

小精灵告诉嘟嘟："一定要保持心境平和，不被任何外界的事物所蒙蔽，才能出来。"

嘟嘟闭上眼睛，凭着感觉寻找，终于走出了魔方城堡。

小精灵和聪聪正在门外迎接她呢！

欢乐练习曲：

谜题的目标是将两个魔轮以同心圆的方式咬合——必要时可以转动魔轮——使得任何一条直径上数字的和都相等。

复制这个图，将魔轮的两部分（指两个较大的魔轮）剪出，并将内魔轮放在外魔轮上面；然后将内魔轮带数字的半圆纸片上下翻动并按要求计算，直到找到正确答案为止。

你也可以尝试用心算的方法解决。

收获一箩筐：

答案：

这个游戏能培养小朋友的想象力和对图形的认知能力哦！

三个小正方网格

9	5	1	6	8
1	3	5	4	8
5	7		3	4
8	2	7	6	2
5	6	4	2	9

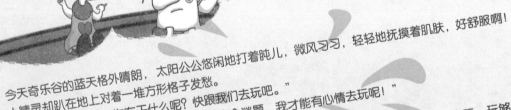

今天奇乐谷的蓝天格外晴朗，太阳公公悠闲地打着盹儿，微风习习，轻轻地抚摸着肌肤，好舒服啊！

小精灵却趴在地上对着一堆方形格子发愁。

聪聪问："小精灵，你在干什么呢？快跟我们去玩吧。"

小精灵说："聪聪、嘟嘟，你们帮我解了这个谜题，我才能有心情去玩呢！"

于是，聪聪和嘟嘟都趴过来帮小精灵解谜题。

嘟嘟看了半天，都不知道那到底是什么，于是她说："这个也太难了吧，不如我们先去玩，玩够了就会想到新点子了。"

聪聪说："就知道你最懒了，一边去玩，我一定要比小精灵先想出这道谜题。"

嘟嘟不管他们了，她真的是不会，也没有办法啊！

聪聪也想了很久，都没想出来，于是他决定回家拿他的百科全书查一查。

聪聪告别了小精灵回到家，实在是太累了，查着查着就睡着了。

太阳公公快下山了，小精灵终于解出了那个谜题，她说："嘟嘟、聪聪，我们去玩吧！"

她回头一看，哪里还有嘟嘟和聪聪的影子啊！原来这么晚了，学习游戏真让人入迷啊！

欢乐练习曲：

你能否将上面的格子图划分成8组，每组由3个小正方形组成，并且每组中3个数字的和相等？

收获一箩筐：

加入颜色及花样，可以说是一种增加魔方难度的方法。看你能否运用你的识图能力和数字技巧找到这个题目的解决方法。

米粒四射

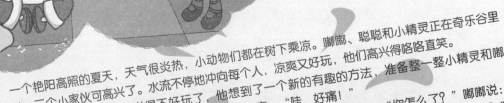

一个艳阳高照的夏天，天气很炎热，小动物们都在树下乘凉。嘟嘟、聪聪和小精灵正在奇乐谷里打水仗，三个小家伙可高兴了。水流不停地冲向每个人，凉爽又好玩，他们高兴得咯咯直笑。

这么玩了一会儿，聪聪觉得不好玩了，他想到了一个新的有趣的方法，准备整一整小精灵和嘟嘟。于是，他们继续打着水仗。突然，嘟嘟大喊了一声："哇，好痛！"

小精灵赶紧灵巧地躲过了聪聪扑腾过来的水流。小精灵紧张地问嘟嘟："你怎么了？"嘟嘟说："刚才聪聪扑腾的水，打在我身上，很痛啊！"小精灵生气地问聪聪："聪聪，你到底干什么了？"

聪聪不回答，脸别过去，躲开小精灵的眼神。

小精灵在嘟嘟的身边观察了一圈，发现了地上的米粒，捡起一粒给聪聪看。

小精灵说："聪聪，都是你干的好事。"

聪聪红着脸说："对不起，我不知道小米粒打到也会这么疼，我只是觉得无聊就闹着玩的。"

嘟嘟不怪聪聪了，她说："小精灵，我没事了，聪聪，你也别责怪自己了，我很好奇，为什么米粒可以随着水流打到我身上呢？米粒中途不会掉在地上吗？"

小精灵说："哦，那是因为聪聪扑打水流的冲力比米粒的重力大，所以米粒就随着水的方向走了。"

嘟嘟笑着说："嘿嘿，没想到，一场水仗还让我学到了不少呢！"

欢乐练习曲：

1 在一个小碟子里装上一些干燥的米粒。

2 然后，把塑料小汤勺用毛衣或毛料布块摩擦一会儿，这时，汤勺上就产生了电荷，具有了吸引力。

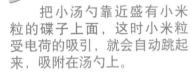

3 把小汤勺靠近盛有小米粒的碟子上面，这时小米粒受电荷的吸引，就会自动跳起来，吸附在汤勺上。

4 这时，有趣的现象就要发生了——想象一下会是什么样的情景呢？

刚刚吸上汤勺的小米粒，一眨眼工夫，它们又像四溅的火花，突然向四周散射开去。

这个游戏能培养小朋友的想象力和对科学知识的了解哦！

收获一箩筐：

火柴光

一天晚上，嘟嘟睡不着觉，出来散步，过了一会儿，嘟嘟迷迷糊糊地走着，也不知道自己到了什么地方，这里到处黑乎乎的，一点光亮都没有。

可怜的嘟嘟害怕极了，惊恐地喊："聪聪！小精灵！聪聪！小精灵！你们在哪儿啊？这是哪儿啊？"

可是一点声音都没有，显然他们不在这里。

嘟嘟害怕地哭了，这时，屋里亮起了一点点微弱的光，嘟嘟能感觉到光亮，却不知道光是从哪儿来的，她也找不到出口，该怎么办呢？

这时，小精灵在她身边出现了。

小精灵嘿嘿笑了，你知道小精灵告诉嘟嘟什么吗？究竟光是从哪儿来的呢？

欢乐练习曲：

如果你住在一间布满镜子的屋子里，你就会在确定自己来去方向时遇到困难。你甚至会遇到一个最棘手的问题：你没办法找到门在哪里！

收获一箩筐：

这个游戏能培养小朋友的想象力和对方位的感知能力哦！

165

星星魔方

魔方是聪聪最拿手的游戏，连小精灵都比不过他。

前几天，聪聪出去玩，看到小松鼠手里抱着一个三角形的魔方，他觉得很有趣，就跑到小松鼠跟前。

聪聪说："小松鼠，你能把你的魔方借我玩两天吗？"

小松鼠说："好吧，给你。"

聪聪就问小松鼠："那你破解了这个魔方吗？"

小松鼠摇摇头说："没有，这是爸爸昨天刚给我从城里带回来的，才一天的时间，哪能解出来呢！"

聪聪大言不惭地说："小松鼠，你相信吗，同样一天时间，我就能解出来。"

小松鼠说："我相信，解出来告诉我啊！"

聪聪说："如果我告诉你有什么奖励吗？"

小松鼠想了想说："我爸爸过几天还会带新的魔方回来，听说这次是星形的，也给你玩，好不好？"

聪聪说："好，好，没问题。"

聪聪赶紧跑回家，开始解三角魔方了。

你们猜聪聪能得到星星魔方并解开它吗？

欢乐练习曲：

你能将数字1到12（除去7和11）填入上图的五角星上的10个圆圈中，并使任何一条直线上的数字之和等于24 吗?

收获一箩筐：

这个游戏能培养小朋友的想象力和数学运算能力哦！

巧移乒乓球

小提示："我们需要给乒乓球一个力来抵消重力。"

今天是奇乐谷里一年一度的乒乓球大赛。

大赛要求每组三个人，总共三轮接力，每轮派出一个人参加。

当然聪聪、嘟嘟和小精灵决定一组啦！

可是他们中小精灵的体力最弱，嘟嘟的技术差一点，而聪聪的眼力差一点。

和他们比赛的队伍是由小白兔、小松鼠和小狐狸组成的。

他们要想出一个办法来赢得比赛，该怎么办呢？

聪明的聪聪和小精灵都想到了田忌赛马的故事，下对上，中对下，上对中。

他们中以聪聪最强，对对方中等的小松鼠；嘟嘟居中，决定让嘟嘟来对抗处于下风的小白兔；而小

精灵的体能最弱，决定由她来对抗聪明又能干的小狐狸。

最后，在出人意料的情况下，嘟嘟、聪聪和小精灵取得了比赛的胜利。

小狐狸很生气地说："都怪小白兔和小松鼠这么弱，拖累了我。"

小精灵却告诉小狐狸说："比赛不是只靠技术和力量的，还要靠聪明的头脑哦！"

欢乐练习曲：

1 准备好一张长条桌（课桌、方桌也行），把几个装有乒乓球的罐头瓶倒扣在桌子上。

2 参加游戏的人，要手拿倒置的瓶子（注意，瓶口不能用任何东西挡住），连同瓶内的乒乓球一起运到前面的终点。

3 谁先到达，谁为优胜者。谁的方法最简单，谁为最佳优胜者。

 4 想象一下，怎么办到呢？

收获一箩筐：

抓住瓶子在桌面上做有规律的绕圈运动，带动瓶内的乒乓球沿着瓶内壁做旋转运动就能做到这一点。这个游戏能培养小朋友的想象力和动脑能力哦！

镜像射线

嘟嘟每天都要照镜子，这天她又在对着镜子挤眉弄眼了。

小精灵说："兔妈妈又长皱纹了，都不愿意照镜子了。"

嘟嘟赶紧看看镜子里的自己："幸好，我还没有长皱纹。"

聪聪说："我们要想个办法让兔妈妈高兴起来啊！"如果她正在试图从镜子里找到自己脸上的皱纹，那我才得劝她马上停止呢！养成这种习惯是不好的，还是忘掉那些让人烦恼的皱纹吧！"

嘟嘟说："不过兔妈妈这么想是好事啊，她每天也需要打扮的。"

聪聪说："可是，兔妈妈也不能不照镜子啊。

小精灵想了想，决定送给兔妈妈一个特别的镜子。

对了，就是小朋友们常玩的哈哈镜，兔妈妈收到这个礼物很高兴。

兔妈妈说："在镜子里，我变胖了，也找不到自己的皱纹了，是为什么呢？"

小精灵告诉兔妈妈："是因为镜像的特殊原理，拉长了面部和身躯，也就把皱纹拉平了。"

欢乐练习曲：

假设你有一面平面镜，将镜子置于其中一条标有数字的线条上面，并放到原始模型上。每一次操作你都会得到由原始模型未被遮盖的部分和镜面反射产生的镜像组成的对称模型，镜子起着对称轴的作用。

上图8个模型就是由7条对称线按这一方法得到的。你能辨别出制造每个模型的线条分别是什么吗？

收获一箩筐：

答案：A —1 E —6
B —2 F —3
C —5 G —4
D —3 H —7
这个游戏能培养小朋友的想象力和对图形的认知能力，以及让小朋友了解镜子的折射原理哦！

海市蜃楼

材料：
凹面镜 ×2

小朋友们，你们看到了什么？

步骤1 将硬币放进凹镜

步骤2 将两个凹透镜相向放置

幻影

聪聪看了很长时间的书，眼睛涩涩的，抬起头向窗外一看，居然看到一大片一大片的雾，聪聪很着急地找到小精灵，对小精灵说："小精灵，我的近视好像又加深了，怎么办呢？"

小精灵也很担心，拿出视力表，给聪聪做了个视力测试。测试的结果是聪聪的视力并没有降低啊！聪聪觉得很奇怪。小精灵就问聪聪："聪聪，你刚才有什么地方不舒服吗？"聪聪告诉小精灵："我刚才看完书，抬起头眼前一片模糊，什么也看不见了。"小精灵问："难道你看书的时候没戴眼镜吗？"聪聪说："我戴着眼镜呢！"小精灵决定也像聪聪那样试验一次，果然，她抬起头时也看见了一大片一大片雾蒙蒙的，小精灵想了想，她知道啦。小精灵跑去告诉聪聪："是因为眼睛长期盯着一个点，造成了视线的扩散，暂时虽然没事，如果长此下去，就会视力下降的，聪聪，以后不能看太久的书，要经常起来走走。小精灵，我怎么最近总是这么健忘呢？怎样读书才能记得牢呢？"小精灵说："要想记得牢，首先要读得清楚。看东西过快可能让你错过一些极其重要的细节，但是速度过慢，你的眼睛又极易被其他事物干扰。你要找到阅读的最佳速度才行呢！"

聪聪说："可是，我看的书经常忘记，像刚才看的书又忘记了，我没办法才一直看的。小精灵，我怎么最近总是这么健忘呢？"

你可能见过用两面凹面镜组成的"海市蜃楼之碗"。放在"碗"底部的一枚硬币或者其他小物体会被反射，并且如图所示被观察到在顶部飘浮。这个令人难忘的视错觉是由反射产生的，那么有几次反射呢？

答案：顶部所显示的景象是由两次反射产生的，如上图所示。

大家一起唱

生日对于每个人都是很重要的日子，今天是嘟嘟的生日，她正准备生日聚会呢！

生日聚会上，很多小动物都来了，大家一起唱生日歌。

小精灵却对大家说："这生日歌很没特色，大家都唱这首歌。不如今天我们为嘟嘟作一首歌怎么样？"

大家都高兴地拍手说："好哇，好哇，我们要拥有独一无二的生日歌。"

聪聪说："我们一人一句怎么样，我先来！在一个美丽的晚上……"

嘟嘟也加入进来："吹熄年龄的蜡烛……"

大家你一句我一句地唱开了，他们都发挥自己的想象，唱出自己对生日的感觉。

"可以许下一个愿望……"

"这就是我的生日之歌……"

欢乐练习曲：

把生活中的事件编成歌曲，和宝宝边唱边玩。比如，刷牙、洗脸、吃饭，我们可以把这些活动和我们熟悉的旋律如《生日歌》编在一起来唱：我们——快来——刷——牙，我们——快来——刷——牙，我们——快来——刷——牙，天天——都要——刷——牙。

收获一箩筐：

这个游戏可以让小朋友们将生活中的点点滴滴进行联想，不仅玩得快乐，而且可以将生成属于他们的歌谣，小朋友们的生活将变得多姿多彩！

倒水的难题

嘟嘟是一个不喜欢喝水的孩子，她非常喜欢喝各种有味道的东西，像果汁啊、牛奶啊、碳酸饮料等等。小精灵因此很担心嘟嘟的身体健康。为了让嘟嘟做个爱喝水的孩子，聪聪为小精灵出了一个好主意。

聪聪在嘟嘟的面前摆了四个大小相同的杯子，杯子里已经倒进了不等量的水，聪聪让嘟嘟往这些杯子里加果汁，要求最后四个杯子的重量相同，如果嘟嘟办不到，聪聪就要拿走所有的饮料。这可难坏了嘟嘟，因为重量不可以目测，聪聪又不让嘟嘟用秤来称重量，嘟嘟真的不知道该怎么办了，嘟嘟愿赌服输，被聪聪没收了所有的饮料。

聪聪笑着说："嘟嘟，我不会占你便宜的，我给你准备了这些。"聪聪拍着嘟嘟的脑袋说："嘟嘟，你知道吗？水才是最健康的，以后要多喝水，少喝这些饮料。"

嘟嘟看了看嘟起了小嘴，聪聪拍着嘟嘟的脑袋说。

嘟嘟很不乐意地说："那你告诉我怎么让杯子重量相等，我以后就多喝水。"

聪聪摊了摊手，笑着回答："这可是个大难题，需要进行密度测试，如果杯子没有刻度，我也做不到。"嘟嘟大呼上当，但已经没有办法了，所有好喝的饮料都被聪聪带走了，眼前摆满了水。

如图，有四个玻璃器皿分别是2升、4升、5升和9升，最开始的时候，9升罐是满的，5升、4升和2升罐都是空的。游戏目的是将水平均分成3份（这将使最小的罐留空）。

因为这些罐都没有标明计量刻度，倒水只能以如下方式进行：使一个罐完全留空或者完全注满。如果我们将水从一个罐倒入两个较小的罐中，或者从两个罐倒入第三个罐，这两种方式的每一种都算作两次倒水。

达到目的的最少倒水次数是多少？

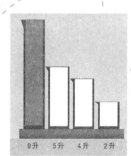

收获一箩筐:

倒6次即可解决问题，有4种不同方法，其中一种解法如下图所示。

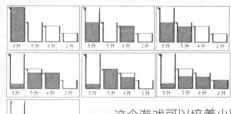

这个游戏可以培养小朋友的想象力，还可以让小朋友练习数学方程的运算，在游戏的同时学习数学知识。

神奇魔方

聪聪拿着魔方在玩，非常入迷，一旁的嘟嘟还是第一次见到六色魔方，觉得很新奇，硬是从聪聪手上抢来，可怎么也翻不好。聪聪却在一旁打趣说："五分钟之内，你若能翻成一面（六面中的任何一面），我就把这个魔方送给你，不行的话，你也要送我一件东西，我来选。"嘟嘟气急败坏地说："你能行吗？"聪聪笑着接过魔方，几下就成功了。嘟嘟不得不送了聪聪喜欢的那只竹编蚂蚱给他。聪聪告诉嘟嘟他玩魔方可有一段时间了，现在一面玩得很熟练，两面也经常能翻成功，三面以上还从未成功过。嘟嘟也买了一个六色魔方，下定决心要在聪聪之前研究出六色的开解方法。嘟嘟拿着新买的魔方，就开始奋斗起来。嘟嘟兴奋翻呀，转呀，一个小时过去了，两个小时过去了，别说六面，连一面都没成功，直到天亮也还是毫无头绪。嘟嘟这才真正领教了魔方的"魔力"。正当嘟嘟无奈地望着魔方兴叹时，她突然想到了魔方的结构，能否从这里入手找出开解途径？

虽然嘟嘟急得满头大汗，但最终没能在五分钟之内翻成一面。嘟嘟想，原来聪聪也只强那么一点，送他东西还真是冤枉呀。

魔方为十字结构的三维模型，六面都可旋转，只能旋转90度的倍数。在一面旋转时，只边角会改变方向，其余都无变化。当想清了这些的时候，嘟嘟又兴奋地拿起了魔方，试着将一色方块，换到想要它到的位置，果然成功了。然后嘟嘟继续按魔方的三维结构进行研究，终于让嘟嘟找出了六面魔方的一种开解方法。当嘟嘟在三分钟之内能熟练地翻成六面时，已用去了两天两夜的时间。先定色，其次定中边，最后定边角。当嘟嘟在三分钟之内能熟练地翻成六面时，已用去了两天两夜的时间。虽然累得要命，可嘟嘟就是不想睡觉，只想着要与聪聪一起去分享收获。于是嘟嘟高兴地去找聪聪了。

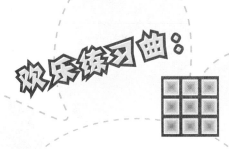

欢乐练习曲：

将编号从1到9的棋子按一定的方式填入游戏中的9个小格中，使得每一行、列以及两条对角线上的和都分别相等。

答案：

九宫图中的9个数字相加之和为45。

因为方块中的3行（或列）都分别包括数字1到9当中的1个，将这9个数字相加之和除以3便得到"魔数"——15。总的来说，任何n阶魔方的"魔数"都可以很容易用这个公式求出：n^3+n^2。

和为15的三数组合有8种可能性：

9+5+1　9+4+2　8+6+1　8+5+2

8+4+3　7+6+2　7+5+3　6+5+4

方块中心的数字必须出现在这些可能组合中的4组。5是唯一在4组三数组合中都出现的，因此它必然是中心数字。

9只出现于两个三数组合中，因此它必须处在边上的中心，这样我们就得到完整的一行：

9+5+1。

3和7也是只出现在两个三数组合中。剩余的4个数字只能有一种填法——这就证明了魔方的独特性（当然，旋转和镜像的情况不算）。

这个游戏可以培养小朋友的想象力，还可以让小朋友练习数学方程的运算，在游戏的同时学习数学知识。

收获一箩筐：

眼观六路

今天，嘟嘟、小精灵和聪聪在玩五子棋。大家有没有玩过五子棋游戏呢？五子棋就是将黑白两色的棋子摆在棋盘上，最终谁先将自己手里颜色的五个棋子连成一排谁就赢了哦！

别看小小的棋子可有很大的奥妙呢！你看，嘟嘟和小精灵先开始玩了，嘟嘟拿着棋子光顾着赶紧放成五个一排，可没想到啊，小精灵到处堵她的棋子，很快小精灵就赢了。聪聪笑嘟嘟："嘟嘟，你可真笨，我来教你吧！我来和小精灵下一盘，你看着！"

嘟嘟委屈地嘟着嘴坐到一旁看小精灵和聪聪下棋。聪聪和小精灵的棋术大战开始了，他们两个都是五子棋高手，这盘棋下了好长时间都没下完，下得嘟嘟都困了。聪聪和小精灵都非常的聪明，因为五子棋的奥妙就是要眼力好，眼观六路，还要脑子转得快，知道下一步是该让自己前进，还是该堵住对方的去路。

终于，一步之差，聪聪赢了，他高兴地跳了起来！

这9个箭轮中哪一个是与众不同的呢？

收获一箩筐：

答案：这9个箭轮中除了最底行中间的那个之外，其他都是同一箭轮经旋转或翻转所得。这个游戏可以培养小朋友的想象力，还可以让小朋友的观察能力更上一层楼。

勇敢的小松树

来吧!
我可不怕你。

爱好音乐的聪聪、嘟嘟和小精灵组成了一个小乐队，去一个松树国度旅行。那个松树国度有一首关于松树的乐曲，他们想要学回来。

他们来到一个地方，只见一个躺在草丛中睡觉的巨人站了起来，他足有一棵松树那么高。

聪聪就问巨人："你知道松树的乐曲怎么敲吗？"说着，聪聪敲起了他的小鼓。

"你这个混蛋，"他朝聪聪吼道，"你在这儿敲什么鼓，把我的美梦都给吵醒了！"

聪聪说："我们想知道松树的乐曲怎么敲！"

"不要吵我，"巨人说，"不然我要把你们像踩蚂蚁一样踩死。"

"你以为你抓得住我们吗？"小精灵冷笑着说，"当你弯下腰来想捉住我们的时候，我们就会飞快地躲起来。"

听了这话，巨人深感不安，心想，果真要对付这几个狡猾的小东西的话，还真不容易哩！"听着，小家伙，"他大声说，"如果你离开这儿，我向你保证以后不会再骚扰你和你的伙伴们了。如果你还有什么其他的愿望，就说出来吧，也许我能帮助你。"

聪聪说："我们想知道松树的乐曲，如果你告诉我们，以后我们也不会再来打搅你了。"

"那好吧，小家伙。"巨人哼起了松树的乐曲，小精灵的乐队高兴地奏起了音乐。

巨人说："你们演奏得还不错嘛！"

欢乐练习曲：

请每个参加游戏的小朋友头上戴上小松树的头饰，充当小松树，排成四或五排。请一位小朋友戴上"北风爷爷"的头饰，站在前边，面对全体小朋友。

游戏开始时，全体小朋友说儿歌："北风爷爷的脾气大，吹起大风呼啦啦！可是我们都不怕！"北风爷爷在一排排小松树中间穿行，走来走去。充当小松树的小朋友不能动，如果谁动了一下，就算被北风爷爷吹倒了，出队站到一边。

3

北风爷爷来回穿行，等全体小松树说完三遍儿歌再找不到被吹倒的小松树，这一次游戏就结束。再换个北风爷爷，小松树可以被称为勇敢的小松树，游戏重新开始。

收获一箩筐：

这是个角色扮演游戏，孩子通过角色扮演，可以提高他们的想象力。

神奇的飞毯之旅

一天，聪聪、嘟嘟和小精灵坐着小精灵的神奇飞毯去太空旅行。

他们到了月亮上，和月亮姐姐对起话来。月亮姐姐给他们讲了一个自己的故事。

以前夜晚总是漆黑一片，天空就像笼罩着一块黑布。因为月亮从来没有升起过，星星也不闪烁。

有一次，有四个年轻人离开了这片国土，来到了另一个国度。在那儿，当傍晚太阳消失在山后时，树梢上总会挂着一个光球，它虽然不如太阳那样光彩明亮，但一切还是清晰可见。

那些旅客停下来问一个赶车经过的村夫："那是什么？""这是月亮，"村夫回答说，"我们市长花了三块钱买下它，并把它拴在橡树梢头。他每天都得去上油，保持它的清洁，使它能保持明亮。"村夫推着车走了。那些旅客决定去弄辆马车来，把月亮运走。其中一个人很会爬树，负责爬上去取下月亮。他们用一块布盖在马车上的月亮上面，顺利地把月亮运到了自己的国家，把它挂在了一棵高高的橡树上。这盏新灯立刻光芒四射，照耀着整个大地，所有的房间都充满了光亮，老老少少都喜笑颜开。每天夜里，一些人去看戏跳舞，一些人去客栈要酒喝，醉了就争吵，最后拳脚相加。吵闹声越来越大，传到了天堂。守卫天堂大门的圣彼得以为下界在造反，就招集了天兵天将，叫他们去击败恶魔。但是没有恶魔来，于是他便骑上马穿过天门，下到凡间。在凡间，他叫人们安静下来，并从他们手中拿走了月亮，把它挂在了天上。嘟嘟、聪聪和小精灵听完月亮的故事，感叹道："原来，月亮姐姐身上发生了这么惊险的故事啊！"

1 和孩子坐在一块柔软的毯子上，然后问他们想去哪里。鼓励小家伙们展开想象。

2 如果小朋友说他想去动物园，就问他："那我们在那儿能干什么呢？""我们在那儿能看到什么呢？""有什么动物在那儿吗？""我们能从那儿买些什么纪念品回来呢？"短短十几分钟就和小朋友在想象中旅行了那么多地方。

收获一箩筐：

这个游戏能培养小朋友的想象力和对地理知识的掌握哦！

扮演的游戏

隆冬，积雪覆盖奇乐谷。

小松鼠家里的坚果吃完了，不得不出门，滑着雪橇去拾果子。捡到果子，把它们放到篓子里，小松鼠多么希望自己能立刻回家，能有一堆火暖暖身子啊，他快冻僵了。

这时，嘟嘟裹着大棉袄出来了，她看到小松鼠把雪扒到一边，清理出一块地方来。

嘟嘟也凑过来，坐在小松鼠旁边刚刚清理的那片空地上。

这时，小松鼠发现了一把小小的金钥匙。小松鼠想，既然钥匙在，锁也一定就在附近，便往地里挖，嘟嘟也帮助他挖，然后他们挖出了个铁盒子。嘟嘟说："快打开看看啊！"可是小松鼠找了半天，却找不到锁眼。最后他们发现了一个小孔，小得几乎看不见。嘟嘟说："肯定就是这里了。"小松鼠试了试，钥匙正好能插进。他转动了钥匙，现在我们都喜欢玩这种探秘的游戏吧，到底下一步会是什么呢？让小朋友来扮演人物，想象会有什么好东西？"要是这钥匙能配这铁锁就好了！"小松鼠想，那小盒子里一定有许多珍宝。嘟嘟说：待他把铁盒子打开，揭开盖子，就会知道盒子里有什么好东西了。小朋友们都喜欢玩这种探秘的游戏吧，到底下一步会是什么呢？让小朋友来扮演人物，想象会有什么好东西呢？

1 让孩子玩"扮家家"游戏，鼓励孩子应用想象力自由扮演所喜欢的角色。

2 父母亲可以提供一些线索，如给他一架飞机，假想他在空中飞行遭遇哪些事；给他一个变形金刚，让他与变形金刚对话；给他一些医生的器具，让他扮演医生看病的情形……

收获一箩筐：

这个游戏能培养小朋友的想象力和对生活的认知能力哦！

娃娃的五官

开心　　　生气　　　伤心　　　疑惑

一天，奇乐谷里的六个小动物一起去神秘国度探险，有嘟嘟、聪聪、小精灵、小白兔、小松鼠和小狐狸。在那个神秘的国度，他们发现没有能让他们生存的食物，他们很伤心，想回家了，可是在神秘国度里走来走去，也没有发现能回到奇乐谷的路。

他们在神秘国度里越走越远，又累又饿，几乎都站不起来了，都以为自己要死了。

突然从他们身边冒出了个小男孩，浑身上下闪着光，像天使一样和善。

男孩拍了拍手，小精灵抬起头望着他。

只听男孩问道："你为什么这般绝望地坐在这里？"

"唉！"小精灵答道，"我们在寻找回奇乐谷的路，可是怎么找也找不到。"

男孩说："那就跟我来吧！你的愿望会满足的。"

于是，小精灵叫醒了大家，大家跟随着男孩穿过悬崖，来到一个山洞前。

他们走进了山洞，里面全是金银水晶，一切都在闪闪发光。在洞的正中央有六个五官各缺少一部分的娃娃。男孩说："这些娃娃都被诅咒了，你们如果能填好它们的五官，和它们原来的五官能组合在一起，你们就能回去了。"

小精灵他们照做了，很多天后，他们终于填好了娃娃的五官，并累得睡着了。

醒来时他们已经回到了奇乐谷里，他们高兴地欢呼起来，那些娃娃的脸深刻地镌刻在他们的脑海中。

欢乐练习曲：

1 这种游戏是将一些图形的某些部分隐去，要求小朋友根据平时的感性经验，利用再造想象把图形残缺部分补全。例如左面几幅图都有一个重要的部分漏画了，请孩子补上。

2 又如，给小朋友几幅空白五官的娃娃脸，告诉他们这些分别是娃娃笑着、哭着和生气时的模样，请他们补全。然后看看谁画的娃娃表情最像。

收获一箩筐：

这个游戏既能培养小朋友对事物的理解力，也能培养小朋友的想象力。

泳道有多长

一天下午，嘟嘟睡着了，小精灵来到她身边，满怀喜悦地望着她，说："你睡着了吗？好好睡吧，待会儿我去给你摘一把草莓来，我知道你醒来后，看见草莓准喜欢。"

在外边的奇乐谷中，小精灵找到了一块地方，上面长满了令人兴奋的草莓。草莓长在河的对岸，小精灵不会游泳，可是她能飞啊，谁知道这两天小精灵的翅膀受伤了，她需要很努力才能扇动翅膀，用了很长时间才来到了河的对岸。等她弯腰去摘时，猛地从水中蹿出来一条蝰蛇，把她给吓坏了，她丢下草莓，扭头就跑。那条蝰蛇在后面紧追不舍，小精灵急中生智，迅速地躲到了一棵榛树下，静静地站在那里，最后蝰蛇离去了。

后来她终于摘到了草莓，小精灵对奇乐谷的伙伴们说："这次是榛树保护了我！"从很久远的时候起，一根绿色的榛树枝就成了对付蝰蛇、其他蛇类以及所有在地上爬行的东西的最佳保护物。

欢乐练习曲：

在一个直径100米的圆形场地上，建有一座长方形的游泳馆，其长度为80米。这座游泳馆内建有一个菱形游泳池，菱形游泳池的顶点正好接在长方形游泳馆各边的中点上，游泳池的泳道与游泳池的一组对边平行，算算这个游泳池的泳道有多长呢？

收获一箩筐：

答案是50米。首先请小朋友按照图示画出图形，就会发现菱形的泳道长度是长方形游泳馆的对角线长度即是圆形场地直径的一半，就是50米。这个游戏能培养小朋友的想象力和对图形的认知能力及数学运算能力哦！

"如果"的想象

今天在奇乐谷的语文课上，学习了一个新的词语"如果"，小精灵让嘟嘟和聪聪用"如果"来造句。"如果……如果……"聪聪托着腮琢磨着，忽然看到桌上那本《英勇的战士》的漫画书，眼前一亮。"如果，我是一名勇敢的战士。"

聪聪的耳边响起了金戈铁马的厮杀声和马鸣声，再定睛一看，自己已经不在奇乐谷的学校里了，而是在喧闹的战场上。自己身披盔甲，手握利剑，跨在战马上，正在跟战士们一起，向敌人冲过去。看到战友们一个个倒下去，说实话，聪聪害怕极了。

聪聪突然想起自己造的句子来："如果我是一个勇敢的战士，我一定为了和平，奋勇杀敌。"想到这里，他英勇地冲入敌营，将敌人杀个片甲不留。

最后，聪聪胜利了，成为了保卫人类和平的英勇战士。聪聪笑了。

这时，嘟嘟冲着聪聪嘿嘿一笑，把他吓了一跳。"傻笑什么？"嘟嘟追问聪聪。

"不告诉你！"

"哼，我才不稀罕呢！如果世界上没有水……"嘟嘟说着自己的想法。

不远处突然传来一声："啊？怎么没有水啊？怎么会变成这个样子？"

聪聪狡黠地笑了笑，因为只有他知道"如果"的魔力。

1 "如果"本来就是用来假设的，假设就是一种想象，小朋友一起尝试"如果"的想象。

2 如果没有水了，世界会怎么样？

3 如果人长三只眼睛，会怎么样？

4 如果人也能飞，会怎么样？

5 如果鼻子长在头顶上会怎么样？
……

收获一箩筐：

这个游戏能培养小朋友的想象力和文字故事学习能力哦！

水中作画

小精灵今天很倒霉，在练习新的空中舞蹈时，不小心撞到了树上，更郁闷的是，树下正好有一个臭水沟，小精灵不偏不倚，正好掉了进去。她的翅膀沾满了臭泥，很重，根本就飞不起来。这可怎么办啊？"啊，救命啊！"嘟嘟听到呼声，忙跑过来，救出小精灵。可怜的小精灵，被又黑又臭的烂泥紧紧裹着，大家都不愿意靠近她，连嘟嘟都捂着鼻子。小精灵不免有些伤心，嘟嘟突然想道："我们去找小溪姐姐帮忙吧！"小精灵忙跟着嘟嘟来到小溪边。小溪姐姐一见到小精灵的样子，忙热情地招呼："亲爱的小精灵，让我冲走你身上的污泥。"说着就向小精灵扑过来，小精灵高兴地在小溪姐姐的怀抱里打着滚，一转眼，那个又臭又脏的小精灵不见了。小精灵很感激小溪姐姐："小溪姐姐，你帮了我这么大的忙，我怎么感谢你呢？"

小溪姐姐发出咯咯的笑声："我不需要你的感谢。我能帮助你，我也很快乐。"小精灵看到水，突然想到了："我想到了，我为你画幅水画吧！""水画？"小溪姐姐和嘟嘟异口同声地喊道，都很奇怪水还可以作画。只见，小精灵捧了一点水，洒在岩石上，不停地吹，向不同的方向吹。不一会儿，真的就作出一幅画。嘟嘟都看呆了。"太厉害了，我喜欢这幅画。咯咯——"小溪姐姐兴奋地说。可是那幅画，慢慢消失了。原来水蒸气蒸发了。"画消失了！"小精灵懊恼地说。"没关系，我已经印在脑子里了。"小溪姐姐拍拍小精灵的脸颊，小精灵又开心地笑了。怎么样，还是很好玩的吧？小朋友，也来试试用水作画吧，看看能不能跟小溪姐姐一样，记住它的样子。

欢乐练习曲:

1 准备一张光滑的桌子和一杯清水。

2 桌子收拾干净后，倒少量清水在上面，倒水不要过多，避免洒在地上。

3 一边吹桌子上的水一边想象像什么。

4 用手弹一弹水，变出各种各样的图形。

5 还可以在水上画画，在画消失之前，记住画的样子，或者写的什么字，既可以发挥想象力，又可以自己锻炼记忆力。

收获一箩筐:

这个游戏能培养小朋友的想象力和对图形的认知能力哦！还可以自己锻炼记忆力呢！

奇思妙想的故事发展

最近，嘟嘟突发奇想，想要搞个话剧演出。大家都很赞同，并为这样的决定而感到激动。

可是，没有剧本啊！没有剧本，那演什么啊？大家陷入了苦恼。

嘟嘟提议说："我们选一个人来写剧本吧！"聪聪说："这可是个大工程啊！写剧本是那么简单的吗？你能写吗？""这我写不出来。"嘟嘟喃喃地说。"那怎么办啊？"聪聪突然想到，很得意地说出自己的想法："我知道一个非常著名的童话大师，安徒生先生，他有很多很多故事，我们去借一些来。"

小精灵摇摇头："不好，不好。那不是借，是偷哦！再说，那也不是我们自己创作的故事，没有任何意义啊！"嘟嘟点点头："我们要演我们自己创作的故事。"聪聪很生气地说："这也不行，那也不行，那你说怎么办？哼！"

小精灵围着餐桌转了几圈，显然她是在思考。她突然停了下来，笑了起来。小精灵兴奋地告诉大家："我有个很好的提议。我们大家一起来写故事。"

聪聪不相信地说："那怎么可能？"

小精灵继续说："我们根据安徒生爷爷的故事，重新构思，每人想一段，把故事继续下去。最后就会成为一个美丽的故事了。"嘟嘟很赞同地连连点头："我喜欢，我喜欢。"聪聪不情愿地说："感觉还不错哦！"转而点点头说："嗯，是很不错啊！"

大家哈哈大笑起来。

欢乐练习曲：

1 给小朋友讲一个新故事。

2 讲到一个环节停一下，让小朋友想象主人公下一步会怎么做呢？思考一下是否合理。

3 对照故事原来是怎么进行的。

4 这样分段讲完故事，还可以把孩子编的故事组合起来，一起写成一个新故事。

收获一箩筐：

这个游戏不仅能培养小朋友的想象力，也能发展小朋友的协作精神！

添一添，画一画

圣诞节到了。奇乐谷要举行盛大的圣诞节晚会。聪聪决定要做一件非常独特的事情，让圣诞节晚会的所有朋友欢呼。突然，一团湿乎乎的东西掉到聪聪的头上，把聪聪的美梦惊醒了。聪聪伸手一摸，啊？原来是鸟屎！太可恶了。"讨厌的小鸟。我要把你抓住宰了。"小鸟吓哭了，忙求饶："我错了。我可以帮你做件事情，作为补偿。"聪聪的小眼珠转了转，有了主意。"那好吧，你要帮我弄出一个特别的作品来，要是能让我在圣诞节晚会上大放光彩，我就饶了你。"小鸟没有办法，只好说："好的。我帮你。"这样，两人达成了协议。

转眼，圣诞节到了。嘟嘟做的衣服非常漂亮，吸引了全场的眼球，小精灵的礼物大家都非常喜欢。可是，聪聪的作品还没有出来。聪聪很是着急，暗暗咒骂小鸟。这时，小鸟飞到舞台中央，只见它把一张白纸挂在墙上，还衔来一盒五颜六色的彩笔。小鸟清清嗓子，说："亲爱的朋友们，聪聪先生要跟大家玩个游戏。"嘟嘟忙问聪聪："什么游戏啊？好玩吗？"聪聪故作镇定地说："秘密！"大家都看向聪聪时，聪聪故作神秘地笑笑。"这是一张白纸，每人在上面画出一笔，无论什么颜色，什么形状。最神奇的是，看大家都画完之后，会构成一幅怎样的图画。"大家对这个游戏，都很好奇。

"请大家帮我一个忙，因为我被聪聪要挟了，他让我弄一个特别的作品，我没有办法，想出这个主意。求求大家了。"小鸟突然哀求道。小动物们听到这里，恍然大悟。于是大家拥上去，给聪聪画了个大花脸。聪聪非常懊悔，呜呜地哭起来。

准备白纸和笔。

大家围在一起，你添一笔，我添一笔，一次只能添一笔哦，构成一幅很有意义的画。

3

接下来，可以随手拿一份报纸和一支笔。

5

可以给小狗戴上帽子，给小姑娘戴副眼镜，还可以给建筑物添一个阳台……继续发挥想象力吧！

4

发挥想象力，在报纸中的图片上，任意进行修改添加。

这个游戏能培养小朋友的想象力和对图形的认知能力哦！

手中的大千世界

奇乐谷来了一群奇怪的人，它们又好像不是人，嗯，应该是影子吧！你看，它们害怕光。在黑夜里，当打开灯时，它们立马躲到一块布的后面。白布上立刻就呈现出一些特别可爱的东西，咦，真的好多东西啊！有小狗、小蛇，还有小鸟。啊！它们还会动呢！嘟嘟觉得太神奇，一下子被吸引住了。她多么想跟它们一样啊，可以变来变去的。此时的嘟嘟，知道自己的理想是什么了。她已经忘了她昨天的理想是当个舞蹈家。

小精灵发现了嘟嘟的心思，拽拽嘟嘟的小蝴蝶结。"跟我来吧！"嘟嘟很不喜欢被打扰，尤其是她正在憧憬梦想的时候，真是扫兴。"我带你去看看你的梦想啊！"

嘟嘟一听，立马兴奋起来，蹦蹦跳跳地跟着小精灵走。

神秘的时刻到了，嘟嘟有点紧张起来。他们来到幕布后面，只见许多和小精灵一样的精灵，正在用手摆出各种姿势。哦，原来幕布上的小动物都是他们用手摆出来的啊！嘟嘟不自觉地也伸出手，学他们的样子，可是不知道为什么，总也弄不好。

这时，一个跟她一样戴着蝴蝶结的可爱的小精灵走过来说："我来帮你吧！"

嘟嘟很高兴有朋友来帮自己，高兴地点点头："谢谢。"嘟嘟还是挺聪明的，很快就学会了。

欢乐练习曲:

1 夜晚，关上灯。

2 拿出小手电，照在墙上。

3 用双手做出各种小动物的样子。

4 发挥想象力，上演一场手影戏。

收获一箩筐:

这个游戏不仅能培养小朋友的想象力，还能提高小朋友的模仿能力。

瓜子人物秀

小精灵最近可忙碌了，一天到晚看不到人影，她也不在空中跳舞了，也不在秋千上打旋了，更让人郁闷的是，也不会给嘟嘟和聪聪做美味的奶酪果仁蛋糕了。她整天把自己关在屋子里，不出来。

嘟嘟和聪聪很好奇，决定偷偷去看看小精灵的秘密。

他们俩偷偷地爬到窗户上，看到一个恐怖的面具，吓得俩人都掉了下去。

嘟嘟惊恐地说："原来小精灵被那个恐怖的东西吃了。"

"你们在干什么啊？吓死人了。"只见小精灵从窗户探出头来。

嘟嘟高兴地说："小精灵你还在啊！你屋子里有个怪兽。"小精灵笑笑："很好奇吗？来让你们看看。"

嘟嘟和聪聪走进小精灵的屋子里，呆住了。好多瓜子啊，瓜子皮、瓜子仁，都分得很清楚，嘟嘟兴奋地抓起一把瓜子，就要往嘴巴里放，小精灵一把拦住："这可不是吃的哦！"

"啊？那是干什么的啊？"

小精灵指指桌子上没有拼成的图像，那是一张怪兽的脸，嘟嘟他们刚才看到的就是它。

"我要参加一年一届的瓜子人物大赛。"嘟嘟兴奋地说。"我也要参加。"聪聪也不甘示弱。

"啊？好神奇啊！我想参加。"

"那好吧，那从现在开始我们一起来拼吧！谁能拼出美丽的人物图像，就可以参加了。"

"好！"嘟嘟和聪聪一下子钻到了瓜子堆里。

你也想加入他们吗？那就开始吧！

欢乐练习曲：

1 准备完整的瓜子、嗑完的瓜子皮、瓜子仁就可以啦！

2 发挥想象力，摆出各种人物造型。

3 看看谁拼得更多、更像。

收获一箩筐：

这个游戏能培养小朋友的想象力和对图形的认知能力哦！

玩木棍

一天晚上，嘟嘟不知道自己到了什么地方，这里到处黑乎乎的，一点光亮都没有。嘟嘟害怕地哭了，突然有东西拽她的蝴蝶结，同时，亮起了一点点微弱的光，嘟嘟看到一只小白鼠正举着蜡烛。"朋友，你好，我是奇奇。"小白鼠开口说道。嘟嘟很高兴能在这个黑暗的世界里看到光亮，更高兴还有一个伙伴。"这是什么地方？"嘟嘟好奇地问道。"这是一个被诅咒的魔窟，进来的人就永远出不去了。"奇奇说道。"啊？被诅咒的魔窟？这么说我就永远回不了家了。"嘟嘟伤心地哭了。"不要伤心，我的朋友。伤心是解决不了任何问题的。我们应该庆幸我们还活着。"奇奇说道。

嘟嘟擦干眼泪，拉着奇奇的手。"奇奇，有没有办法可以解除魔咒？"奇奇告诉嘟嘟："要想解除魔咒就必须将大门旁边的难题解决掉。"奇奇将嘟嘟带到门口，那是一扇很大很大的门，门上还有大小不一的很多小门。门口旁边散落了一堆木棍。奇奇说："要将这些木棍拼起来，摆出不同的形状。形状符合这些小门的形状，大门就打开了。可我试了很多次，都没有打开。"嘟嘟焦急地看着那些木棍："怎么办啊？怎么办啊？"嘟嘟着急地哭了。

嘟嘟猛然醒来，原来是一个梦。嘟嘟喘着粗气，脑子还在想："怎么办啊？啊，对了，小精灵。"嘟嘟忙跑到小精灵的屋子里，将睡梦中的小精灵叫起来，讲了自己的奇遇。嘟嘟听到后兴奋极了，立马躺到床上转了几圈："啊，有办法了。"说着，将嘴凑到嘟嘟耳边说了些什么。嘟嘟听到后兴奋极了，立马躺到床上转了几圈："啊，有办法了。"

"我要赶快去梦里救奇奇。"

小精灵嘿嘿笑了，你知道小精灵告诉嘟嘟什么吗？究竟是什么样的办法呢？

欢乐练习曲：

1 准备数根长棍或厚纸片，按所要求的棍的数量拼摆小朋友能想象到的图形。

2 用1根木棍能摆出什么图形呢？能摆出几个图形呢？

3 用2根木棍能摆出什么图形呢？能摆出几个图形呢？

4 用3根木棍能摆出什么图形呢？能摆出几个图形呢？

5 用4根木棍能摆出什么图形呢？能摆出几个图形呢？

6 用5根木棍能摆出什么图形呢？能摆出几个图形呢？

7 以此类推……

这个游戏能拓展小朋友的创造力，同时也能培养小朋友的动手能力。

看谁拼得多

今天奇乐谷的蓝天格外晴朗，微风习习，轻轻地抚摸着肌肤，好舒服啊！真是一个郊游的好日子啊！

"嗯，这个主意不错哦！"聪聪这么想着。"我们去郊游放风筝吧！"嘟嘟兴冲冲地跑过来，兴奋地说着自己的想法。"聪聪你觉得怎么样啊？"这句话可把嘟嘟问住了，对啊，没有风筝，怎么办呢？他不屑地撇撇嘴："一点都不好。风筝在哪儿啊？"小精灵在空中打了个滚，整整自己的漂亮裙子，拽住聪聪的耳朵，聪聪被吓了一跳。"是不是有风筝，就可以去郊游了啊？"小精灵问道。聪聪有点不以为然地说："那当然！但是风筝呢？"小精灵松开聪聪的耳朵："那你不许反悔哦！"聪聪说："绝不反悔。"

嘟嘟充满希望地看着小精灵："小精灵，你一定有办法，对吗？"小精灵调皮地眨了下眼睛，神秘地说："跟我来吧。"小精灵将大家带到了花园，指着一堆大小不一的三角形纸片："这是一些直角三角形和正三角形的纸片，我们只要把它们拼起来，就可以做个简易的纸风筝喽！"嘟嘟高兴地拍着手："好啊，好啊！"聪聪看到这些，哼了一声："这也可以吗？笑话！"小精灵神秘地笑笑："咦，就是它们。"

聪聪不情愿地说："好吧，也算是个办法！但是拼成什么样子啊？"小精灵又拽住聪聪的耳朵说："那就要发挥大家的聪明才智啊！"聪聪自信地说："这有什么难的。"

小精灵立刻又说："但是不能拼成简单的样子，要拼成有故事的图形哦！""啊？有故事的图形？"聪聪没想到会这样。"开始吧！看谁拼得多。"小精灵吹起了口哨。为了郊游，嘟嘟和聪聪立马开始行动了。

欢乐练习曲：

1 准备四块直角三角形硬纸板，四块正三角形硬纸板。

2 将所有的纸板用来拼图。

3 两种形状的硬纸板，可以单独拼。

4 两种形状的硬纸板，也可交叉拼。

收获一箩筐：

这个游戏不仅可以提高小朋友的动手能力，同时也可以培养小朋友的想象力。

后记

　　游戏从来都不是一个人玩的，是需要大家一起来玩的，不管是一起完成一个游戏的喜悦还是比赛的乐趣，都在做游戏的同时，增进了彼此的感情，让小读者们除了得到游戏本身的乐趣之外，还可以得到父母的关爱和朋友的友情。

　　这本书想告诉家长的是，要注意孩子们的一举一动，要认真地对待孩子，多跟孩子沟通和玩耍，从小就在他们的小脑袋里建立一个幸福的概念，这样对他们的健康成长很有帮助。

　　在孩童时期，人与人的智力和体能是没有多大区别的，但是为什么有的人能获得成功，有的人却不能，这和思维锻炼很有关系。孩子的大脑就是一块肥沃的田地，如果我们不能种下美丽的种子，就会让它杂草丛生，所以对孩子思维的训练和心灵的呵护都是必不可少的。在这本书中，父母可以运用游戏锻炼孩子的各种技能，包括记忆、观察、思考和想象各个方面，并且按照由浅入深的步骤，让孩子在游戏中玩出乐趣，玩出智慧。

　　在这本书中，还有嘟嘟、小精灵、聪聪等生动的形象陪伴孩子的童年成长，给他们的生活带来欢愉。

　　在轻松的游戏和故事当中，随着孩子大胆的观察、思考、想象，孩子各方面的能力都会得到质的飞跃。请带着你的孩子玩出他们的聪明头脑，使他们在学习和生活中智慧的光芒变得更加耀眼吧！

参考文献

［1］子志. 玩出你的聪明头脑［M］. 北京：中国长安出版社，2008.

［2］〔美〕伊万·莫斯科维奇. 提高想象力的100个思维游戏［M］. 黄宇丽，译. 黑龙江：黑龙江科学技术出版社，2007.